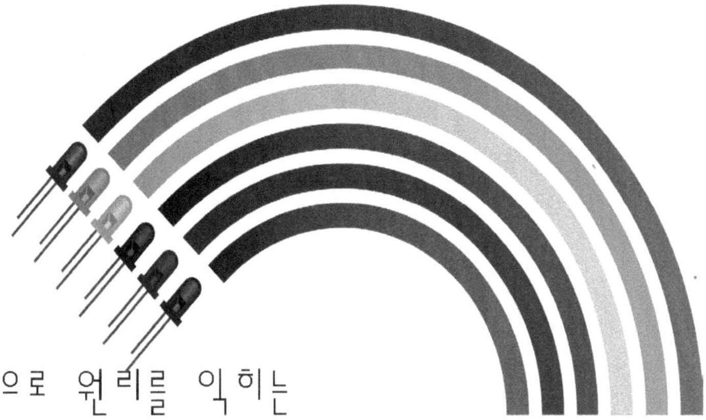

실험으로 원리를 익히는

기초회로실험 제2판

Experiments in Basic Circuits

김준수 오상광 지음

도서출판 그린

강의개요

▶ 구성 및 활용방법

이 교재는 모두 17개의 실험들로 구성되어 있다. 회로이론과 같이 맞물려가든지 혹은 선수과목으로 이수한 학생들을 위해 한 학기 실험교재로 사용할 수 있도록 기초적인 전기전자회로를 바탕으로 해당 실험들과 상호연결되도록 하는 데 초점을 맞추었다. 전기전자분야를 공부하는 학생이라면 반드시 손으로 직접 문제를 풀어보며 생각하는 기회를 많이 가지길 바란다. 회로설계를 위해 관련 소프트웨어를 활용하지만, 직접 답을 구하는 경험을 통해 효율적인 방법을 터득하길 권한다. 어떤 실험이 주어지면 해당 실험의 순서대로 정독하여 해결책을 고민해야 더욱 의미가 있는 수업이 될 것으로 생각한다. 실험조원들과 함께 토의 및 심화학습을 진행한다면 실험을 정리할 수 있고 회로적인 사고를 업그레이드할 수 있는 계기도 될 것으로 확신한다.

▶ 강의계획

여기서 나타낸 강의계획표는 단지 가이드로서 제시할 뿐이며 담당교수가 실험상황과 수준을 고려하여 학생들의 흥미를 유발할 수 있도록 적절히 선택할 수 있다.

주	실험	제목 및 내용	주	실험	제목 및 내용
1	실험1,2	실험기초지식 및 측정	9	실험10	교류 및 오실로스코프
2	실험3,4	Ohm 법칙 및 Soldering	10	실험11	RC 직렬회로
3	실험5	Wheatstone 브릿지	11	실험12	RL 직렬회로
4	실험6	중첩정리	12	실험13(14)	RC 병렬회로(또는 RC 필터)
5	실험7	Thevenin 등가회로	13	실험15	RL 필터회로
6	실험8	최대전력전송	14	실험16	RLC 직렬회로
7	실험9	릴레이 점등회로	15	실험17	RLC 병렬회로
8		중간고사 (선택)	16		기말고사

▶ 참고문헌

1. Schuler, Electronics: Principles and Applications, McGraw-Hill, 2004
2. Paresh C. Sen, Principles of Electric Machines 2nd Edition, Wiley, 1997
3. Richard J. Fowler, Electricity 4th edition, McGraw Hill, 1994
4. 김능연 외 3인, 전자회로, 교보문고, 2006
5. Basic electronics tutorials https://www.electronics-tutorials.ws
6. 회로에 관한 모든 것 https://www.allaboutcircuits.com

머리말

한 유명한 영국의 물리학자이며 화학자인 Michael Faraday는 실험에 관련된 진보와 발견에 관해 '어떤 주제에 대해 먼저 본인의 상상이 어디든지 자유롭게 흘러가게 하고 그 상상을 올바른 평가판정과 원리에 근거하여 항상 실험으로 방향을 잡아끌고 가면 된다. 만약 누구든지 본질이란 원칙에 위배되지 않고 그 영감이 편견으로 치우치지 않는다면 자연 본연의 특성은 가장 좋은 친구이며 비평가이다. 어느 것도 실험만큼 좋은 것이 없다. 그 실험은 겸손에 대한 보상으로서 본인에게 절대적으로 향상된 지식을 제공한다' 고 하였다.

공학은 반복을 요하는 학문이다. 공학에서 어떤 한 문제의 해결하고자 할 때, 그 문제와 관련된 실험은 해당 시스템의 장단점을 파악하여, 이로부터 더 좋은 방법을 찾아낼 수 있고 더욱 좋은 제품을 제작하기 위해 반드시 필요한 분야이다. 따라서 공학실험은 이론과 실제의 열쇠고리로서 반복을 통해 익히는 것이 필요하다. 아무리 훌륭한 이론이라도 이를 증명하고 뒷받침하는 실험이 없다면 아무런 소용이 없다. 이러한 의미에서 실험은 공학을 비롯한 자연과학에서 필수적인 것이라 할 수 있다.

이 교재는 모든 공학에 필요한 기본적인 전기전자분야 실험실습을 다루고 있으며 실험을 통해 이론적인 증명이 서로서로 연결되도록 하여, 상호 관련된 내용을 몸으로 익히도록 유도하고 있다. 많은 수의 교재들이 출판되어 있으나 초심자들을 배려하지 못하고 미리 어느 정도의 실력을 갖춘 것으로 생각하여 집필한 서적도 많이 있으며 또는 부분적으로 설명이 미흡하여 이해하기 애매한 면 등이 있어 왔다. 이 교재는 실험에 익숙하지 못한 학생들이 어떻게 할지를 몰라 실험진행을 주저하는 것에 초점을 맞추어 활용할 수 있도록 했다. Ohm법칙은 중등과정에서부터 배웠지만 이 법칙을 완전히 이해하기까지는 많은 노력과 생각 그리고 실험이 필요하다. 특히 설계에서 전압을 고려하여 쉽게 다루지만 전류는 전압만큼 쉽게 감안하고 측정할 수 있는 것이 아니다. 초보자들은 전류에 대해 많이 간과하는 경향이 있으며 실제로 전류가 적게 흘러서 동작을 하지 않거나 또는 너무 많이 흘러 부품을 손상시키는 경우들이 발생한다.

본 서적에서는 예비보고서(preparatory paper), 실험 결과보고서 및 토의사항을 순서대로 실험을 충실히 수행하면 교육내용을 자연스럽게 파악할 수 있도록 하였다. 이 서적의 실험내용은 반드시 알아야 하는 내용을 단계적으로 익히고, 이를 바탕으로 예비문제를 해결하도록 구성되어 있다. 따라서 학생들은 실험을 수행하기 전에 반드시 예비보고서를 작성하고 익힌 후, 이를 바탕으로 실험을 수행하여 결과보고서를 작성하도록 하였다. 각 실험의 끝에 토의 및 심화과정은 실험을 정리하거나 다양한 형태의 사고를 유발하여 구성원 상호간에 활발한 토론이 될 수 있도록 하였다. 실험결과를 평가하기 위한 보고서제출은 결과보고서, 토의 및 심화학습을 포함하도록 하여 별도로 작성할 필요없이 해당부분을 절취선을 따라 잘라 제출하면 된다. 끝으로 이 실험서적이 여러 가지 각종 응용회로를 학습하는 학생들에게 회로개념을 이해하는 과정에 조금이나마 도움이 되길 바란다.

저자 일동

실험내용

Experiments in basic circuits

실험 1 장

실험 기초지식

1. 실험을 위한 예비지식
2. 기호(symbol) 및 단위(unit)
3. 저항의 색띠 표시법
4. 실험장비명
5. Breadboard 구조 및 회로연결 배치도

CHAPTER 01

실험 기초지식

실험목적

전기 및 전자공학에서 실험을 수행하는 데 필요한 예비지식으로서 전기적인 양의 표시 단위, 컬러코드(color code)에 의한 저항값을 읽는 방법 및 회로실험을 수행하는데 필요한 장비인 실험용기판(breadboard) 사용법을 익힌다.

기초이론

1. 실험을 위한 예비지식

1〉 실험 방법

실험이란 학문적 이론을 실제적으로 증명하거나, 새로운 이론을 만들기 위해 거쳐야 하는 중요한 과정이다. 이 책은 이미 확립되어 있는 전기전자회로의 관련이론을 증명하고 응용력을 향상시키는데 목적이 있으므로 학생들은 실험에 앞서 실험목적을 확실히 알고, 실험방법에 대한 충분한 이해가 있어야만 실험효과를 최대로 얻을 수 있을 것이다.

실험방법에 있어 가장 문제가 되는 것은 각종 계측기의 사용방법과 회로의 구성이다. 동일한 목적으로 만들어진 계측기라고 하더라도 제조업체에 따라서는 사용방법이나 외형이 상당히 다를 수 있다. 그러므로 계측기의 기본원리와 각 스위치의 용도를 정확히 익혀 계측기를 다루는데 익숙해지도록 하여야한다. 또한 이 책에서 이용되는 실험의 회로들은 비교적 간단한 것들이지만 전원을 여러 개 사용하는 경우에는 접지(ground) 문제 등에 세심한 주의를 기울여야 한다.

2〉 실험조 편성

실험은 목적이 동일하여도 사람에 따라 다르게 수행될 수 있다. 그러나 여러 사람이 함께 수행하면 좀 더 나은 방법을 찾을 수 있다. 즉, 실험은 2명 정도가 한 조를 이루어 함께 참여함으로써 항상 최선의 방법을 찾는 과정이라 할 수 있다.

3〉 실험보고서

실험보고서는 예비보고서와 결과보고서로 나눌 수 있는데, 예비보고서는 수행할 실험에 대한 관련 이론과 실험방법 들을 이해하기 위한 것이다. 또한 결과보고서는 측정된 데이터를 기록하고, 실험 결과를 토대로 이론에 대한 증명이나 문제점을 제시하고 나아가서 실험 조원들 사이의 토의사항들까지 기록하는 것이 그 실험을 충분히 이해하는데 도움이 된다.

2. 기호(symbol) 및 단위(unit)

기호는 일반적인 설명을 간편한 식으로 표현할 수 있도록 한다. 일반적으로 전기 · 전자 공학에서 전기적인 양의 표시 단위는 주로 길이를 나타내는 미터(meter), 질량을 나타내는 킬로그램(kilogram), 시간을 나타내는 초(second)를 기본으로 MKS 단위계에 필요한 이차적인 단위를 부가하여 표 1-1과 같이 사용한다.

간단히 전류는 다음과 같이 단위시간당 통과하는 전하량으로 표현할 수 있다.

$$I[A] = \frac{Q}{t}\frac{[C]}{[\text{sec}]} \tag{1-1}$$

여기서 전류는 기호 I 로서 단위는 $[A]$이며 전하량은 기호 Q로서 단위는 $[C]$이다.

[표 1-1] 주요 단위 및 기호

Quantity	Symbol	Unit		Quantity	Symbol	Unit	
전 하	Q	[C]	coulomb	전 력	P	[W]	watt
전 류	I	[A]	ampere	에 너 지	W	[J]	joule
전 압	V	[V]	volt	주 파 수	f	[Hz]	hertz
저 항	R	[Ω]	ohm	정전용량	C	[F]	farad
컨덕턴스	G	[S]	simens	인덕턴스	L	[H]	henry

또한 숫자의 배수를 나타내는 표준 접두기호는 표 1-2와 같다.

[표 1-2] 표준 접두기호

Metric Prefix	Metric Symbol	Power of Ten	Value
tera	T	10^{12}	one trillion
giga	G	10^{9}	one billion
mega	M	10^{6}	one million
kilo	k	10^{3}	one thousand
milli	m	10^{-3}	one-thousandth
micro	μ	10^{-6}	one-millionth
nano	n	10^{-9}	one-billionth
pico	p	10^{-12}	one-trillionth

3. 저항의 색띠 표시법

전기전자회로에서 가장 많이 사용되는 소자 가운데 하나인 저항은 전류의 흐름을 방해하며, 값을 나타내기 위해 색상을 이용한 컬러코드(color code) 방법을 사용한다.

컬러코드 표시는 원래 미국의 EIA(Electronic Industrial Association: 전자산업협회)에서 고안한 것으로서 매우 편리하기 때문에 세계적으로 사용하게 되었다.

그림 1-1은 저항기호 및 여러 가지 형태의 고정저항을 나타낸다. 저항의 물리적인 크기는 그 저항이 열 형태로 소모할 수 있는 전력량과 관계가 있다. 즉 저항에 전류가 흐르면 열이 발생한다. 단위시간당 소모되는 열의 양은 와트(watt)로 측정되며, 각 저항은 그 자체의 정격전력을 가진다. 이 전력정격(power rating)은 저항을 연속적으로 안전하게 다룰 수 있는 최대전력이며 저항의 물리적인 크기가 클수록 많은 열을 소모할 수 있다. 저항은 전력정격으로서 2[W], 1[W], 1/2[W], 1/4[W], 1/8[W]로 분류되어 있으므로 실험을 수행할 때 정격에 맞는 저항을 선택하면 된다.

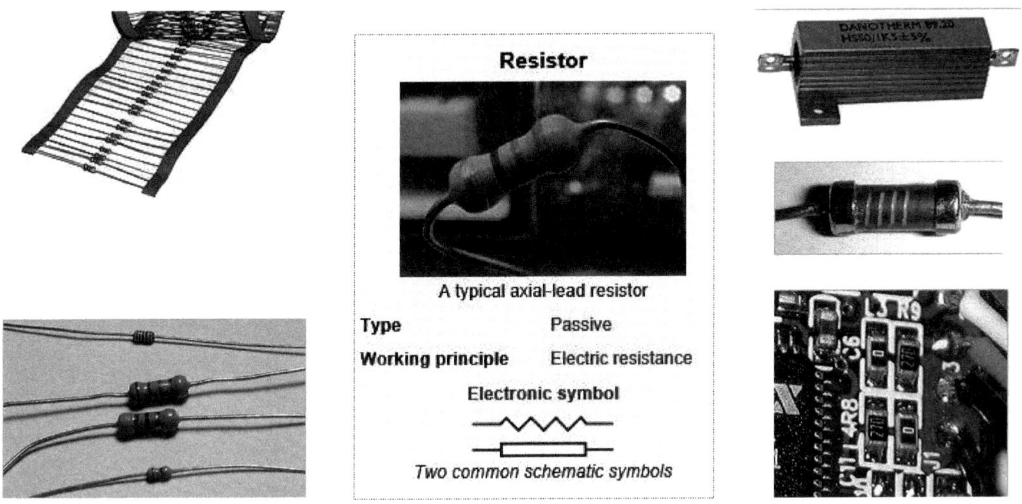

[그림 1-1] 저항기호 및 여러 형태의 고정저항 외관

고정저항의 크기를 컬러코드로 표시하고 읽는 방법을 표 1-3과 그림 1-2에 나타내었으며, 4개의 컬러코드들을 갖는 저항은 ±5% 이내의 오차를 갖는 일반 용도의 저항이며, 5개의 컬러코드들을 갖는 저항은 더 작은 오차를 갖는 정밀저항이다.

예를 들어, 5%의 허용오차란 실제 저항값이 색띠로 표현된 저항값의 ±5% 이내임을 의미한다. 따라서 100Ω의 저항은 낮게는 95Ω에서 높게는 105Ω사이의 저항값을 가질 수 있다.

[표 1-3] 각 색띠 부호가 나타내는 숫자, 배수 및 허용오차

Color code band	Color	Digit	Multiplier	Tolerance
Resistance value :Four or five bands	Black	0	10^0	-
	Brown	1	10^1	±1%
	Red	2	10^2	±2%
	Orange	3	10^3	-
	Yellow	4	10^4	-
	Green	5	10^5	±0.5%
	Blue	6	10^6	±0.25%
	Violet	7	10^7	±0.1%
	Gray	8	10^8	±0.05%
	White	9	10^9	
	Gold	-	10^{-1}	±5%
	Silver	-	10^{-2}	±10%
	No band	-	-	±20%

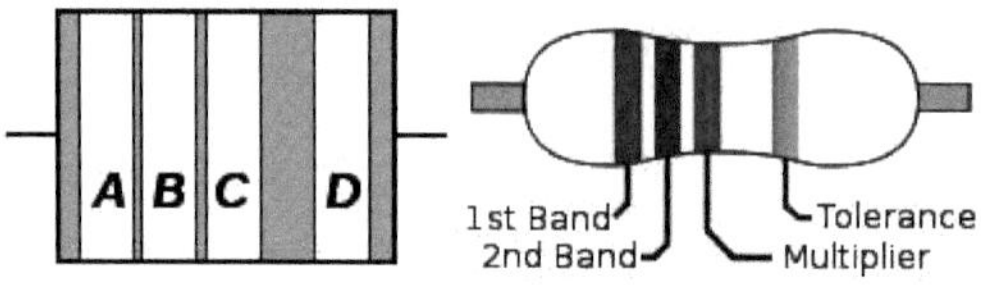

- To distinguish left from right there is a gap between the C and D bands.
- Band A is the first significant figure of component value (left side).
- Band B is the second significant figure (Some precision resistors have a third significant figure, and thus five bands.)
- Band C is the decimal multiplier.
- Band D if present, indicates tolerance of value in percent (no band means 20%.)

Reading : $AB \times 10^C \pm D\%\ [\Omega]$

[그림 1-2] 일반저항의 색띠 표시 방법

정밀저항의 경우는 5개의 색띠들(A, B, C, D 및 E)를 가지며 읽는 방법은 다음과 같다.

Reading : $ABC \times 10^D \pm E\%\ [\Omega]$

Examples

다음과 같이 저항 색띠들을 가지는 저항값을 구하시오.

1>

Gray	Red	Brown	Silver

$\Rightarrow$ R: $82 \times 10^1 [\Omega]$ = $820[\Omega]$

허용오차가 10%이므로 $\pm 82[\Omega]$

따라서 저항의 범위는 $820[\Omega] - 82[\Omega] \le R \le 820[\Omega] + 82[\Omega]$이다.

2>

Red	Red	Green	Gold

$\Rightarrow$ R: $22 \times 10^5 [\Omega]$ = $2.2[M\Omega]$

허용오차가 5%이므로 $\pm 0.11[M\Omega]$

따라서 저항의 범위는 $2.2[M\Omega] - 0.11[M\Omega] \le R \le 2.2[M\Omega] + 0.11[M\Omega]$이다.

4. 실험장비명

1) 직류 전원공급기(DC power supply)

직류전원공급기는 회로에 필요한 전력을 가변시켜 사용할 수 있다.

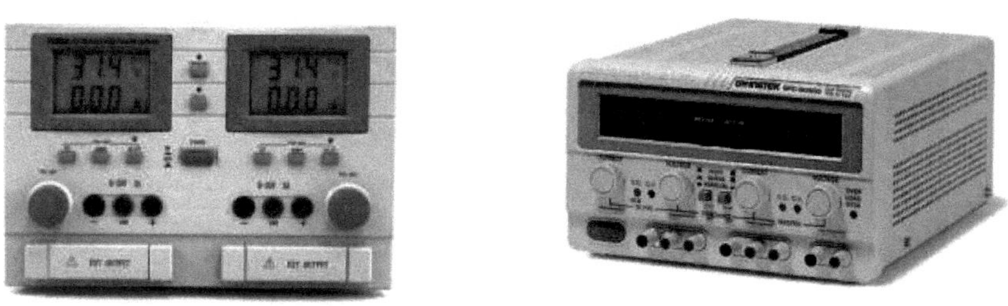

[그림 1-3] 직류 전원공급기

전원스위치 및 접지단자, 전압조절단자 및 전류조절단자들을 조정하여 해당 전압 및 전류값을 나타낸다. 통상 회로가 정상적인 구성이 되면 녹색 빛을 낸다. 그러나 회로구성이 잘못되어 과도한 전류가 흐르면 적색으로 표시된다. 만약 적색이 되면 회로가 단락이 일어나 전류가 지나치게 흐르므로 전원을 차단하고 회로를 점검하고 수정해야 한다.

2) 실험용 기판(Breadboard)

실험용 기판은 여러 가지 회로 시험들을 편리하게 수행할 수 있도록 만들어져 있다. 실험에 필요한 여러 가지 부품들을 모두 이 기판 상에 연결하여 각 장의 실험회로를 구성하고 측정할 수 있다.

[그림 1-4] 브레드보드

3〉 Wire stripper 및 Long-nosed plier

Wire stripper는 도선들을 적당한 길이로 절단하고 절연피복물을 제거하는데 사용된다. 또한 Long-nosed plier는 실험용 기판에 부품을 연결하고 회로연결을 위해 사용하는 각종 와이어 등의 단자선을 펴고 구부리는데 활용된다.

[그림 1-5] Wire stripper 및 Long-nosed plier

4〉 멀티미터(Multimeter)

멀티미터는 저항(R), 전류(I) 및 전압(V) 등을 측정하기 위한 계측기이다. 각 값의 측정 방법은 실험 2장에서 학습한다.

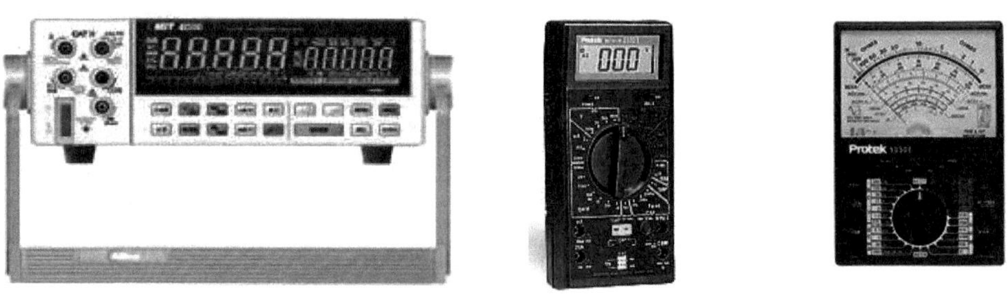

[그림 1-6] 디지털 및 아날로그 멀티미터

5> 오실로스코프(Oscilloscope)

오실로스코프는 기술자나 공학도가 사용하는 가장 중요한 장비이다. 이 장비는 회로 또는 시스템의 동작특성에 관한 정보를 전압 또는 전류신호로 나타내어 각종 측정파형을 그래픽으로 나타낸다.

외관상으로 장비가 복잡하고 익히기 힘들게 보일 수도 있다. 일단 오실로스코프의 각 부분의 기능을 이해하고 여러 실험을 통해 사용해 보면 이 중요한 장비와 관련되어 여러분의 실험전문지식은 급격히 발전할 것으로 확신한다. 이것의 기능 활용 및 구체적 설명은 실험 10장에서 제시한다.

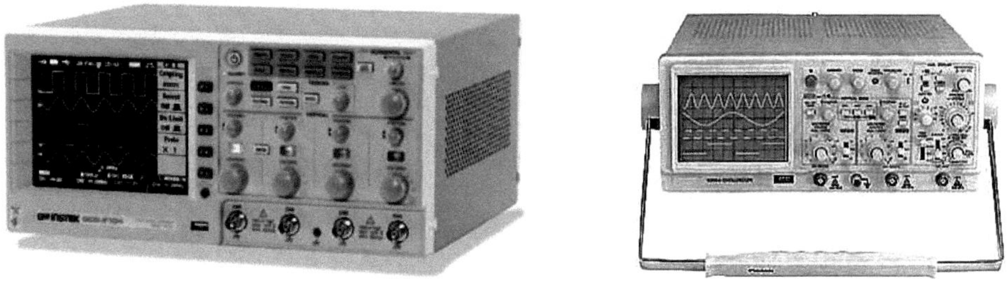

[그림 1-7] 디지털 및 아날로그 오실로스코프

6> 함수 발생기(Function generator)

함수 발생기는 넓은 범위의 주파수와 크기를 갖는 사인파(sinusoidal wave), 사각파(square wave), 삼각파(triangular wave)를 제공하는 대표적인 전압파형을 선택하여 제공하는 장비로서 각종 교류실험에 활용된다.

다이얼의 위치조정과 연관된 단자들의 조정으로 각종 전압파형의 주파수와 크기를 설정할 수 있다. 오실로스코프와 결합하여 활용하면 실효치, 최대치 등의 값들을 더욱 정확하게 설정할 수 있다.

[그림 1-8] 함수 발생기

5. Breadboard 구조 및 회로연결 배치도

1) 브레드보드는 그림 1-9와 같이 상호 연결되어 있으므로 회로를 구성하는데 주의해야 한다. 사용하기 전에 반드시 어떻게 만들어져 있는지를 이해해야 한다. 그렇지 않으면 원래의 회로와 전혀 다른 엉뚱한 회로를 구성할 수 있다.

▶ The Plug-in Experiment Board

- The top and bottom rows: electrical buses for common ground and voltage
- The vertical columns: contacts for component interconnection

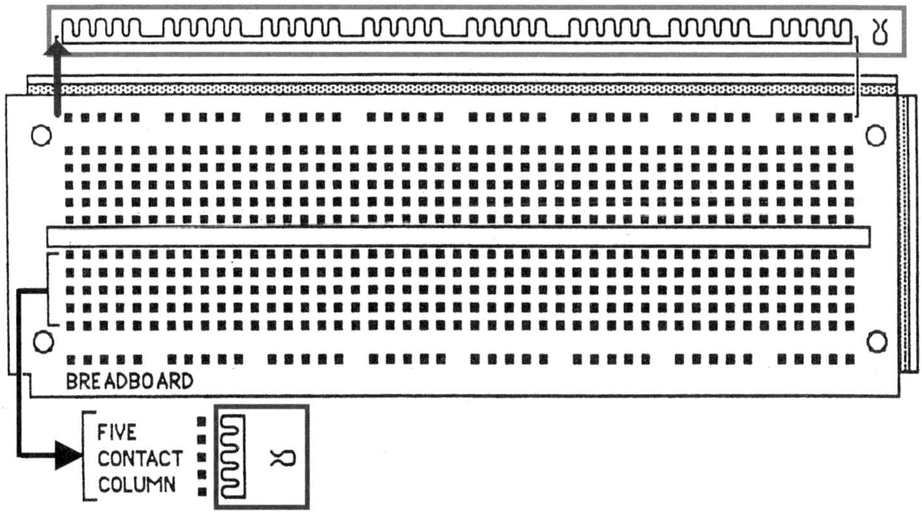

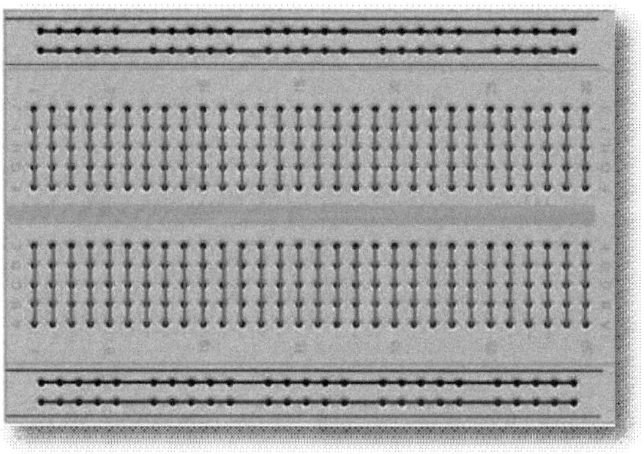

[그림 1-9] 색상으로 구분된 브레드보드 내부 연결도

두 그림들을 상호 비교하여 보자. 푸른색과 붉은색으로 표시된 행(row)은 어디를 연결하든지 관계없이 공통이다. 또한 초록으로 표시된 열(column)은 다섯 개가 하나의 군을 이루어 공통으로 연결된다.

2〉 회로도 및 실제구성

〈1〉 회로도

다음과 같은 회로에서 램프에서 발산하는 빛의 밝기를 조절하는 점등회로에 대해 살펴보자.

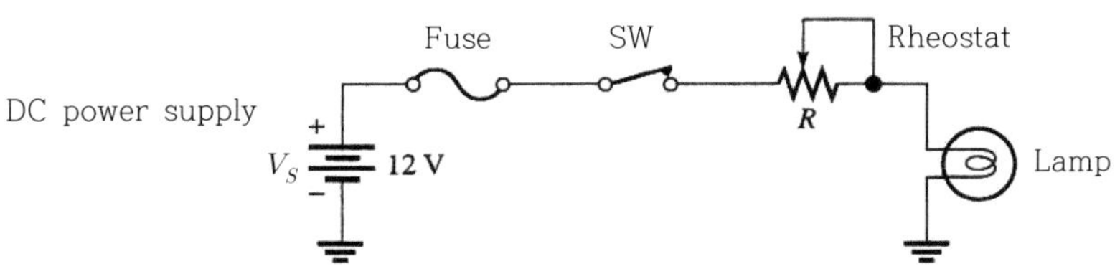

[그림 1-10] 빛의 밝기를 제어한다.

〈2〉 브레드보드 상에 구현된 부품연결

위의 회로도를 브레드보드에 구현한 것이다. 각 부품간의 연결에 유의하면서 바르게 연결되어 있는 지를 추적해 보자.

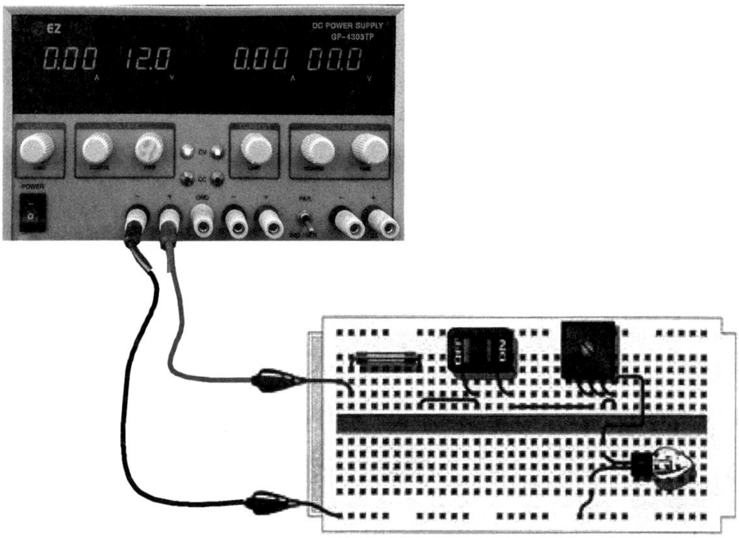

[그림 1-11] 브레드보드에 구현된 빛의 밝기를 제어하는 회로

[실험장비 및 부품]

사용장비	품 목	정 격	소요량
Multimeter Breadboard	Resistor	임의의 정격	5개

[예비보고서]

1. 전류, 전압 및 저항의 기호와 단위는 각각 무엇인가?

2. 저항(resistor)의 역할은 무엇인가?

3. '어떤 저항을 흐르는 전류는 그 저항의 양단전압에 비례하고 저항에 반비례한다.' 이 설명에 대해 기호를 사용하여 수식으로 표현하시오.

4. 전력(power)은 전류(I)와 전압(V)의 곱이다. 기호와 단위는 무엇인가?

5. 단위 $[kWh]$와 같은 차원을 표 1-1에서 구하시오.

6. 전기전자에 사용되는 기본적인 단위 변환을 익히고자 한다. 미터법의 접두기호를 참고하여 아래 표를 단위에 맞게 변환하시오.

100 $[k\Omega]$	$[\Omega]$	10 $[V]$	$[\mu V]$
2.5 $[M\Omega]$	$[k\Omega]$	100 $[mV]$	$[\mu V]$
100 $[\mu A]$	$[mA]$	15 $[kHz]$	$[Hz]$
50 $[mA]$	$[\mu A]$	10 $[MHz]$	$[Hz]$

7. 다음 색띠들을 가지는 일반저항에 대해 각각의 저항값을 구하시오.

	1st	2nd	3rd	4th	Resistance value	Tolerance ($\pm\Omega$)
1	Brown	Gray	Brown	Gold		
2	Orange	Black	Brown	Gold		
3	Gray	Red	Brown	Silver		
4	Brown	Black	Yellow	Silver		
5	Green	Violet	Brown	Red		

[결과보고서]

실험제목					
실험일자	년 월 일(요일)		담당교수		㉑
성 명		학 번		평 가	

1. 각 조별로 임의의 저항(R) 5개에 대해 Color code에 따른 저항값을 구하시오.

	1st	2nd	3rd	4th	Resistance value	허용오차($\pm\Omega$)
R_1						
R_2						
R_3						
R_4						
R_5						

2. 전기전자부품(저항 등)들의 결선을 위한 Breadboard를 활용한다.

1〉 브레드보드 배치도

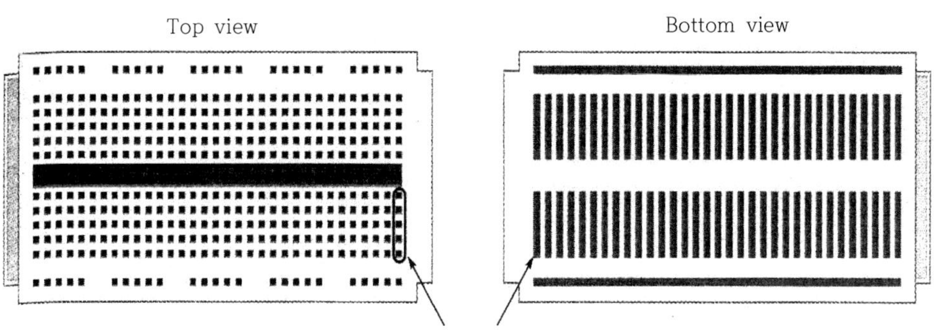

Each column of five sockets is connected by a common strip on the bottom.

2〉 아래의 각 회로를 브레드보드 상에 구현하시오.

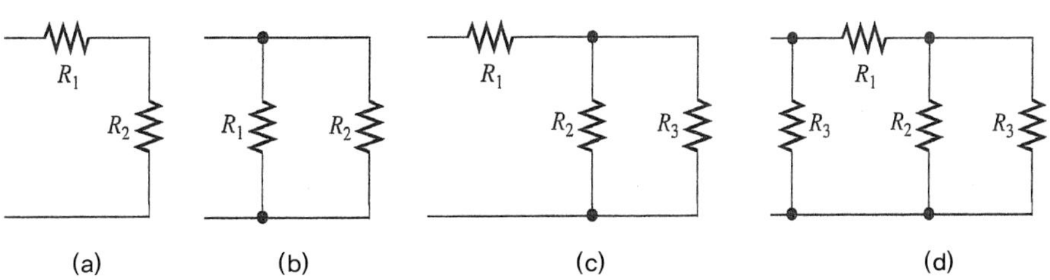

회로적인 구성방법들은 여러 가지로 구현될 수 있다. 그러나 회로구성 및 연결방식은 회로도와 같은 모습으로 배치하는 것이 효율적이다. 추후 회로구성의 잘못이 존재하여 정상적인 동작을 위한 고장수리 및 분석이 용이하기 때문이다.

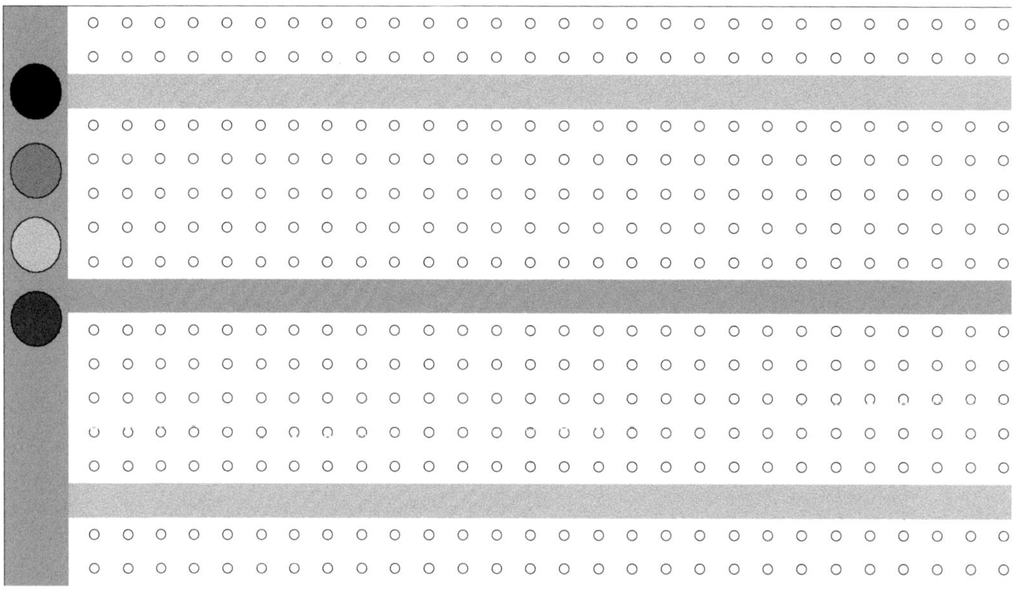

(a) (b)

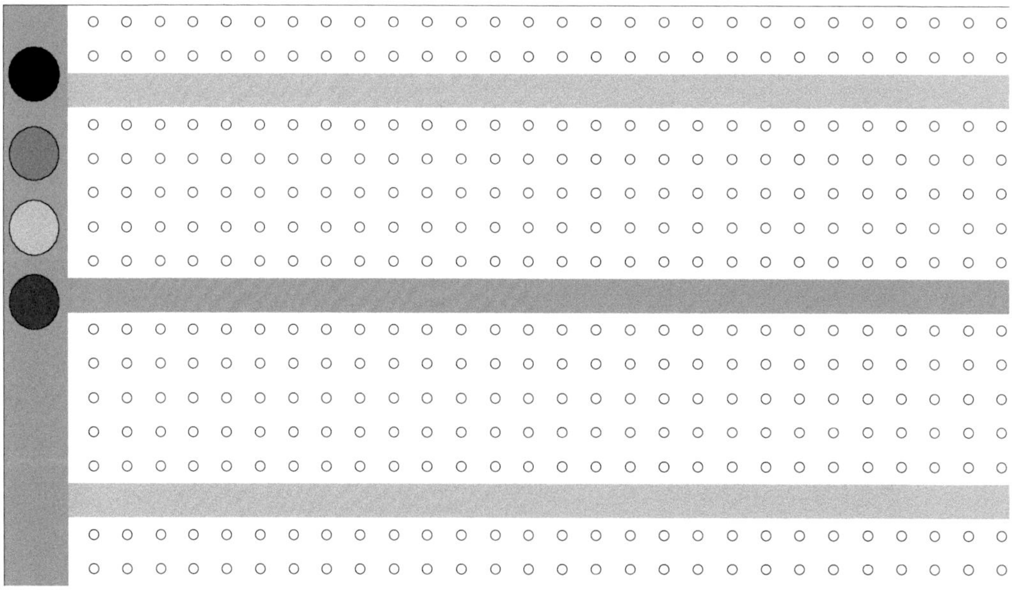

(c) (d)

3. 다음 브레드보드 상에 구현된 회로를 바탕으로 회로도를 그리시오.

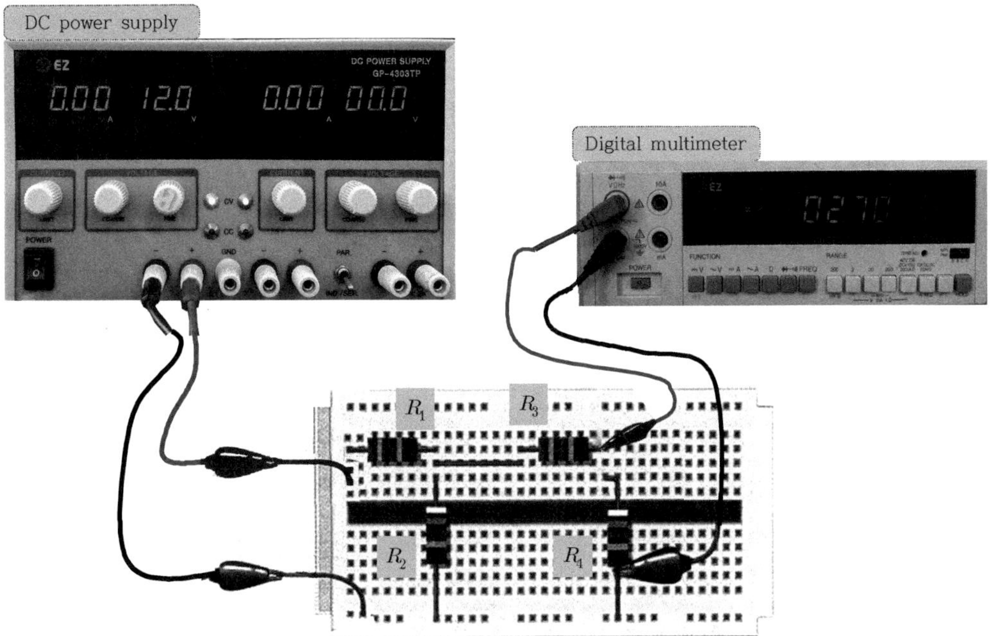

[회로구성]

▶ 사용된 장비 및 부품명

1〉 장비

2〉 부품

▶ 회로도 그리기

[토의 및 심화학습]

1. 왜 저항기(resistor)에 저항값을 컬러코드(color code)로 표기하는가?

2. 저항기에서 색상에 따른 값과 그 값을 읽는 방법은?

1〉 Color code(color & number)

2〉 Reading

〈1〉 4 bands

〈2〉 5 bands

3. 디지털 멀티미터(DMM: digital multimeter)란 무엇을 측정하는 것인가?
학생들이 실험에 사용하는 해당기기를 보고 답하시오.

4. 다음에 해당하는 것을 도식적 기호(schematic symbol)로 나타내시오.

1〉 저항(resistor): 〈1〉 고정형 〈2〉 가변형

2〉 스위치(switch)

3〉 램프(lamp)

4〉 퓨즈(fuse)

5〉 전압원(voltage source): 〈1〉 직류 전압원 〈2〉 교류 전압원

Experiments in basic circuits

실험2장

전류, 전압 및 저항측정

1. 접지(ground)
2. 멀티미터 측정원리
3. 전류, 전압 및 저항측정
4. 오차측정 및 표기

CHAPTER 02

전류, 전압 및 저항측정

실험목적

전기전자공학자들은 전류(current: I), 전압(voltage: V) 및 저항(resistance: R)을 측정하는 방법을 모르면 아무것도 할 수 없다. 주어진 회로에서 측정도구인 멀티미터를 이용하여 전류, 전압 및 저항을 측정하는 방법과 접지개념을 익힌다.

기초이론

가정의 작업대에서 볼 수 있는 간단한 시험계측기에서부터, 연구 실험실 또는 산업체 공장을 제어하는 자동화 시스템에서 활용되는 과학계측기에 이르기까지 모든 계측기를 계장(instrumentation)이라 한다.

많은 전기전자실험에서 저항, 전압 및 전류를 측정하여야 한다. 저항은 전기회로에서 전류흐름을 방해하며, 어떤 전기회로에 흐르는 전류의 양은 그 전기회로 내의 저항의 크기에 따라 달라진다. 여기서 저항(R), 전압(V) 및 전류(I) 등을 측정할 수 있는 이 계측기를 **멀티미터(multimeter)**라고 하며 아날로그(analog)형과 디지털(digital)형이 있다. 측정하고자 하는 항목은 레인지 선택스위치를 이용하여 선택버튼을 누른 후 측정한다. 디지털 멀티미터(DMM)를 사용하여 전기전자회로의 저항, 전압 및 전류를 측정하는 방법을 익힌다.

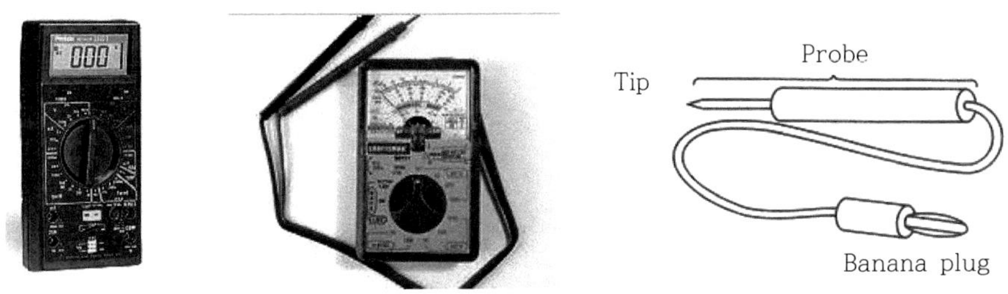

(a) DMM(digital) (b) VOM(analog) (c) Test lead

[그림 1-1] 멀티미터 두 가지 종류들 및 테스트 리드

1. 접지(ground)

접지라는 용어는 교류전력 배전시에 전력선의 한쪽 끝에 쇠 봉을 연결하여 땅에 묻음으로써 중성화시킨다(neutralized)는 말에서 이름지어졌다. 이런 방식의 접지를 대지접지(earth ground)라고 한다. 높은 빌딩에서 사용되는 피뢰침(lightning rods), 피뢰기(lightning arrester)의 연결 또는 대형 전산시스템의 접지는 이러한 대지접지를 이용한다.

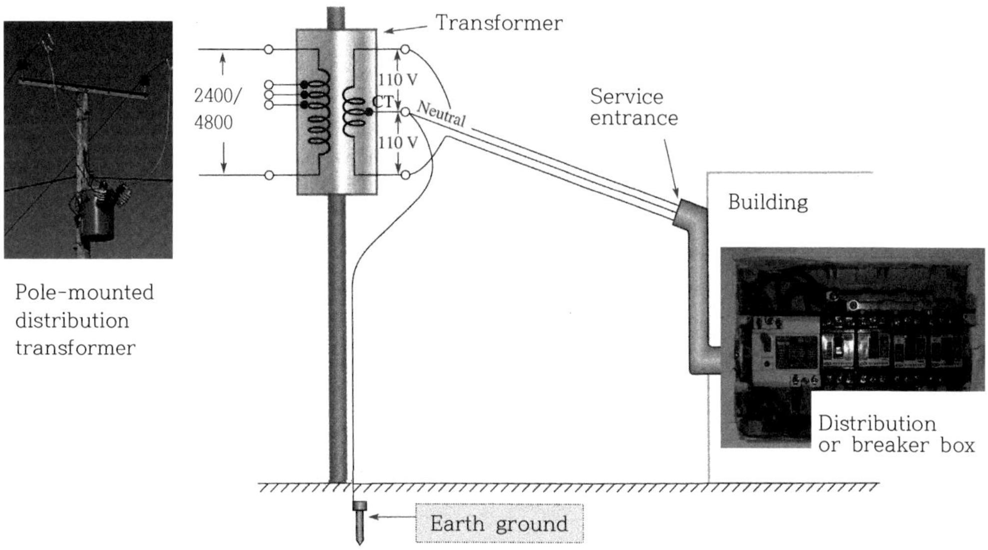

[그림 2-2] 번압기 출력의 중간선을 대지 접지로 연결한다.

전기전자시스템에서는 회로를 둘러싸고 있는 금속새시(chassis)나 인쇄회로기판(PCB: printed circuit board)의 넓은 도체부분을 기준점으로 사용하며, 이런 접지를 새시접지(chassis ground) 혹은 회로접지(circuit ground)라고 한다. 회로접지는 대지접지와 연결될 수도 있고 아닐 수도 있다. 대부분의 자동차에서 전지의 음극과 모든 전기회로의 한 쪽은 금속새시와 연결된다.

접지는 전기회로의 기준점 역할을 하며, 회로의 다른 지점들과 비교하여 0[V]전압을 가진다. 회로의 모든 접지점은 전기적으로 같은 기능을 하며, 공통점이 된다.

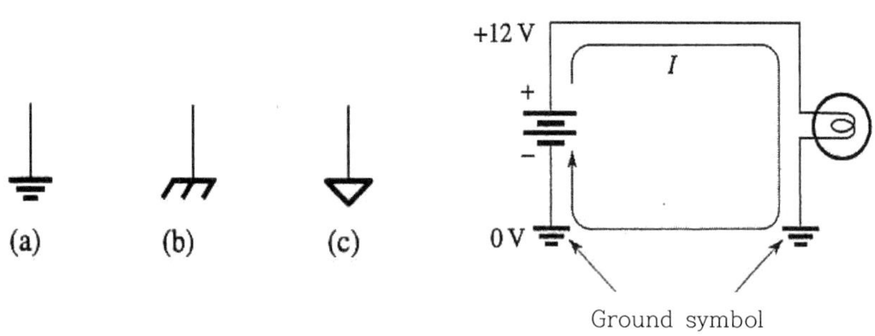

[그림 2-3] 회로에서 접지표시 방법

2. 멀티미터 측정원리

전류계, 전압계 및 저항계는 전류에 응답하는 장치이다. 이와 같이 흐르는 전류에 비례하여 동작하는 가동코일형 설비는 1881년에 측정기기를 창안한 발명자의 이름을 따서 d'Arsonval 구동장치(movement)라고 부른다. 기본적인 d'Arsonval 구동장치를 적절히 수정하여 해당 계측기를 구성하고 측정범위를 확대할 수 있다. 계기눈금(meter scale)에 표시된 단위(amperes, volts, ohms 등)에 관계없이 가동코일은 코일을 흐르는 전류의 크기에 응답한다.

그림 2-4는 기본적인 d'Arsonval 구동장치의 동작을 나타낸다. 전류의 흐름으로 생성된 자기장은 영구자석의 자기장과 상호작용을 일으킨다. N쪽에 가까운 도선(coil wires)은 전류가 흘러나오므로 위쪽의 자력선은 영구자석의 전자력선 방향과 반대이므로 영구자석의 자력선은 자속밀도가 감소하여 자기장이 약해진다. 그 결과 도체는 아래쪽에서 위쪽으로 힘이 가해져 자기장이 약한 쪽으로 움직이게 된다. 반면 S쪽에서 전류가 흘러 들어가므로, 자속밀도의 영향으로 도체에 가해지는 힘이 위쪽에서 아래방향으로 작용한다. 따라서 전체적으로 흐르는 전류에 비례하여 지침(pointer)은 오른쪽으로 회전한다.

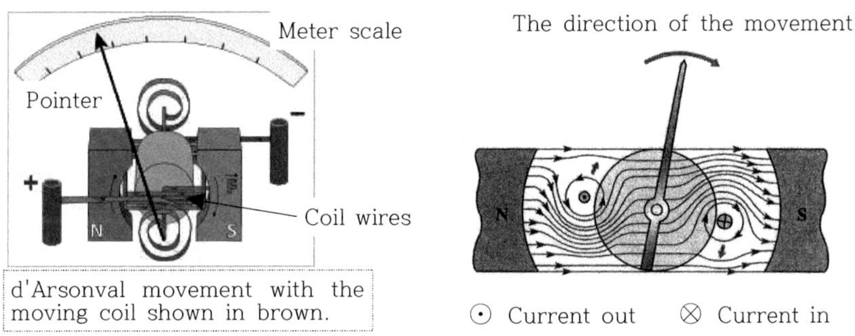

(a) d'Arsonval 구동장치 (b) 자석 자기장과 도체전류의 자기장이 중첩

[그림 2-4] d'Arsonval 구동장치는 전류로 움직인다.

전류계, 전압계 및 저항계와 같은 계기의 구성 및 설계는 관련분야 서적을 참고하길 바란다.

3. 전류, 전압 및 저항측정

그림 2-5는 디지털멀티미터의 단자별 기능을 나타낸 것이다. 번호 1과 3을 이용하여 전압, 저항 등을 측정하며 적색 프로브를 번호 1에 꽂고 번호 3(*COM*단자)의 접지단자에 흑

색 프로브를 꽂아 사용한다. 이 때 밑에 표기된 선택버튼인 전압(V, mV) 혹은 저항(Ω)측정에 같이 사용되어야 올바른 값을 측정할 수 있다. 전류측정은 주로 번호 2와 3을 이용한다. 큰 전류를 측정할 경우에는 A단자에, 적은 전류를 측정할 경우에는 $mA/\mu A$단자에 적색 프로브를 연결하고 흑색접지는 전압측정에서와 같이 COM단자에 연결한다. 이 경우에도 mA 혹은 μA 범위선택버튼을 활용해야 한다. 그리고 버튼$Alt\ F$는 직류, 교류 및 직류교류조합을 선택할 수 있다.

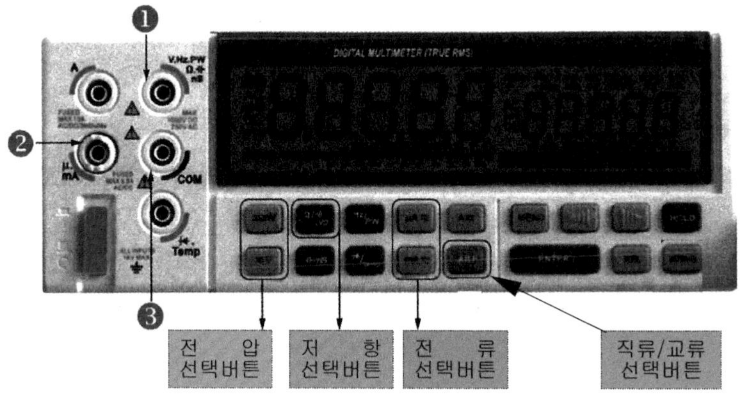

[그림 2-5] 디지털 멀티미터(DMM) 외부단자별 기능

1〉 전류측정

멀티미터로 직류전류를 측정하기 위해서는 먼저 레인지 선택스위치를 전류측정으로 선택한다. 이 때, 적색 리드선(lead)은 멀티미터의 mA 잭에 끼우고, 흑색 리드선은 -잭(COM)에 끼운다.

이 책의 실험에서 측정되는 전류의 양은 대부분 mA의 범위이므로 적색 리드선을 mA 잭에 끼우는 것으로 충분하다. 이제 전기회로에서 특정한 경로의 전류를 측정하려면 그림 2-6과 같이 전류를 측정하려는 경로를 끊고(open) 멀티미터의 두 리드선을 끊어진 단자에 **직렬로 접속**함으로써 전류가 흐를 수 있도록 폐회로를 구성하여 측정한다. 전류는 양(+)의 단자에서 음(-)의 단자의 방향으로 흐른다.

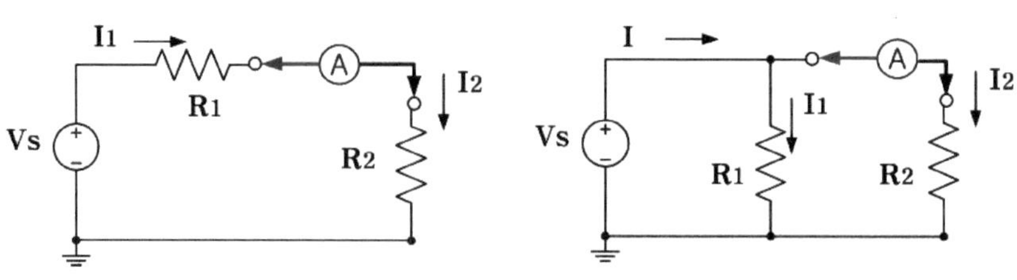

(a) 저항 R_2를 흐르는 전류측정

(b) 저항 R_2를 흐르는 전류측정

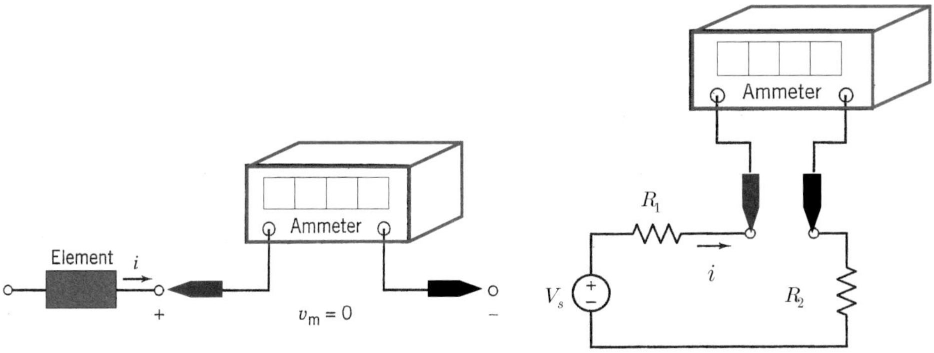

(c) 전류계의 내부저항은 적어서 양단 전압은 거의 $v_m = 0$ 이다.

[그림 2-6] 회로에서 흐르는 해당 전류값 측정

따라서 측정치가 양(+)인 경우에는 실제의 전류가 흐르는 방향과 리드선이 나타내는 방향이 동일한 것이다. 측정치가 음(-)인 경우에는 실제 전류의 방향과 리드선이 나타내는 방향이 반대이며, 즉 실제의 전류는 흑색 리드선에서 적색 리드선 방향으로 흐른다. 또한 멀티미터를 전류계(ammeter)로 사용하는 경우에 직렬로 연결된 전류계로 인하여 실제 흐르는 전류량이 변하지 않아야 하므로 전류계의 내부저항은 가급적 작은 것이 바람직하다. 실제로 전류계의 내부저항은 아주 작다.

2〉 전압측정

멀티미터로 직류전압을 측정하기 위해서는 레인지 선택스위치를 전압측정 레인지에 둔다. 적색 리드선은 멀티미터의 V,Ω 잭에 끼우고, 흑색 리드선은 -잭(COM)에 끼운다. 이제 전기회로의 특정 단자나 소자의 전압을 측정하려면 그림 2-7과 같이 회로가 완전히 연결된 상태에서 측정하려는 단자나 소자에 멀티미터를 **병렬로 접속**하여 측정한다. 측정치가 양(+)인 경우에는 실제의 전압 극성과 리드선이 나타내는 극성이 동일한 것이며, 측정치가 음(-)인 경우에 실제 전압의 극성은 리드선이 나타내는 극성과 반대이다. 즉 적색의 리드선이 접속된 단자가 음(-)의 극성이며, 흑색의 리드선이 연결된 단자가 양(+)의 극성이다.

저항R_1 양단전압인 부유전압(floating voltage)은 어떻게 측정하는가? 통상적으로 접지를 기준으로 하여 저항의 좌측인 전원전압을 측정하고 저항의 우측인 R_2양단전압을 각각 측정한 후, 그 차 $V_{R1} = V_S - V_{R2}$가 R_1양단전압이 된다.

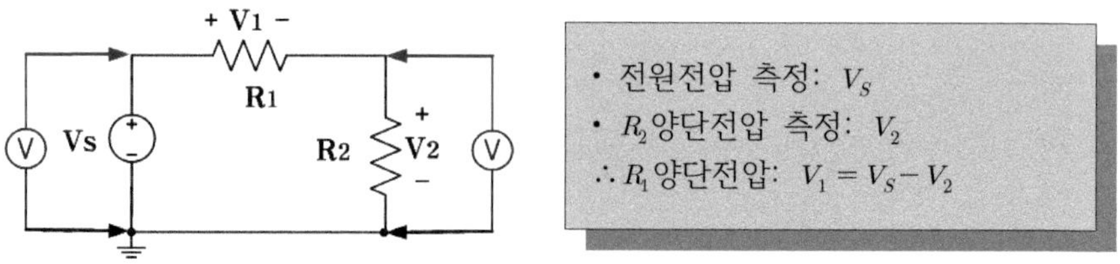

(a) 접지를 기준하여 저항 R_1 양단전압(V_1) 측정

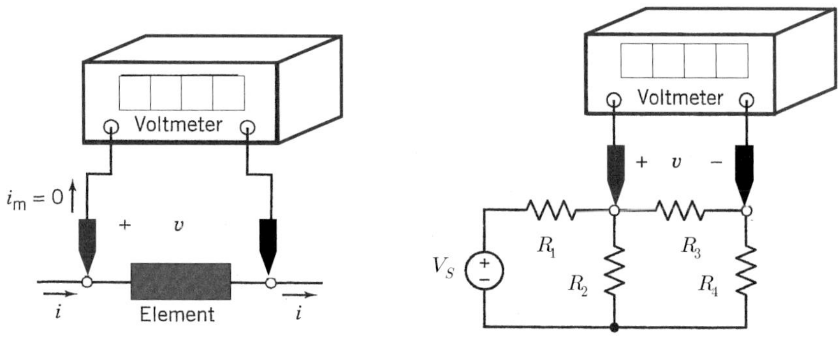

(b) 전압계의 내부저항은 아주 커서 이를 흐르는 전류는 거의 $i_m = 0$ 이다.

[그림 2-7] 회로에서 저항 양단전압 측정방법

또한 멀티미터를 전압계(voltmeter)로 사용하는 경우에 측정소자에 병렬로 연결하므로 전압계를 통하여 전류가 흐를 수 있다. 따라서 회로에서 정확한 전압값을 측정할 수 있도록 전압계의 내부저항(internal resistance)은 가급적 크면 클수록 좋다. 실제로 전압계는 전압계의 내부저항은 상당히 커서 문제가 되지 않지만, 큰 저항의 양단전압을 측정할 경우에는 주의해야 한다. 이를 부하효과(loading effect)라고 부르는데, 이 문제를 해결하기 위해 정밀하게 측정하려면 높은 입력임피던스를 갖는 계기(oscilloscope)를 사용한다.

3〉 저항측정

멀티미터로 저항을 측정하기 위해서는 레인지(range) 선택스위치를 반드시 저항측정 레인지에 둔다. 여기서 멀티미터에서 사용되는 테스트 리드선(test lead)의 적색 리드선은 멀티미터의 V, Ω 잭에 끼우고, 흑색 리드선은 −잭(COM)에 끼운다. 우선 선택단자를 저항에 놓고, 두 리드선을 서로 접촉(단락)시켜 값이 0이 되도록 영점 조정기(zero adjustor)를 조정한다. 멀티미터로 저항을 측정하려면 극성에 관계없이 저항의 양단에 리드선을 접속시켜 저항값을 읽으면 된다. 디지털에서는 해당 버튼(저항측정)을 누르면 된다. 그러나

VOM 저항계의 눈금은 비선형적(nonlinear)이다. 그러므로 정확도를 높이기 위해 적절한 조절을 해야 한다. 먼저 $R\times 10$설정의 경우에 눈금값을 10배 곱한 값이다.

만일 전기회로상의 각 저항을 측정하는 경우에는 그림 2-8과 같이 해당 저항을 회로에서 해당 저항의 **한쪽을 회로에서 분리**하거나 **완전히 양쪽을 분리**하여 측정하여야 한다. 이는 전류가 흐르지 않도록 하기 위함이다. 한 저항의 양쪽이 모두 회로에 연결된 상태로 측정하는 경우에는 저항에 연결된 주변 회로로 인하여 저항값이 다르게 측정될 수 있기 때문이다.

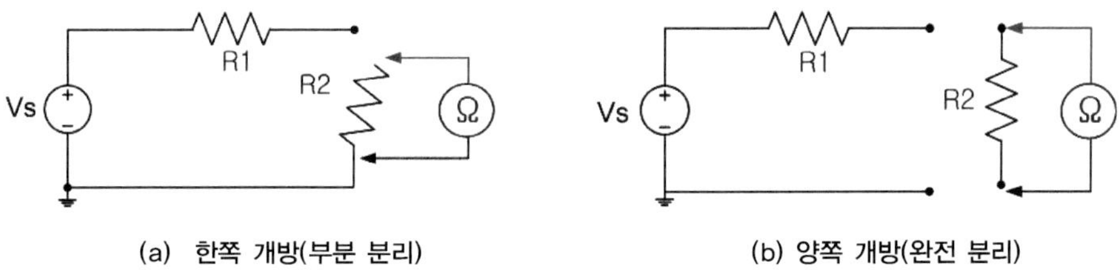

[그림 2-8] 회로에서 저항값 R_2 측정법

저항계(ohmmeter)는 전압계와 전류계와는 달리 내부 배터리를 가지고 있다. 만약 측정기기가 저항눈금에 위치해 있고 도선이 연결되어 있으면 배터리는 급속히 소모된다. 특히 실제 동작하는 시스템에 저항계를 절대로 연결하지 말아야 한다. 내부 전원의 조정으로 잘못된 값을 측정하게 되고 기기자체가 손상될 우려가 있기 때문이다. 저항값을 측정할 경우, 극성을 고려할 필요는 없으며 저항계를 사용하여 단자함에 있는 도선들 중에서 상호 연결된 단자를 점검하는데 사용할 수 있다.

4. 오차측정 및 표기

모든 측정은 오차를 동반한다. 오차는 이론치(T: theoretical value)와 측정치(M: measured value) 간의 차이다. 통상 자료처리에서 다음과 같이 %오차를 사용한다.

$$\%\text{오차} = \frac{|T-M|}{T}\times 100\% \qquad (2\text{-}1)$$

[실험장비 및 부품]

사용장비	품 목	정 격	소요량
DC power supply Multimeter Breadboard	Resistor	$1.2k\Omega$ $2.7k\Omega$ $5.6k\Omega$	3개

[예비보고서]

전원으로부터 전압이 가해진 아래의 직병렬회로에 대해 답하시오.

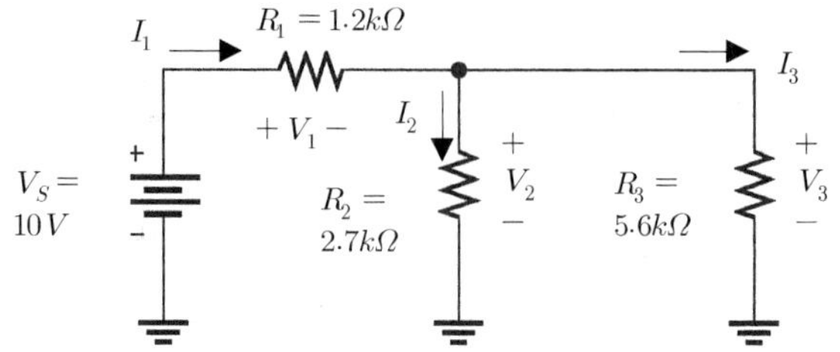

1. 위의 회로를 Breadboard에 구성하시오.

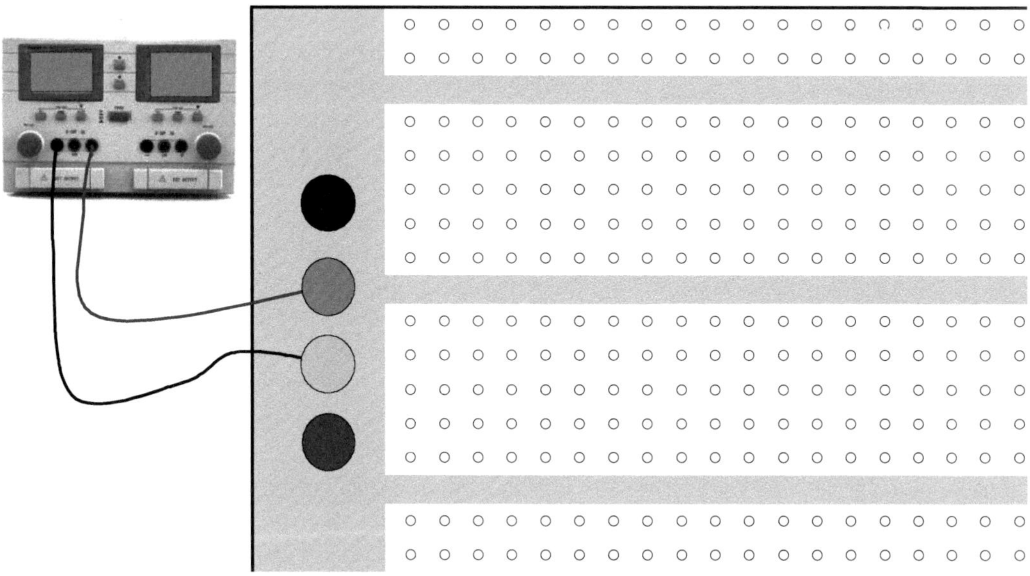

1〉 위의 회로에서 R_2 저항값은 어떻게 측정하는가? 위 회로를 다시 그리고 저항계의 연결상태를 회로에 나타내시오.

2〉 저항 $1.2k\Omega$에 걸리는 전압값을 측정하고자 한다. 전압계(voltmeter)를 어떻게 연결해야 하는지를 회로에 그리시오.

3〉 전원을 흐르는 전류와 저항 $5.6k\Omega$ 양단전압을 측정하고자 한다. 전압계(voltmeter)와 전류계(ammeter)를 연결하여 그림으로 나타내시오.

2. 다음과 같이 세 가지 경우들에 대해 저항 혹은 저항들을 브레드보드에 연결하고 멀티미터로 각 경우에 지점들 간의 저항값을 측정할 때, 각 지시값은 얼마인가?

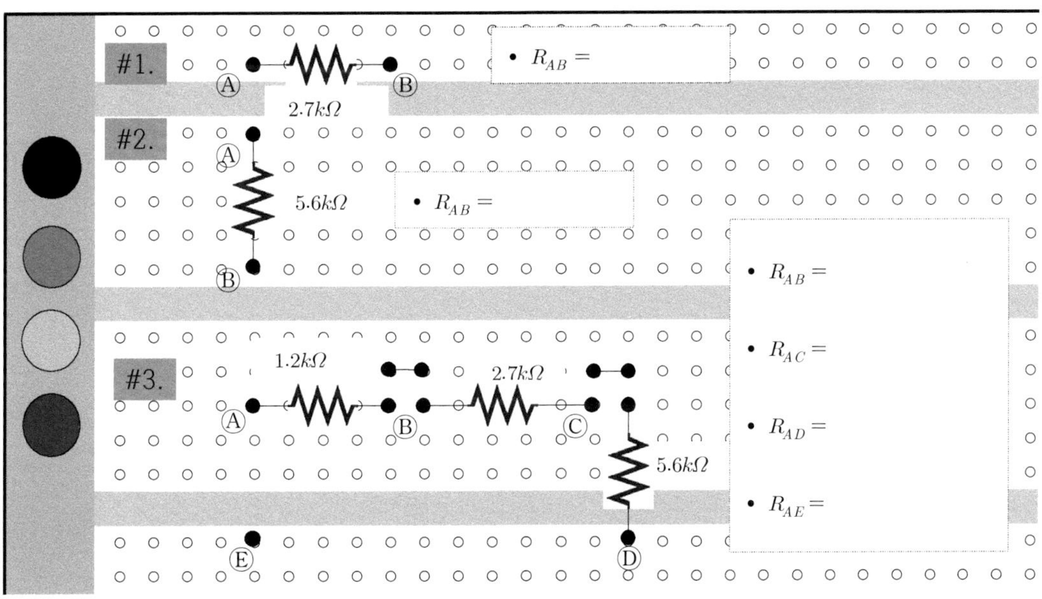

[결과보고서]

실험제목					
실험일자	년 월 일(요일)			담당교수	㊞
성 명		학 번		평 가	

1. 전원공급기(power supply)와 저항들을 이용하여 아래의 직렬회로를 구성하시오.

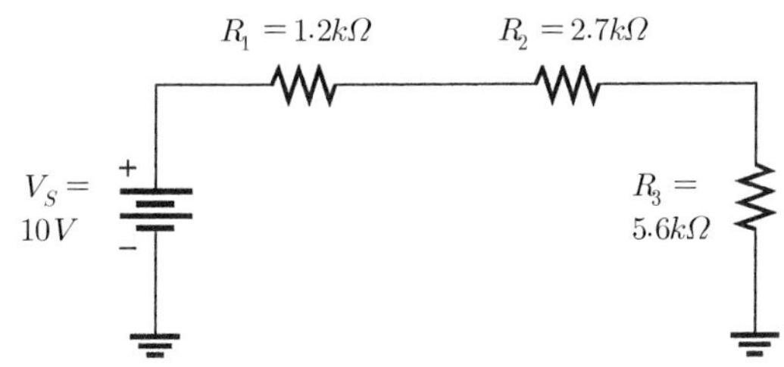

1〉 아래에 나타낸 기호를 위의 회로 상에 각각 극성과 방향을 표기하시오.

- I_1: 저항 R_1을 흐르는 전류, V_1: 저항 R_1양단에 걸리는 전압
- I_2: 저항 R_2을 흐르는 전류, V_2: 저항 R_2양단에 걸리는 전압
- I_3: 저항 R_3을 흐르는 전류, V_3: 저항 R_3양단에 걸리는 전압

2〉 위의 내용과 측정법을 참조하여 측정값을 소수 둘째자리까지 구하여 아래의 표 2–1에 기록하시오.

[표 2–1]

저항	측정치	전압	측정치	전류	측정치
R_1		V_1		I_1	
R_2		V_2		I_2	
R_3		V_3		I_3	

3〉 인가전압(V_S)과 각 저항양단 전압과의 관계를 나타내시오.

4〉 I_1, I_2 및 I_3 전류값을 비교하고 어떤 규칙이 있는지를 표기하시오.

2. 저항들을 이용하여 아래의 회로를 구성하고 물음에 답하시오.

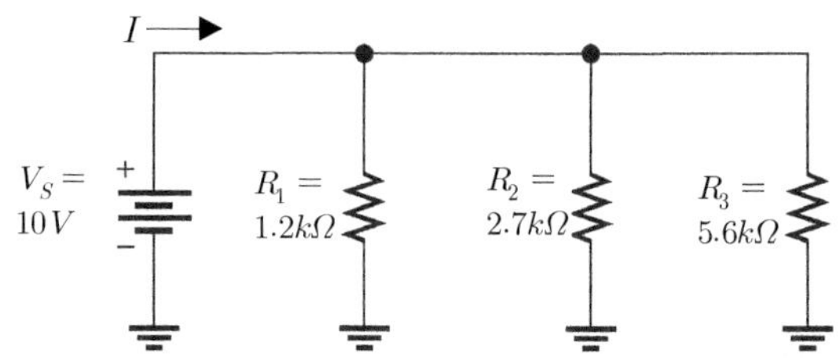

1〉 측정값에 맞게 아래에 나타낸 기호를 위 회로상에 극성과 방향을 표기하시오.

- I_1: 저항 R_1을 흐르는 전류, V_1: 저항 R_1양단에 걸리는 전압
- I_2: 저항 R_2을 흐르는 전류, V_2: 저항 R_2양단에 걸리는 전압
- I_3: 저항 R_3을 흐르는 전류, V_3: 저항 R_3양단에 걸리는 전압

2〉 위의 내용과 측정법을 참조하여 측정값을 소수 둘째자리까지 구하여 아래의 표 2-2에 기록하시오.

[표 2-2]

저항	측정치	전압	측정치	전류	측정치
R_1		V_1		I_1	
R_2		V_2		I_2	
R_3		V_3		I_3	

3〉 V_1, V_2 및 V_3 전압값들을 비교하고 어떤 규칙이 있는지를 나타내시오.

4〉 전원전압을 흐르는 전류(I)를 표시하고 각 가지전류와의 관계를 나타내시오.

3. 저항들을 이용하여 다음 회로를 구성하고 물음에 답하시오.

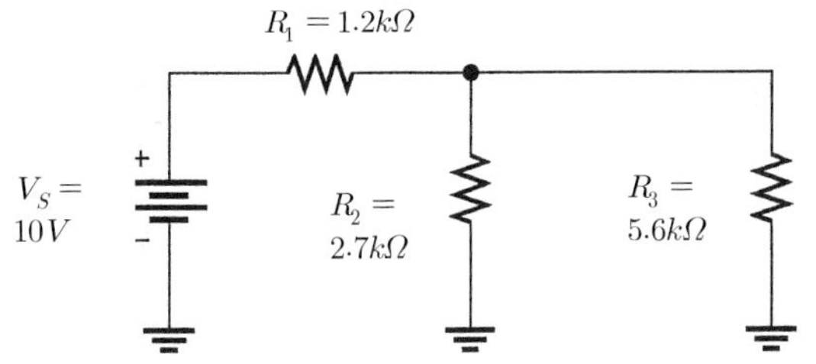

1〉 측정값에 맞게 아래에 나타낸 기호를 위 회로상에 극성과 방향을 표기하시오.

- I_1: 저항 R_1을 흐르는 전류, V_1: 저항 R_1양단에 걸리는 전압
- I_2: 저항 R_2을 흐르는 전류, V_2: 저항 R_2양단에 걸리는 전압
- I_3: 저항 R_3을 흐르는 전류, V_3: 저항 R_3양단에 걸리는 전압

2〉 위의 내용과 측정법을 참조하여 측정값을 소수 둘째자리까지 구하여 아래의 표 2-3에 기록하시오.

[표 2-3]

저항	측정치	전압	측정치	전류	측정치
R_1		V_1		I_1	
R_2		V_2		I_2	
R_3		V_3		I_3	

3〉 위의 표를 바탕으로 측정된 전압과 전류값에 대해 다음 물음에 답하시오.

- $V_2 = V_3$ 인지를 확인하고 그 이유를 설명하시오.

- $V_S = V_1 + V_2$ 인지를 수치적으로 확인하시오.

- $I_1 = I_2 + I_3$ 인지를 수치적으로 확인하시오.

[토의 및 심화학습]

1. 그림 2-4의 d'Arsonval 구동장치의 동작은 Fleming 법칙으로 설명할 수 있다. 전류($\dot{I}$), 자기장($\dot{B}$) 및 힘($\dot{F}$)로 표시하여 지시바늘의 운동방향을 구하고자 한다.

1〉 발전기는 운동에너지를 전기에너지로 변환하는 전기기계로서 Fleming의 (왼손, 오른손) 법칙을 따르며, 전동기는 전기에너지를 운동에너지로 변환하는 전기기계로서 Fleming의 (왼손, 오른손) 법칙을 따른다.

2〉 전기에너지를 운동에너지로 또는 운동에너지를 전기에너지로 바꾸는 장치에서 매개체는 (   )이다.

3〉 위 구동장치의 지시바늘 운동에서 Fleming의 법칙을 적용하여 그림으로 나타내시오.

2. 회로에서 소자의 소비전력을 측정하기 위해 전류계와 전압계를 사용하고자 한다. 실험회로에서 해당저항을 흐르는 전류 및 이 저항의 양단전압을 이용하여 어떻게 연결해야 하는지를 그림을 그려 나타내시오.

1〉 실험회로1의 직렬회로 저항 $5.6k\Omega$에 대해

2〉 실험회로2의 병렬회로 저항 $5.6k\Omega$에 대해

3〉 실험회로3의 직병렬회로 저항 $5.6k\Omega$에 대해

3. 전류계와 전압계가 정상적으로 작동된다면 그 내부저항(R_m)은 각각 얼마인가? 다음 그림을 참고하여 왜 그렇게 되어야 하는지를 설명하시오.

1〉 전류계(ammeter) 내부저항

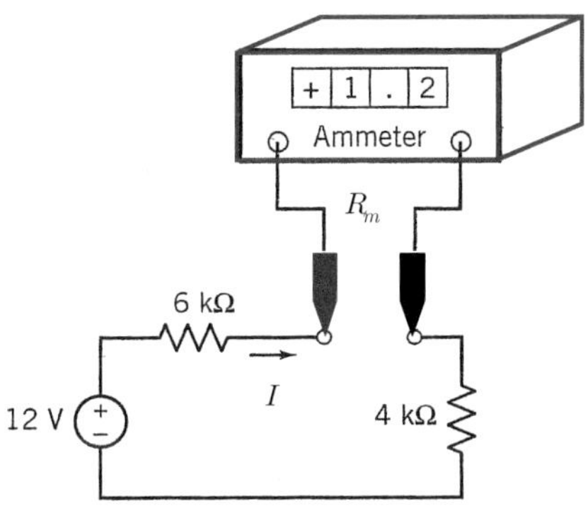

· 내부저항(R_m):

· 이유:

2〉 전압계(voltmeter) 내부저항

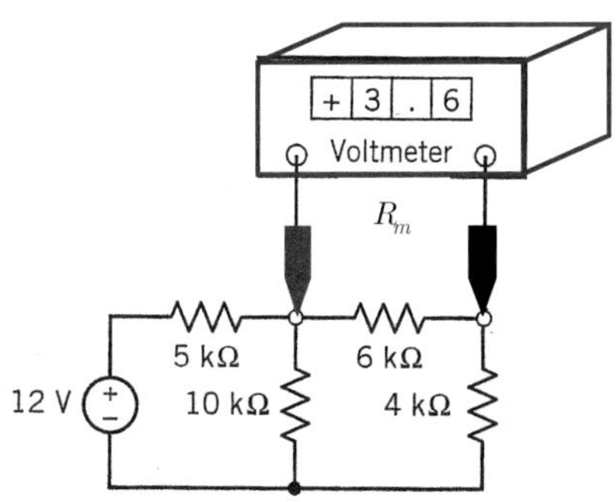

. 내부저항(R_m):

· 이유:

4. 다음 실험측정에 대해 물음에 답하시오.

1〉 어떤 저항을 흐르는 전류를 측정한다고 한다. 실수로 그 저항과 병렬로 연결하여 측정한다면 종종 보호용 퓨즈가 손상되어 전류계로 측정되지 않는다고 한다. 그 이유를 그림으로 그려서 설명하시오.

2〉 멀티미터로 어떤 저항 R을 측정하고 할 경우, 왜 해당 저항을 회로에서 완전히 분리하든지 혹은 한쪽을 분리하여 측정하는가?

실험 3장

Kirchhoff 법칙 및 Ohm 법칙

1. Kirchhoff 전압법칙 및 전류법칙
2. Ohm 법칙(Ohm's law)

CHAPTER 03

Kirchhoff 법칙 및 Ohm 법칙

실험목적

저항값(R)과 전압값(V)을 알고 있을 때, 전류값을 구하는 Ohm 법칙(Ohm's law)을 이해하고 Kirchhoff 법칙(Kirchhoff's law)을 실험적으로 확인한다. 또한 저항의 직렬회로, 병렬회로 및 직병렬회로에서 합성저항을 구하는 방법을 익힌다.

기초이론

1. Kirchhoff 전압법칙 및 전류법칙

1) Kirchhoff 전압법칙

Kirchhoff 전압법칙(KVL: Kirchhoff's voltage law)은 기본 회로해석법칙으로 '폐회로(closed loop circuit)에서 모든 전압의 대수적 합은 0이다.' 즉, '소자에 걸리는 전압강하의 합은 공급된 전원전압의 합과 같다.' 라는 의미이다.

그림 3-1에서 화살표와 같이 전류(I)가 전원의 양극에서 나와 저항을 통하여 흐른다. 따라서 전류는 저항을 통과하여 흐른다. 전류의 방향에서 볼 때, 각 저항양단에서 그림과 같이 (+)에서 (-)극성으로의 전위차, 또는 전압강하를 만든다. 폐회로에서 어느 지점에서 시작해도 같은 결과를 얻는다. 여기서는 편의상 전원의 음(-)단자에서 시작한다.

$$V_S = V_1 + V_2 + V_3, \qquad V_S = \sum_{j=1}^{n} V_j \quad \text{또는}$$

$$-V_S + V_1 + V_2 + V_3 = 0, \qquad \sum_{j=1}^{n} V_j = 0 \tag{3-1}$$

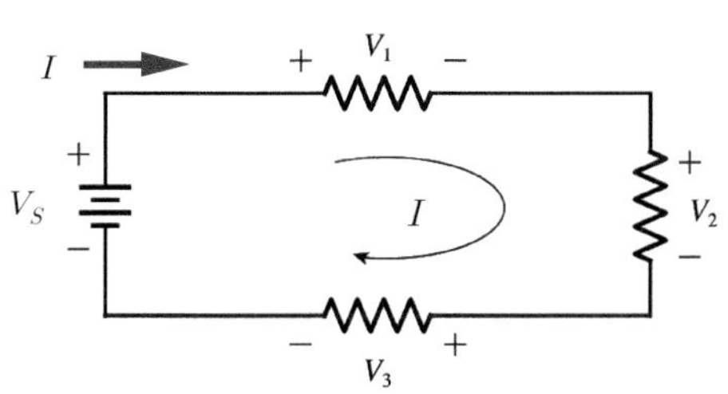

[그림 3-1] Kirchhoff 전압법칙

2〉 Kirchhoff 전류법칙

Kirchhoff 전류법칙(KCL: Kirchhoff's current law)은 기본 회로해석법칙으로 '회로에서 임의의 접합점으로 유입되는 전류의 총합은 이 접합점에서 유출되는 전류의 총합과 같다.' 여기서 접합점이란 두 개 이상의 소자가 연결된 회로내의 임의의 한 점이다. 따라서 병렬회로에서 접합점(junction)은 병렬로 가지들(branches)이 모이는 점이다.

그림 3-2에서 점a, 점b, 점c는 접합점들이다. 전원의 양(+)단자에서 출발하여 전류의 흐름을 따라가 보자. 전원으로부터 흘러나가는 전류 I_T는 접합점 a로 유입된다. 이 점에서 전류는 두 개의 가지전류 I_1 및 I_2로 나누어진다. Kirchhoff 전류법칙은 이 접합점 a로 유입되는 총전류 I_T가 유출되는 총 전류와 같다는 의미이다. 회로의 어느 지점에 적용해도 성립한다.

또한 점 d에 유입되는 전류는 I_6이고 유출되는 두 가지전류는 I_7 및 I_8로 된다.

- 노드(node) a에서

$$I_T = I_1 + I_2, \qquad \sum I_{entering} = \sum I_{leaving} \quad \text{또는}$$

$$I_T - I_1 - I_2 = 0, \qquad \sum_{j=1}^{n} I_j = 0$$

- 노드(node) d에서

$$I_6 = I_7 + I_8, \qquad \sum I_{entering} = \sum I_{leaving} \quad \text{또는}$$

$$I_6 - I_7 - I_8 = 0, \qquad \sum_{j=1}^{n} I_j = 0 \qquad (3-2)$$

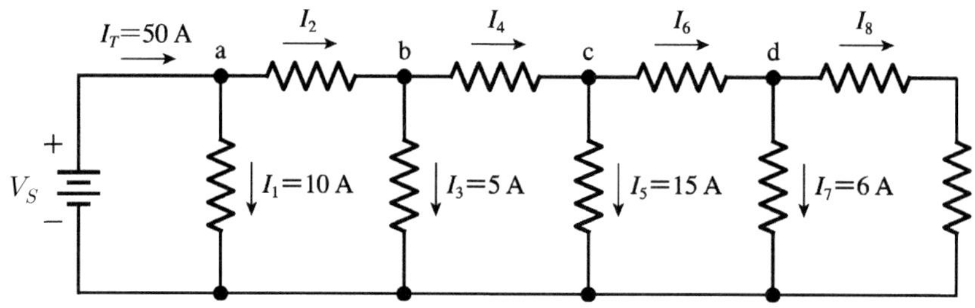

[그림 3-2] Kirchhoff 전류법칙

통상 회로구성은 직렬과 병렬의 조합으로 구성되어 있으므로 접합점과 폐회로를 가진다. 따라서 회로 상의 어느 지점이든지 Kirchhoff 전압법칙(KVL)과 Kirchhoff 전류법칙(KCL)은 적용된다.

2. Ohm 법칙(Ohm's law)

Ohm은 그림 3-3과 같은 회로를 구성하여 전압, 전류 및 저항과의 관계를 규명하였다. 그는 저항체를 흐르는 전류가 그 저항체에 가해진 전압에 비례하고 저항체가 가진 저항에 반비례한다고 하였다. 즉 전압(V), 전류(I) 및 저항(R) 사이에 다음과 같은 관계가 성립한다. 기울기가 일정한 직선인 1차 함수 $y=ax$ 형태이다.

$$R=\frac{\Delta V}{\Delta I} = \text{기울기} \tag{3-3}$$

즉 전압 대 전류(voltage to current)의 기울기(slope)가 저항이다. 이 그래프로부터 관계를 식으로 나타내면 다음과 같다.

$$I=\frac{V}{R} \qquad V=IR \qquad R=\frac{V}{I} \tag{3-4}$$

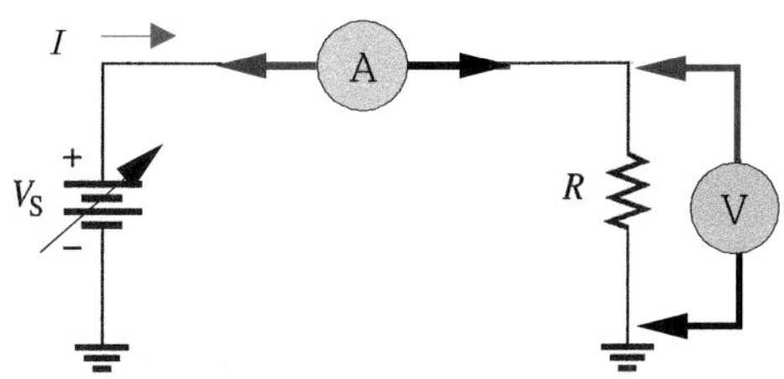

(a) 전압계 및 전류계의 활용

$V[V]$	$I_A[mA]$	$I_B[mA]$
0	0	0.5
2	2	1
4	4	2
6	6	3
8	8	4
10	10	5
12	…	…
14	…	…

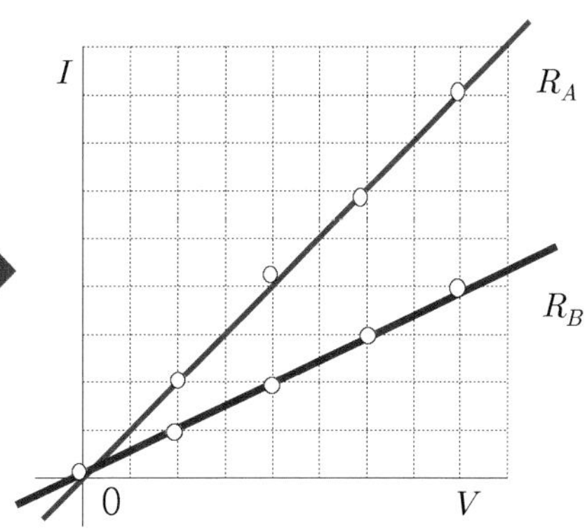

(b) 전압, 전류 및 저항의 상호관계

[그림 3-3] 측정계기를 활용한 전류-전압관계 및 Ohm 법칙

Ohm 법칙은 모든 전기회로에 적용되는 기본 법칙으로서 어느 회로에서든지 적용되는 법칙이다. 또한 전원으로부터 전류가 흐를 수 있는 경로를 회로로 구성하는 방법에 따라 직렬회로(series circuit), 병렬회로(parallel circuit) 및 직 · 병렬(series-parallel)회로로 나눌 수 있다.

1〉 직렬회로(series circuit)

그림 3-4와 같은 회로를 직렬회로라고 하며, 직렬회로의 중요한 특성은 다음과 같다.

- 직렬회로의 각 경로에는 동일한 전류(I)가 흐른다.
- Kirchhoff 전압법칙과 Ohm 법칙을 적용하면 직렬회로의 합성저항은 각 저항의 합과 같다.

그림에서 각 저항에 걸리는 전압에 대해 KVL과 Ohm 법칙을 사용하자.

먼저 Ohm 법칙으로부터

$$V_1 = I_1R_1, \qquad V_2 = I_2R_2, \qquad V_3 = I_3R_3 \tag{3-5}$$

Kirchhoff 전류법칙 및 전압법칙으로부터

$$I_1 = I_2 = I_3 = I$$

$$-V_S + V_1 + V_2 + V_3 = 0, \qquad V_S = I(R_1 + R_2 + R_3) \tag{3-6}$$

식 (3-6)의 전압과 전류관계로부터 합성저항은 다음과 같다.

$$V_S / I = R_T$$

$$R_T = R_1 + R_2 + R_3 + \dots + R_n \tag{3-7}$$

- 회로가 어느 한 점에서 끊어지면 전류는 흐르지 않는다.

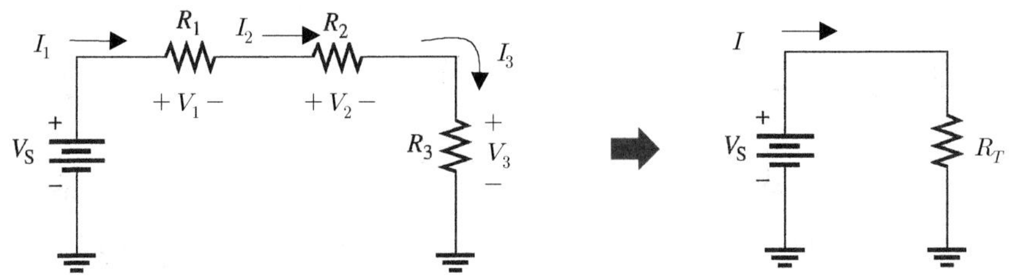

(a) 직렬회로 (b) 간략화된 회로

[그림 3-4] 직렬회로 및 간략화

우리는 회로를 계산할 때마다 Ohm 법칙을 적용하여 수식을 처리할 수 있다. 그러나 어느 정도의 수준에 오르면 시간적인 손실을 없애기 위해 간단한 규칙을 활용하여 주어진 회로에 적용할 수 있다.

전압분배법칙

직렬회로에서 각 저항을 흐르는 전류 I 는 동일하다. 전류는 식 (3-6)으로부터 $I=\frac{V_S}{R_1+R_2+R_3}$ 이다. 이것을 직렬연결된 각 저항에 걸리는 전압을 구하면 저항에 크기에 비례하여 분배됨을 알 수 있다.

$$V_1=I_1R_1=IR_1=\frac{V_S}{R_1+R_2+R_3}\times R_1=V_S\times\frac{R_1}{R_1+R_2+R_3} \tag{3-8}$$

$$V_2=I_2R_2=IR_2=V_S\times\frac{R_2}{R_1+R_2+R_3} \tag{3-9}$$

$$V_3=I_3R_3=IR_3=V_S\times\frac{R_3}{R_1+R_2+R_3} \tag{3-10}$$

이는 Ohm 법칙을 각 저항에 걸리는 전압을 전원전압과 저항의 관계를 달리 표현한 것에 불과하다. 즉, 직렬회로는 공급된 전압을 각 저항에 배분하는 전압분배기 역할을 한다.

2〉 병렬회로(parallel circuit)

그림 3-5와 같은 회로를 병렬회로라고 하며, 주변에서 쉽게 접할 수 있는 일반적인 회로인 자동차 조명시스템에 대해 살펴보자. 자동차의 전등에서 어느 하나가 고장난다 할지라도 다른 전등들은 정상적인 동작을 한다. 이것은 전등들이 서로 병렬로 연결되어 있기 때문이다.

브레이크등(brake light)은 미등(taillight)과 전조등(beam headlight)에 관계없이 독립적으로 작동한다. 브레이크등은 운전자가 브레이크 페달을 밟아서 스위치가 닫힐 때 점등된다.

병렬회로의 중요한 특성은 다음과 같다.

- 병렬회로의 각 양단 사이의 전압(V)은 동일하다.
- Kirchhoff 전류법칙과 Ohm 법칙을 적용하면 병렬회로의 합성저항은 다음과 같다. 그림에서 각 저항을 흐르는 전류에 대해 KCL과 Ohm법칙을 사용하자.

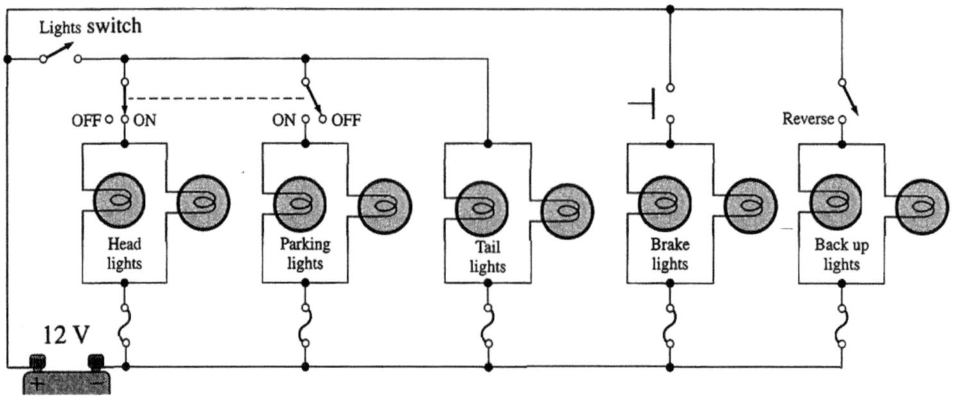

[그림 3-5] 병렬로 구성된 자동차 점등시스템

먼저 Ohm 법칙으로부터

$$I_1 = \frac{V_1}{R_1}, \quad I_2 = \frac{V_2}{R_2}, \quad I_3 = \frac{V_3}{R_3} \tag{3-11}$$

Kirchhoff 전압법칙과 전류법칙으로부터

$$V_1 = V_2 = V_3 = V_S = V$$

$$I = I_1 + I_2 + I_3 + \ldots + I_n, \quad I = V\left(\frac{1}{R_1} + \frac{1}{R_2} + \frac{1}{R_3} \ldots + \frac{1}{R_n}\right) \tag{3-12}$$

식 (3-12)의 전압과 전류관계로부터 합성저항은 다음과 같다.

$$\frac{1}{R_T} = \frac{1}{R_1} + \frac{1}{R_2} + \frac{1}{R_3} + \ldots + \frac{1}{R_n} \tag{3-13}$$

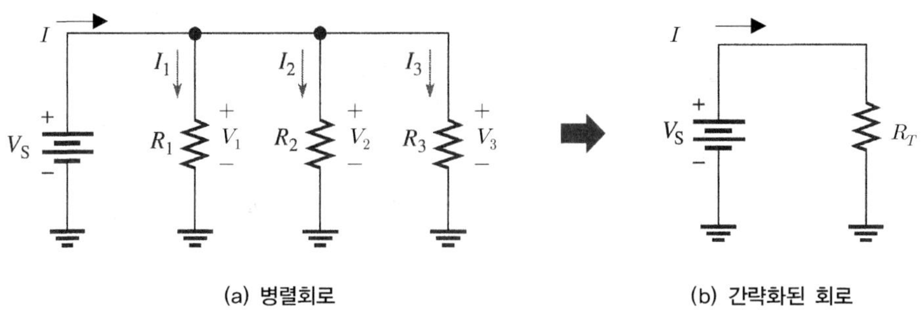

[그림 3-6] 병렬회로 및 간략화

전류분배법칙

병렬회로에서 각 저항에 걸리는 전압 V는 동일하다. 전원전압은 저항을 합성하여 표현하면 다음과 같다.

$$V_S = IR_T$$

이를 이용하여 각 지로전류를 유입되는 전류와 각 저항으로 다시 정리하여 표현하면 다음과 같다.

$$I_1 = \frac{V_S}{R_1} = I \times \frac{R_T}{R_1} \quad (3\text{-}14)$$

$$I_2 = \frac{V_S}{R_2} = I \times \frac{R_T}{R_2} \quad (3\text{-}15)$$

$$I_3 = \frac{V_S}{R_3} = I \times \frac{R_T}{R_3} \quad (3\text{-}16)$$

병렬연결된 각 저항에 흐르는 전류는 각 저항의 크기에 반비례하여 분배됨을 알 수 있다. 따라서 병렬회로는 전류분배기로서 각 전류는 식 (3-14), (3-15), (3-16)으로부터 다음과 같은 비를 가진다.

$$I_1 : I_2 : I_3 = \frac{1}{R_1} : \frac{1}{R_2} : \frac{1}{R_3} \quad (3\text{-}17)$$

병렬로 연결된 경로 가운데 어느 하나가 끊어져도 다른 경로를 통해 전류는 계속 흐른다. 이 사실은 그림 3-5의 자동차 조명시스템에서 미등이 동작하지 않아도 브레이크등은 동작한다는 것을 확인할 수 있다.

예를 들어 우리가 자주 활용하는 회로의 하나인 두 개 저항이 병렬로 연결된 회로에서 각 가지(저항 R_1 및 R_2)에 흐르는 전류는 다음과 같다.

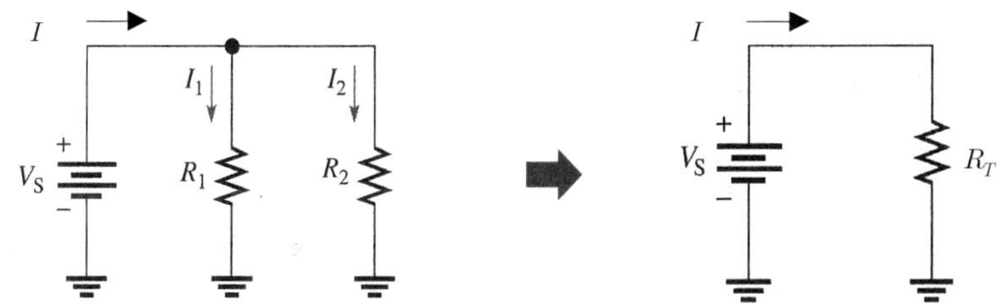

(a) 두 저항의 병렬회로 (b) 간략화된 회로

[그림 3-7] 두 개의 저항이 병렬연결된 회로

$\frac{1}{R_T}=\frac{1}{R_1}+\frac{1}{R_2}$ 로부터 $R_T=\frac{R_1R_2}{R_1+R_2}[\Omega]$이고 $V_S=IR_T$ 이므로

$$I_1=\frac{V_S}{R_1}=\frac{IR_T}{R_1}=I\times\frac{R_1R_2}{R_1+R_2}\times\frac{1}{R_1}=I\times\frac{R_2}{R_1+R_2} \quad (3\text{-}18)$$

$$I_2=\frac{V_S}{R_2}=\frac{IR_T}{R_2}=I\times\frac{R_1R_2}{R_1+R_2}\times\frac{1}{R_2}=I\times\frac{R_1}{R_1+R_2} \quad (3\text{-}19)$$

이는 Ohm 법칙을 각 저항에 흐르는 전류를 구하기 위해 유입전류와 저항의 관계를 달리 표현한 것에 불과하다.

병렬회로는 전류분배기 역할을 한다. 그 이유는 병렬로 된 접합지점에 전류가 유입되면 몇 개의 가지전류로 나누이지기 때문이다.

3〉 직 · 병렬회로(series-parallel circuit)

그림 3-8과 같이 직렬회로와 병렬회로가 혼합된 회로를 직·병렬회로라고 하며, 이러한 회로의 문제는 다음과 같이 해결할 수 있다.

- 회로의 합성저항을 구하기 위하여 회로를 직렬부분과 병렬부분으로 나누어 합성 시킨다.
- 회로에 흐르는 총 전류를 구한다.
- 회로의 각 단자 사이의 전압을 구한다.
- 회로의 각 저항을 통하여 흐르는 전류를 구한다.

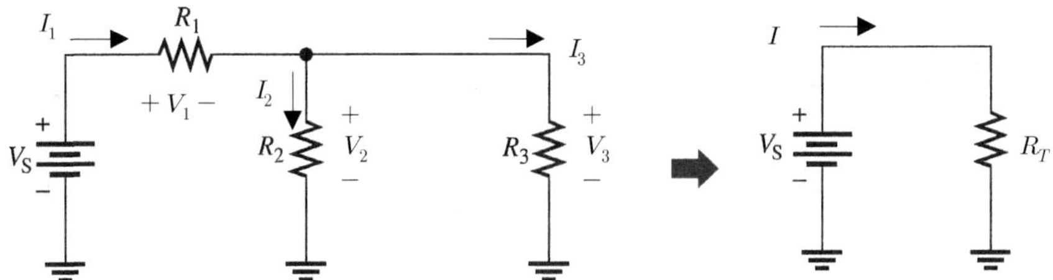

(a) 직병렬회로 (b) 간략화된 회로

[그림 3-8] 직렬과 병렬이 조합된 직 • 병렬회로

그림으로부터 총 저항은 직렬과 병렬로 구성되어 있으므로 합성하면 다음과 같다.

$$R_T=R_1+(R_2\parallel R_3) = R_1+\frac{R_2R_3}{R_2+R_3}=R_1+R_A \quad (3\text{-}20)$$

따라서 전원을 흐르는 전류I는 저항R_1을 흐르는 전류와 동일하므로 I_1은 Ohm 법칙을 사용하면 쉽게 구할 수 있다.

$$I = \frac{V_S}{R_T} = I_1 = \frac{V_1}{R_1} \tag{3-21}$$

또한 두 저항 R_2 및 R_3의 양단전압을 각각 구하면 다음과 같다.

$$V_2 = I_2 R_2, \qquad V_3 = I_3 R_3 \tag{3-22}$$

회로에서 두 저항 R_2 및 R_3의 양단전압은 병렬이므로 동일하다. 전압분배 규칙를 이용하여 다음과 같이 구할 수 있다.

$$V_2 = V_3 = V_S \times \frac{R_A}{R_1 + R_A} \tag{3-23}$$

또한 두 저항 R_2 및 R_3를 흐르는 전류는 전류분배 규칙을 적용하면 다음과 같다.

$$I_2 = I_1 \times \frac{R_3}{R_2 + R_3}, \qquad I_3 = I_1 \times \frac{R_2}{R_2 + R_3} \tag{3-24}$$

회로에서부터 저항 R_2 또는 R_3의 양단전압을 Ohm 법칙으로 구할 수 있으며 KVL을 적용하면 저항 R_1 양단전압을 다음과 같이 구할 수 있다.

$$V_2 = V_3 = I_1 R_A = I_1 (R_2 \parallel R_3) = I_1 \left(\frac{R_2 R_3}{R_2 + R_3} \right) \tag{3-25}$$

$$V_1 = V_S - V_2 \tag{3-26}$$

[실험장비 및 부품]

사용장비	품 목	정 격	소요량
DC power supply Multimeter Breadboard	Resistor	$1.2k\Omega$ $2.7k\Omega$ $5.6k\Omega$	각 1개

[예비보고서]

1. 다음 회로에 대해 답하시오.

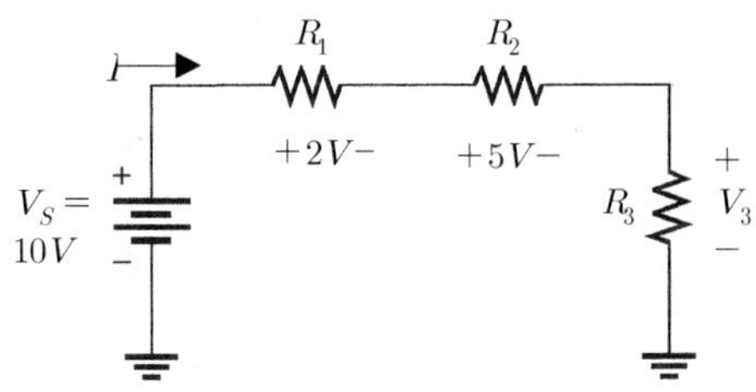

(a) 직렬회로

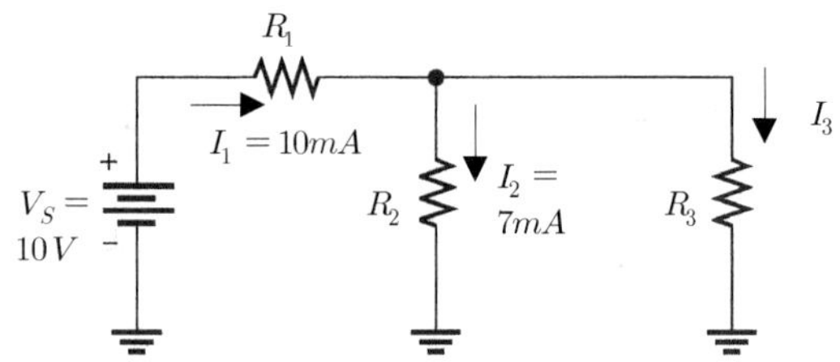

(b) 직병렬회로

1〉 회로 (a)에서 전압 V_3는 얼마인가?

2〉 회로 (b)에서 전류 I_3는 얼마인가?

2. 다음 회로에서 Kirchhoff 및 Ohm 법칙으로 저항 R_1, R_2 및 R_3값을 구하시오.

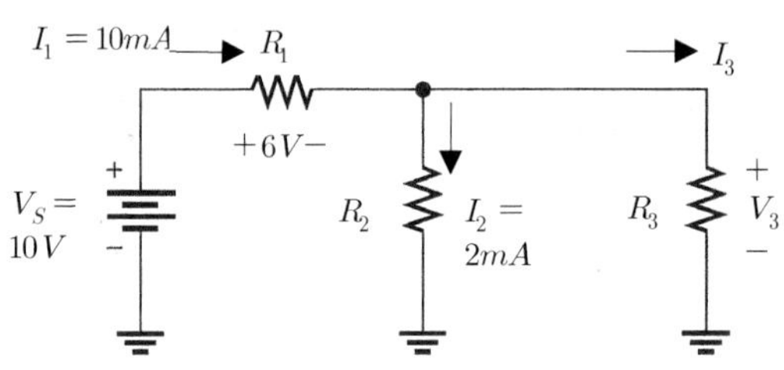

1〉 R_1 2〉 R_2 3〉 R_3

3. 그림 3-3의 $I-V$ 그래프로부터 저항 R_A와 R_B를 각각 구하시오.

1〉 R_A 2〉 R_B

4. 3개의 100Ω 저항들로 만들 수 있는 저항조합을 그려 그 합성값을 구하시오.

1〉 직렬

2〉 병렬

3〉 직병렬

5. 다음 회로에 대해 답하시오.

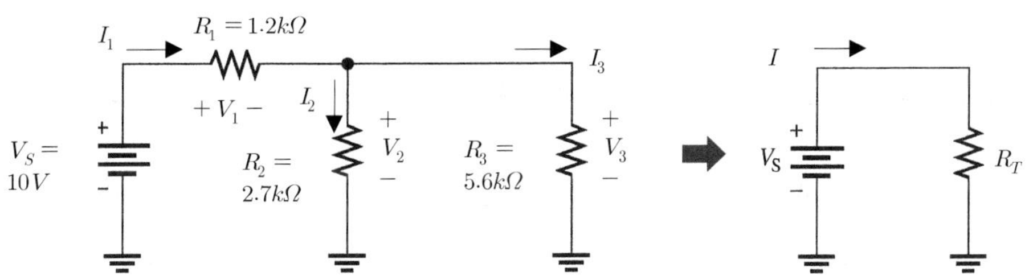

1〉 회로의 간략화 과정을 이용하여 총 합성저항(R_T)을 구하시오.

2〉 위의 회로에서 해당 전압 및 전류를 구하시오.(소수 셋째 자리에서 반올림)

〈1〉 전류 I_1 및 전압 V_1

〈2〉 전류 I_2, I_3 및 전압 V_3

〈3〉 위의 회로에서 KVL과 KCL이 성립하는가? 수치적으로 증명하시오.

- $-V_S+V_1+V_2=0$

- $I_1=I_2+I_3$

3〉 전원 $V_S=10\,V$가 공급하는 전력과 각 저항에서 소비되는 전력을 구하시오.

〈1〉 공급전력(P_S)

〈2〉 소비전력(P_1, P_2, P_3)

〈3〉 위의 〈1〉과 〈2〉의 상호관계를 구하시오.

[결과보고서]

실험제목					
실험일자	년 월 일(요일)			담당교수	㊞
성 명		학 번		평 가	

1. **저항들을 이용하여 아래의 회로를 구성하고 물음에 답하시오.**

1) 다음 값들을 구하여 표 3-1에 기록하시오.

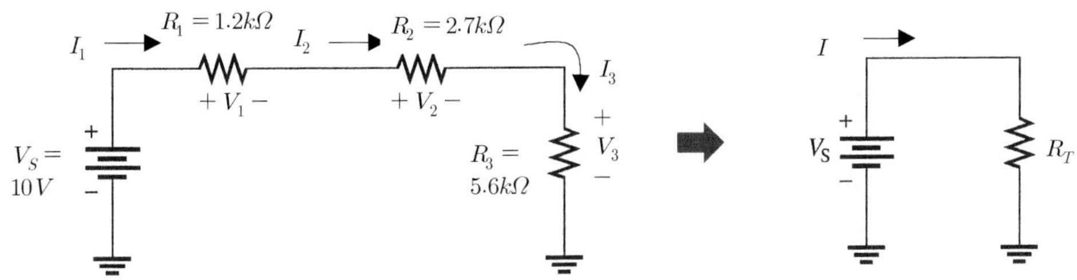

- 합성저항(R_T)의 이론치 및 측정치
- 회로에 대한 각 전류 및 전압의 이론치 및 측정치

: 측정치의 각 전류값은 측정값 V_S, R_T, V_1, V_2, V_3를 이용하여 구하시오.

[표 3-1]

구 분		이론치	측정치	오차(%)
합성저항(R_T)				
회로전류(I)				
전압	V_1			
	V_2			
	V_3			
전류	I_1			
	I_2			
	I_3			

2) KVL과 KCL이 성립하는지를 측정값을 대입하여 답하시오.

〈1〉 V_S, V_1, V_2, V_3의 관계를 구하시오.

〈2〉 I_1, I_2, I_3의 관계를 구하시오.

2. 저항들을 이용하여 아래의 회로를 구성하고 물음에 답하시오.

1〉 다음 값들을 구하여 표 3-2에 기록하시오.

- 합성저항(R_T)의 이론치 및 측정치
- 전원에서 흐르는 회로전류 I의 이론치 및 측정치

: 측정 전류값은 측정값 V_S, R_T, V_1, V_2 및 V_3를 이용하여 구하시오.

- 각 저항에 걸리는 전압의 이론치 및 측정치
- 각 저항에 흐르는 전류의 이론치 및 측정치

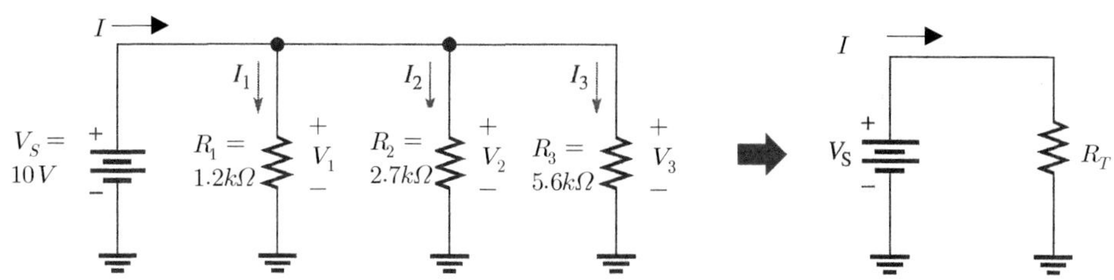

[표 3-2]

구 분		이론치	측정치	오차(%)
합성저항(R_T)				
회로전류(I)				
전압	V_1			
	V_2			
	V_3			
전류	I_1			
	I_2			
	I_3			

2〉 위 회로에서 KCL과 KVL이 성립하는 지를 측정값을 대입하여 답하시오.

〈1〉 V_S, V_1, V_2, V_3의 관계를 구하시오.

〈2〉 I, I_1, I_2, I_3의 관계를 구하시오.

3. 저항들을 이용하여 아래의 직병렬회로를 구성하고 물음에 답하시오.

1〉 다음 값들을 구하여 표 3-3에 기록하시오.

- 합성저항(R_T)의 이론치 및 측정치

- 전원에서 흐르는 전류 I의 이론치 및 측정치
- 각 저항에 걸리는 전압의 이론치 및 측정치
- 각 저항에 흐르는 전류의 이론치 및 측정치

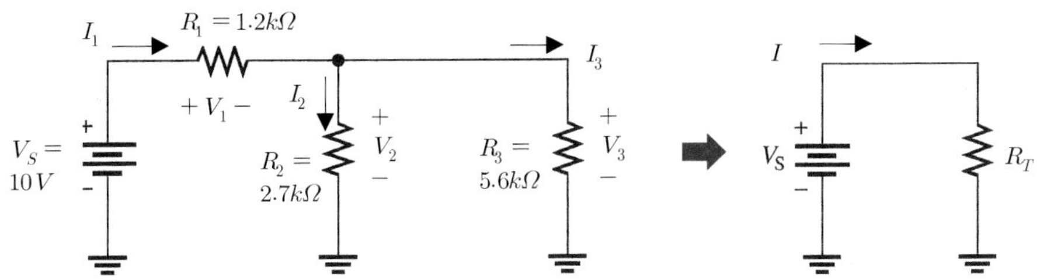

[표 3-3]

구 분		이론치	측정치	오차(%)
합성저항(R_T)				
회로전류(I)				
전압	V_1			
	V_2			
	V_3			
전류	I_1			
	I_2			
	I_3			

2〉 위의 회로에서 KVL과 KCL이 성립하는지를 측정값을 대입하여 구하시오.

$KVL: \ V_S = V_1 + V_2$	$KCL: \ I = I_1 = I_2 + I_3$

3〉 위의 회로에서 전류분배법칙이 성립하는지를 검토하시오.

〈1〉 $I_2 = I_1 \times \dfrac{(\quad)}{R_2 + R_3} =$

〈2〉 $I_3 = I_1 \times \dfrac{(\quad)}{R_2 + R_3} =$

[토의 및 심화학습]

1. 전류(I)와 저항(R)의 관계를 그래프로 그리시오. (y축:I, x축:R)

2. 다음 회로에 대해 답하시오. (단, 저항의 단위는 [$k\Omega$]이다.)

1) 위 회로를 간략화하여 전압원 양단의 합성저항 R_T를 구하시오. 답: $R_T = 11/2[k\Omega]$

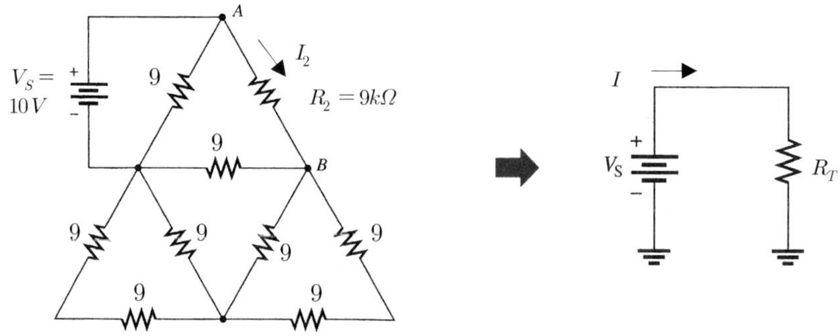

2) 전압원 $V_S = 10V$를 흐르는 전류값 I는? 답: $I = 20/11[mA]$

3) 제일 위쪽 삼각형을 구성하는 저항 R_2를 흐르는 전류값 I_2는? 답: $I_2 = 70/99[mA]$

3. 다음 그림과 같이 직류 전원공급기(DC power supply), 네 개의 저항들(R_1, R_2, R_3 및 R_4) 그리고 전압계(voltmeter: $[V]$)가 연결되어 있다. 물음에 답하시오.

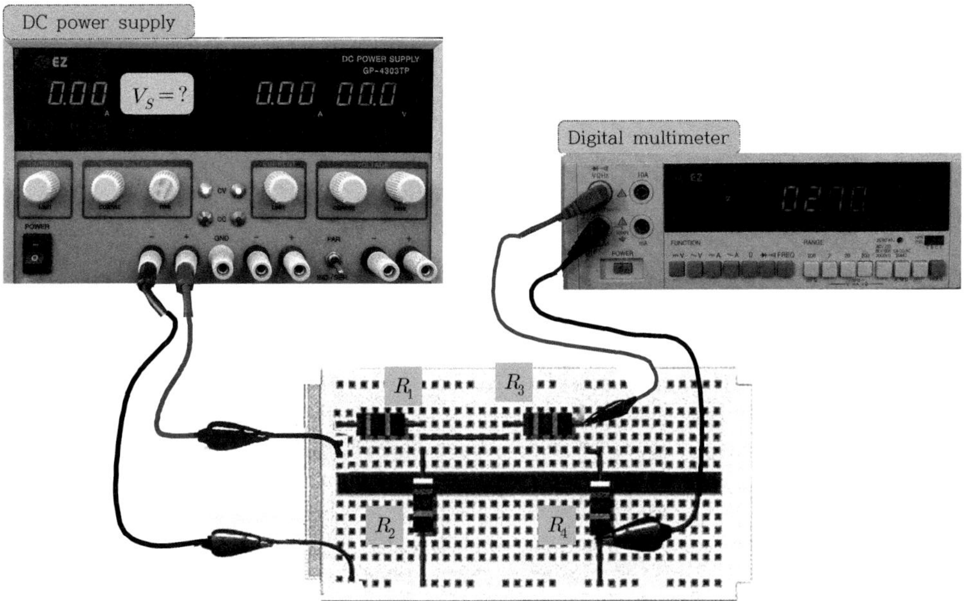

1〉 브레드보드 상의 회로에서 저항값들을 구하시오. 단, 허용오차는 무시하시오.

Resistors	1st band	2nd band	3rd band	Tolerance	Value
R_1	Orange	Black	Brown	Gold	
R_2	Gray	Red	Brown	Gold	
R_3	Yellow	Violet	Brown	Gold	
R_4	Blue	Gray	Brown	Gold	

2〉 위의 그림을 바탕으로 측정에 따른 회로도(circuit schematic)를 그리시오.

3〉 전압계가 $2.7V$일 때, 전원공급기의 전압값 V_S를 구하시오.

답: $V_S \simeq 7.5[V]$ or $7.4[V]$

[회로 간략화] 과정별로 그림 그리기	〈1〉 R_4를 흐르는 전류 I_4 〈2〉 R_3의 양단전압 V_3 〈3〉 R_2의 양단전압 V_2 〈4〉 R_2를 흐르는 전류 I_2 〈5〉 R_1를 흐르는 전류 I_1 〈6〉 R_1의 양단전압 V_1 〈7〉 KVL을 적용한 V_S

4. 전원으로서 전압원은 항상 일정한 전압을 발생시키는 장치이고, 전류원은 일정한 전류를 공급하는 장치이다. 다음 회로에서 각 측정기의 값은 해당 지점의 전류 혹은 전압을 나타내며 이상적 특성을 가진다고 한다. 물음에 답하시오.

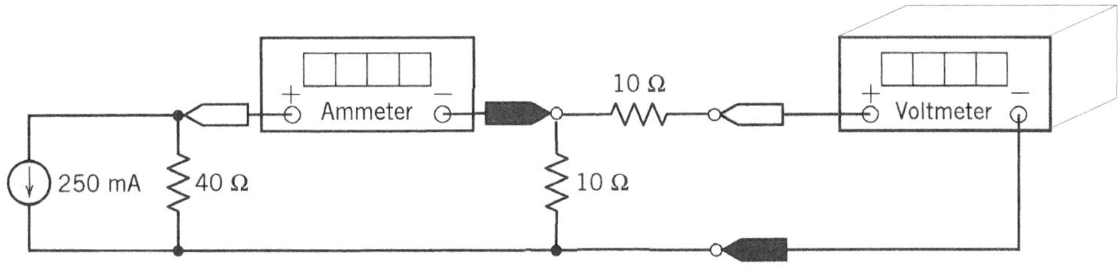

1〉 전압계(voltmeter)는 내부저항이 $(0,\ \infty)\Omega$이고 전류계(ammeter)는 내부저항이 $(0,\ \infty)\Omega$ 이다.

2〉 위 회로에서 전압계와 전류계가 지시하는 값을 구하시오. 답: Ⓥ:$-2V$, Ⓐ:$-200mA$

3〉 만약 전류계와 전압계를 서로 바꾸면 각 계기가 지시하는 값은? 답: Ⓥ:$-10V$, Ⓐ:$0A$

5. 그림과 같이 저항계로 측정된 합성저항이 $R_T = 9\Omega$이면 R값을 구하시오. 단, 각 저항의 단위는 $[\Omega]$이다.

답: 15Ω

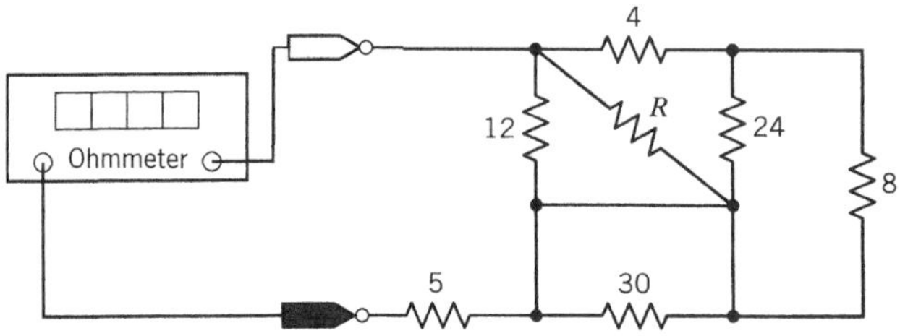

실험 4장

회로부품 Soldering

1. 개방과 단락
2. Soldering
3. 납땜시의 유의사항

CHAPTER 04

회로부품 Soldering

실험목적

회로를 연결하고자 전기전자부품을 기판에 납땜을 할 때. 회로의 동작이 구현하지 못하는 경우가 많다. 이들의 대부분은 개방과 단락이 일어나도록 작업을 수행했기 때문이다. 본 실험에서는 PCB기판에 원래 의도했던 회로동작이 구현되도록 효과적이고 깔끔한 납땜을 하도록 한다.

기초이론

1. 개방과 단락

고장진단(troubleshooting)이란 회로 상에서 고장문제를 해결하여 정상적인 동작을 하도록 하는 것이다. 회로에서는 주로 개방(open)과 단락(short)문제가 가장 많이 발생한다. 우리는 회로 상에서 측정을 할 때, 예기치 못한 현상을 종종 경험한다. 과도한 전력소모는 보통 저항을 단락시키기보다는 개방시킨다. 그러나 회로상에서 저항을 단락시키는 것은 많은 경우에 땜납이 튀겨져 다른 소자와 연결되는 solder bridge가 될 수 있다.

1〉 개방(open)회로

전기회로의 일부분이 끊어지면 더 이상 전류가 흐르지 못하게 되므로 이 상태를 개방(open)이라고 한다. 개방회로는 저항이 무한대($\infty[\Omega]$)로 크다는 것을 의미한다.

다음 그림 4-1(a)에서 저항 R_1과 R_2를 흐르는 전류가 모두 $0[A]$이며 그림(b)에서는 개방된 저항 R_3를 흐르는 전류가 $0[A]$이다.

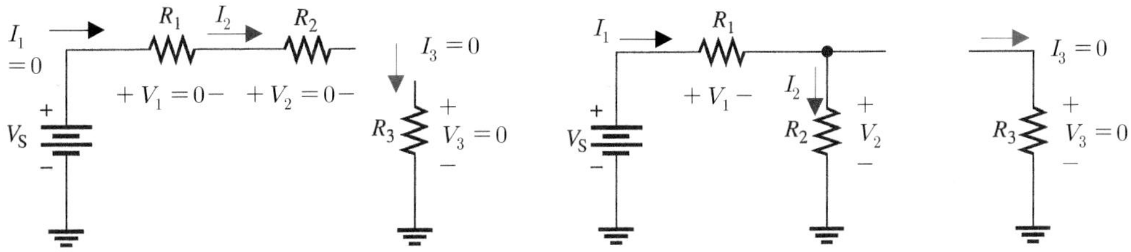

(a) $I_1 = I_2 = I_3 = 0$ (b) $I_1 = I_2,\ I_3 = 0$

[그림 4-1] 개방회로를 흐르는 전류는 $0A$이다.

2〉 단락(short)회로

단락회로는 회로의 일부가 바이패스(bypass)되어 저항값이 0Ω인 가지를 가진 경로이다. 그림 4-2에서 두 회로를 비교함으로서 단락의 의미를 익혀 보자. 그림 (a)에서 회로를 흐르는 전류는 1A이다. 이 전류는 저항 39Ω, 33Ω, 18Ω 및 10Ω 모두를 통해 흐른다. 그러나 그림 (b)를 보면 흐르는 전류가 3.6A이다. 그 이유는 무엇일까? 그림을 살펴보면 이 회로에서 저항 33Ω과 39Ω 두 개를 가로질러 단락(short)되어 있다. 이로 인해 전류는 저항 33Ω과 39Ω 두 개의 저항을 통하여 흐르지 않고 모두 단락된 도선부분으로 흐른다. 결과적으로 전류는 18Ω과 10Ω저항만으로 흐른다.

이와 같이 저항이 감소하면 전류가 증가한다. 이 전류값은 다음과 같이 실험적 사실에 근거하여 Ohm의 법칙에 의한 계산 혹은 측정으로 구할 수 있다.

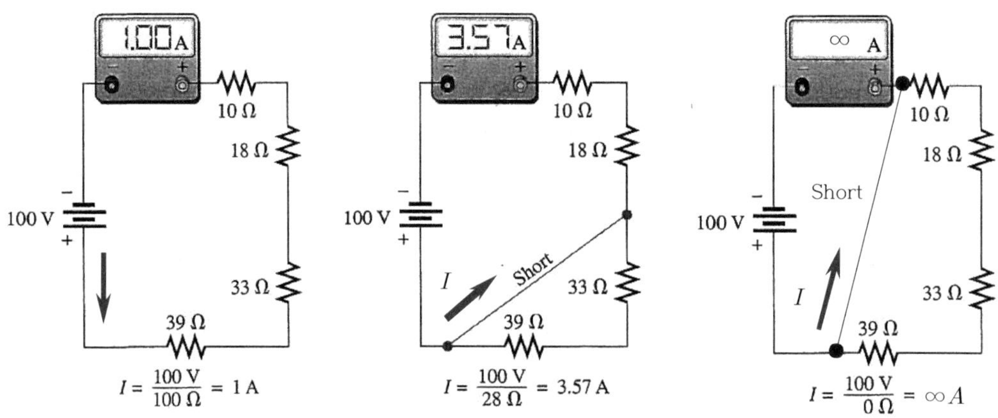

(a) Before short (b) After short (c) A large current

[그림 4-2] 단락전과 단락후의 전류비교

그림 (c)와 같이 단락되면 회로는 모든 저항들이 없는 것과 같이 작용하므로 모든 전류는 단락된 도선으로 흐르며 그 값은 아주 크다($\infty[A]$). 그러나 저항은 안전하다. 예를 들면 전구(일종의 저항)에 단락회로가 형성되면 전구의 필라멘트는 저항을 가지므로 전류가 흐르지 않지만 저항이 0Ω인 단락회로를 통해 과도한 전류가 흐르게 되고 도선은 과도한 열 때문에 파괴된다. 이러한 안전사고 위험에 대비해서 회로차단기(circuit breaker)나 퓨즈(fuse)를 이용하여 사용자를 보호한다.

3〉 저항기 고장

저항이나 트랜지스터와 같은 소자는 단락되거나 개방되는 경우가 많다. 이런 소자들이 파괴되는 이유들 중의 하나는 최대소비전력 정격을 초과해서 사용하는 일이다. 이런 전지 소자들은 이미 공장에서 제작될 때, 데이터시트에 이들 소자의 최대정격을 포함하고 있으므로 정격을 지켜 사용해야 하나, 이를 무시하고 정격을 초과하여 사용한다면 실험 때마다 새로운 소자를 구입해서 사용할 것이다, 소자의 내부가 타게 되어 빈 공간을 만들게 되는데 이것을 개방회로(open circuit)라고 부른다.

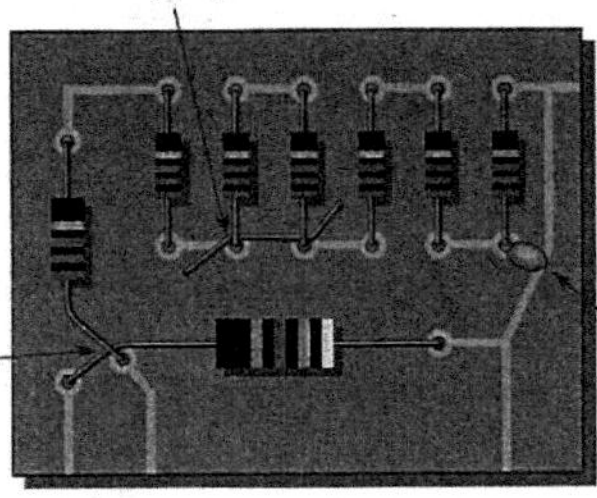

[그림 4-3] 고장해결을 위한 문제에서 자주 발생하는 단락 사례

또 다른 하나는 초과전력 소비로 인하여 소자의 내부가 녹아서 인접한 부분을 결합시켜서 단락회로(short circuit)를 만드는 경우이다. 그러나 최대정격을 초과하지 않는 경우에도 또 다른 개방과 단락이 발생할 수 있는데, 그것은 PCB(printed circuit board)에서 납땜을 하는 과정에서 발생된다. 원하지도 않는 납땜 중에 녹아내려 납땜 찌꺼기가 인접한 도선을 연결하면 Solder bridge(납으로 연결된 다리) 혹은 Solder splash(납의 튐)가 만들어 져서 단락상태가 된다.

불완전한 납땜연결은 도선으로 연결되지 않기 때문에 개방회로가 되는데 이것을 Cold solder joint현상이라 부른다.

(a) 'Cold' solder joint

(b) Broken solder joints

[그림 4-4] 부적절한 Soldering

2. Soldering

1) 납땜의 중요성

납땜(soldering)은 전자기기의 조립이나 제작할 때, 필수적인 작업의 하나로서 매우 중요한 작업이기도 하다. 납땜을 잘 했느냐 못 했느냐 하는 것은 그 기기가 오랫동안 고장없이 잘 유지되느냐 안 되느냐와 깊은 관계가 있다.

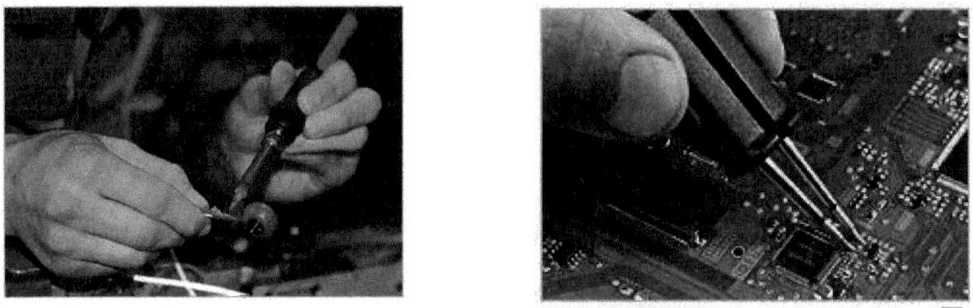

[그림 4-5] Soldering의 사례

전기적으로 완전한 접속이 필요한 곳에는 꼭 납땜이 필요하므로 납땜에 자신을 가지고 임해야 한다. 접속하여 할 금속과 금속 틈에 녹은 납이 흘러 들어가 납과 금속의 합금층이 만들어지는 것이 납땜이므로 금속 표면을 깨끗이 하고 적당한 온도로 가열하여 확실하게 해야 한다.

2〉 땜납(solder)과 플럭스(flux)

땜납(solder)은 주석(tin)과 납(lead)의 조합으로 구성된 합금이다. 주석은 232˚C, 납은 328˚C에서 녹는다. 그러나 배합비율에 따라서는 보다 낮은 182˚C 에서도 녹게 된다(주석 62%, 납 38%). 전기 통신용 땜납은 주석 60%와 납 40%로서 이루어져 183˚C에서 녹는 것이 많이 쓰이는데 납땜 온도는 이보다 50˚C 이상 높은 230~250˚C에서 1~5초(통상 2초 전후) 동안에 하는 것이 가장 좋다.

땜납으로는 실납(wire solder)이 주로 많이 쓰이는 데 보통은 실납의 중심 구멍에 융제인 플럭스(flux: 송진류)가 들어 있지만 그렇지 못한 경우 그림 4-6과 같이 플럭스의 역할을 하는 송진계통의 페이스트(paste)를 별도로 사용하여야 한다.

(a) 실납(wire solder)

(b) 납땜용 페이스트(soldering paste)

[그림 4-6] 실납 및 납땜 페이스트

플럭스나 페이스트는 모두 납땜이 원활히 되도록 하는 역할을 해준다. 플럭스로 쓰이는 송진은 일종의 활성화 수지로서 실납(wire solder)에 열이 가해지면 납이 녹기 이전에 먼저 녹아 흘러 접속할 금속의 산화된(oxidized) 표면을 깨끗이 닦아주고 그 면의 산화를 방지해 준다.

또 납의 표면장력을 낮추어 그림 4-7(b)와 같이 납이 퍼지기 쉽게 하고 접합할 금속과의 융합이 잘되어 완전한 합금층(alloy)이 이루어지도록 한다.

페이스트를 별도로 사용하는 경우 우선 가열된 인두 끝에 페이스트를 약간 묻힌 다음 납을 인두에 먹여서 납땜을 한다. 납땜한 후에는 반드시 납땜한 부위에 남아 있는 페이스트를 천으로 닦아내도록 한다. 페이스트를 적당히 사용하면 인두 끝에 묻어있는 납이 인두로부터 보다 잘 분리되도록 해주는 역할도 하게 된다.

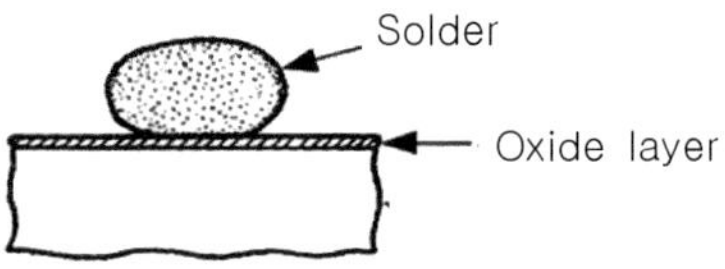

(a) 플럭스가 없을 경우

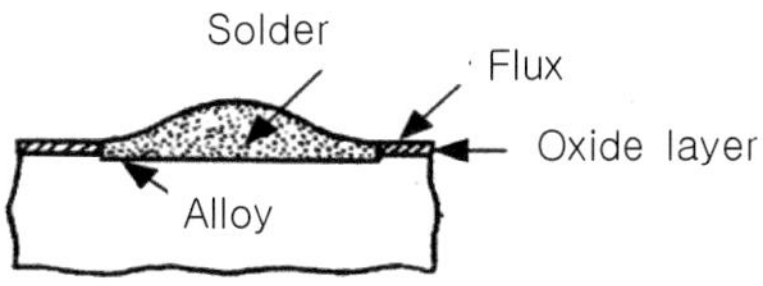

(b) 플럭스가 있을 경우

[그림 4-7] Flux의 역할

3〉 납땜용 인두(soldering gun) 및 사용법

땜납은 눈으로 봐서는 좋은 것인지 나쁜 것인지 알기가 어렵다. 그러므로 실제 납땜 인두기로 찍어보아 광택이 적게 나는 것은 우선 불량품이라고 생각할 수 있다. 사용해서 좋다고 확인된 제품만을 언제나 이용하도록 한다.

납땜할 부분을 납이 녹는 온도 이상으로 가열해 주기 위한 공구인데 전기식이 거의 대부분이다. 이것은 소비전력(watt)과 인두 끝의 굵기로 구분하고 있다. 인두기는 Iron형과 Ceramic형이 주로 사용된다. 가격도 다양하므로 자신의 작업공정에 필요한 것을 선택하면 된다.

[그림 4-8] 여러 가지 전기 인두기들

납땜 인두는 한 손에 실납은 다른 한 손에 쥐고 실납을 인두 끝에 대고 인두 끝에 납을 입힌다. 인두가 너무 과열되면 납이 붙지 않고 굴러 떨어진다. 과열 방지를 위해서는 전압

조정기를 써서 전압을 낮추는 방법을 쓴다. 인두 끝은 줄이나 사포로 잘 닦아서 납을 먹여야 한다.

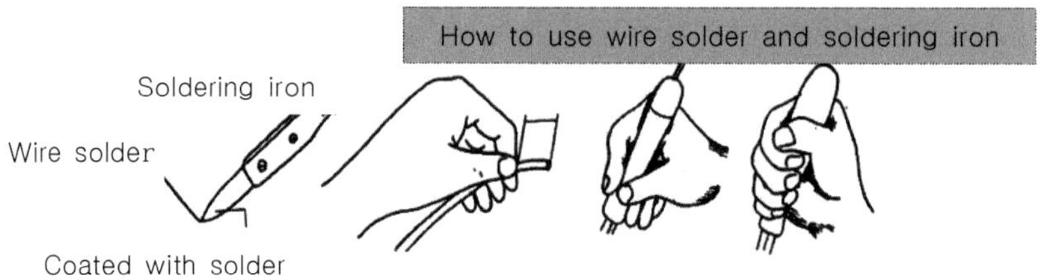

[그림 4-9] 납땜용 인두기의 사용법

4〉 리드(선)의 접속

선이나 부품을 걸치고 납땜해야 할 때 우선 리드에 피복이 있으면 와이어 컷터로 벗기고 사포(sand paper)나 줄(file)로 닦는다. 와이어 컷터로 긁어내도 된다. 물론 리드도 닦아 둔다. 이 리드를 중계 리드와 같이 작은 구멍이 있으면 끼워서 2회 정도 감는다. 리드가 3개일 때는 각각 감아 고정한다.

5〉 납땜의 순서

납을 녹여 붙이는 순서는 그림 4-10과 같다. 우선 인두기 끝을 접합할 곳에 대고 가열하면서 실납을 대어 실납이 알맞게 녹아 들어가게 한다. 다음에 실납을 떼고 곧 인두기를 뗀다. 경우에 따라서는 순서를 달리하는 수도 있다.

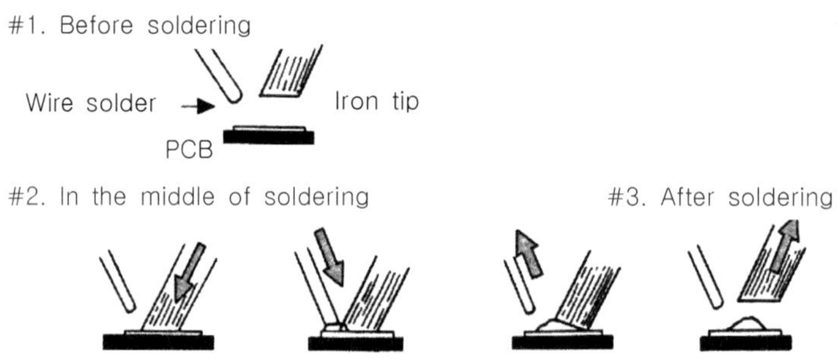

[그림 4-10] 납땜순서

그림 4-11은 리드를 걸친 다음 납땜하는 요령으로서 단자가 작은 경우 납을 대고 인두를 그 위에 가볍게 누르면서 납땜을 하지만 단자가 큰 경우에는 인두 끝을 금속에 가열하면서 납을 대어 녹이도록 한다. 납은 잘 퍼지고 윤이 나도록 납땜되어야 하며 꺼칠꺼칠하든가 틈이 없도록 해야 한다.

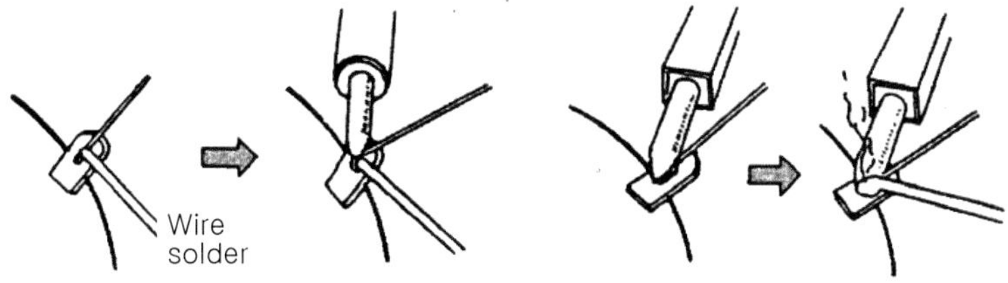

(a) 작은 단자 (b) 큰 단자

[그림 4-11] 선을 걸친 후에 납땜

3. 납땜시의 유의사항

가열된 인두는 300℃ 정도의 높은 온도이므로 항상 인두 받침대를 사용하도록 한다. 비교적 장시간 사용하지 않는 경우는 인두가 가열되어 상하지 않도록 전원을 끄거나 전압조정기를 사용하도록 한다.

1〉 열에 약한 부품의 납땜

다이오드나 트랜지스터 등 열에 약한 것의 납땜은 열이 가해지지 않도록 특히 조심해야 한다. 납땜을 하면서 그림 4-12와 같이 트위저 등으로 리드를 집어서 부품으로 전달되는 열을 흡수하도록 한다. 트랜지스터는 약 80℃에서 망가질 수 있고, 저항기도 80℃ 정도가 되면 변하여 저항값이 달라질 수 있다. 전해 커패시터도 열 등에 약하다.

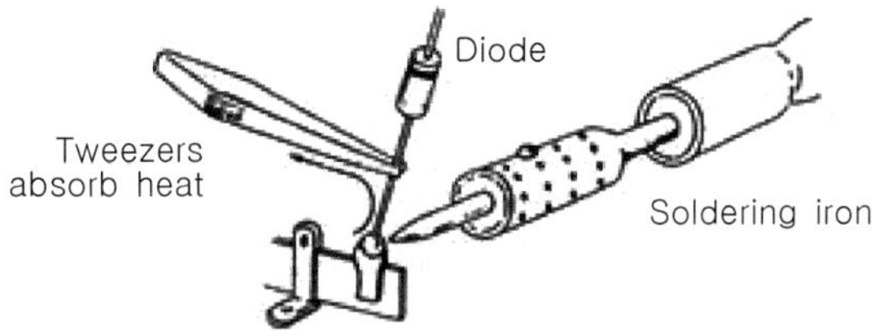

(a) 다이오드(diode) 경우

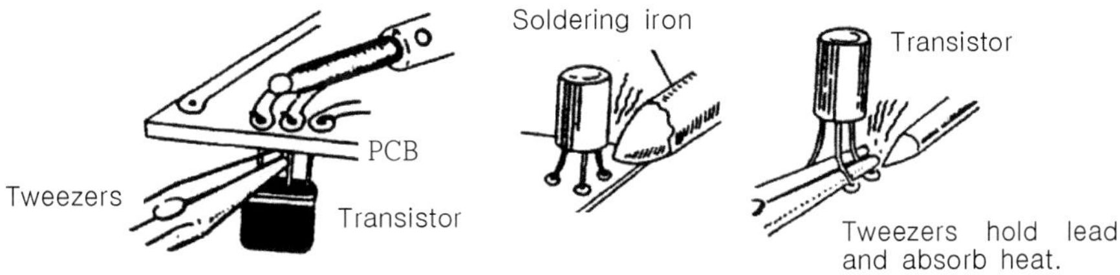

(b) 트랜지스터(transistor) 경우

[그림 4-12] 열에 약한 부품의 납땜

2〉 기타 납땜 요령

단자(terminal)와 리드(lead)의 납땜은 그림 4-13과 같이 각각 줄이나 사포로 닦고 각각 납을 먹여서 리드를 단자 구멍에 끼워 구부린 후 납땜한다.

리드 단자에 커패시터나 저항 등을 납땜할 때는 단자에 리드를 감지 않고 끼운 다음 구부려 밀착된 상태에서 납땜하면 된다. 리드에 약간의 여유가 있는 것이 좋다. 리드 단자의 아래 구멍도 리드의 납땜에 이용할 수 있다.

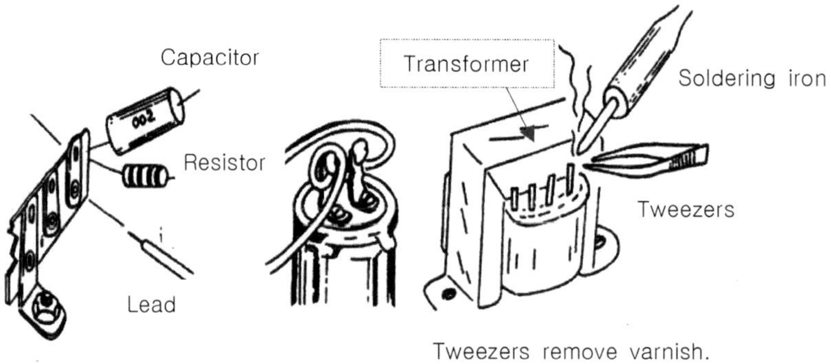

[그림 4-13] 기타 납땜 기법

[실험장비 및 부품]

사용장비	품 목	정 격	소요량
DC power supply Multimeter	Resistors	1.2[$k\Omega$], 2.7[$k\Omega$], 5.6[$k\Omega$]	각 3개
	Soldering iron	25~30[W]	1개
	Plier, Cutter		각 1개
	PCB	250 X 160	2개
	Soldering wire		1m
	Wire jumper		1m
	Paste		1개
	Toggle switch	SPDT SPST	1개 3개
	Push button	NOPB(normally open)	1개
	Lamp		10개

[결과보고서]

실험제목					
실험일자	년 월 일(요일)			담당교수	(인)
성 명		학 번		평 가	

1. 납땜연습

1〉 납땜용 인두기(soldering iron)를 전원에 연결한다.

2〉 납땜기의 예열상태를 확인한다.
땜납을 대어 녹는지 확인한 후, 인두기 끝에 땜납을 전체적으로 묻혀보아 땜납이 묻어나기 시작하면 작업을 수행한다.

3〉 PCB 기판 상에서
〈1〉 인두기의 끝을 납땜할 동판부에 접촉시킨다.
〈2〉 땜납을 인두기 끝부분에 댄다.
〈3〉 땜납이 적당히 녹으면 땜납을 먼저 떼어 낸다.
〈4〉 인두기를 동판으로부터 떼어 낸다.

4〉 납땜용 리드(lead)의 피복껍질을 충분히 길게 벗겨낸 후, 그림 (a)와 같이 나선형 모양으로 구부려 가면서 동판상의 각 구멍마다 땜을 수행한다.

5〉 납땜용 리드선의 피복껍질을 컷터로 벗겨낸 후, 그림 (b)와 같이 동판상에 일직선이 되도록 윗줄부터 나란히 동판의 구멍마다 땜을 한다.

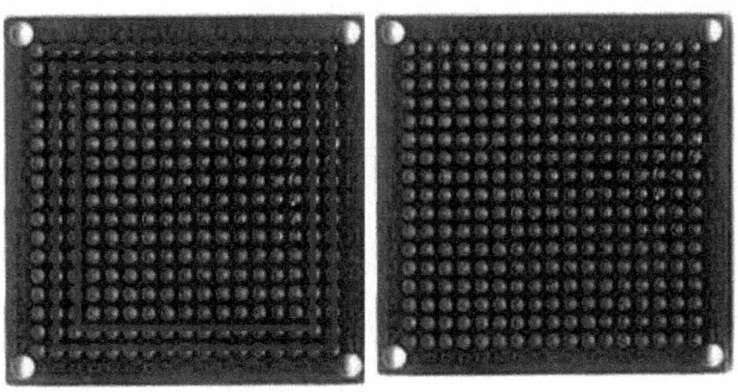

(a) (b)

6〉 기판의 아래 부분에 자신의 학번을 납땜으로 표기하여 제출한다.

2. 납땜을 이용한 회로구현

제공된 PCB에 다음 세 가지 회로 직렬회로, 병렬회로 및 직병렬회로에 대해 납땜으로 회로를 구성한다. 특히 그림 4-7(b)와 같이 깔끔하고 매끄럽게 납땜이 수행되어야 한다. 회로부품의 납땜작업이 끝난 후, 세 회로들에 대해 멀티미터를 이용하여 각 단자를 흐르는 저항, 전류 및 전압을 구한다. 이들 값이 실험 3장의 각 회로에 대한 측정결과와 동일한지를 확인하시오.

1〉 PCB기판 상에 다음 회로를 구성하고 해당값을 표 4-1에 기록한다.

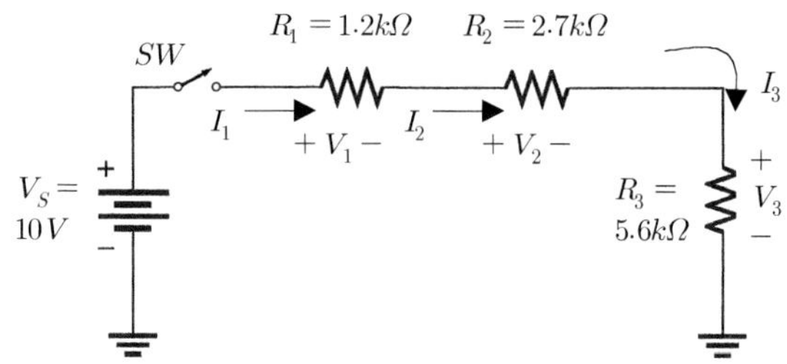

[표 4-1]

구 분	이론치	측정치	오차(%)
합성저항(R_T)			
회로전류(I)			
V_1			
V_2			
V_3			

• 단락이나 개방이 발생하여 측정값이 정상적이지 않으면 수정하고 다시 측정한다.

2〉 PCB기판 상에 다음 회로를 구성하고 아래의 내용을 표 4-2에 기록한다.

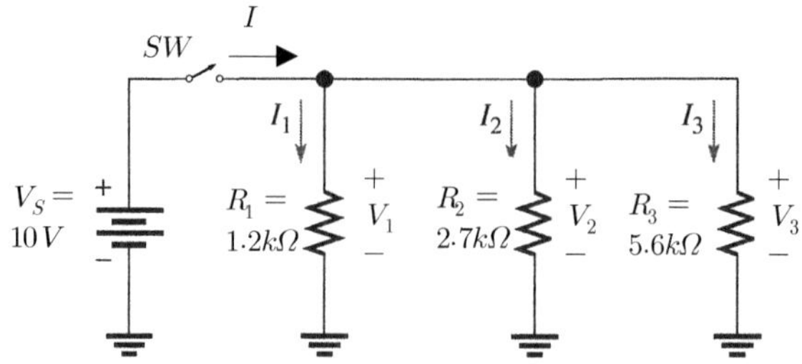

[표 4-2]

구 분	이론치	측정치	오차(%)
합성저항(R_T)			
회로전류(I)			
I_1			
I_2			
I_3			

- 단락이나 개방이 발생하여 측정값이 정상적이지 않으면 수정하고 다시 측정한다.

3) PCB기판 상에 다음 회로를 구성하고 아래의 내용을 표 4-3에 기록한다.

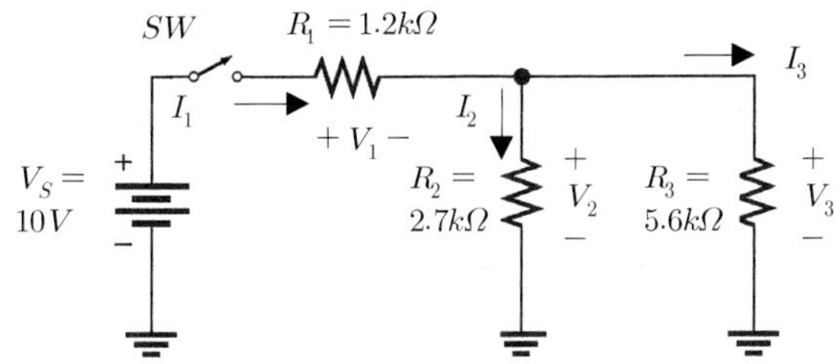

[표 4-3]

구 분	이론치	측정치	오차(%)
합성저항(R_T)			
회로전류(I)			
V_1			
I_2			
I_3			

- 단락이나 개방이 발생하여 측정값이 정상적이지 않으면 수정하고 다시 측정한다.

3. 다음은 자동차 점등 시스템으로서 간략화된 자동차 외부의 조명시스템이다. 이 회로가 구현되도록 PCB에 구성하시오. 단 모든 전구의 저항은 10Ω이다. 과도한 전류가 흐르지 않도록 적절하게 필요한 저항들을 활용하시오.

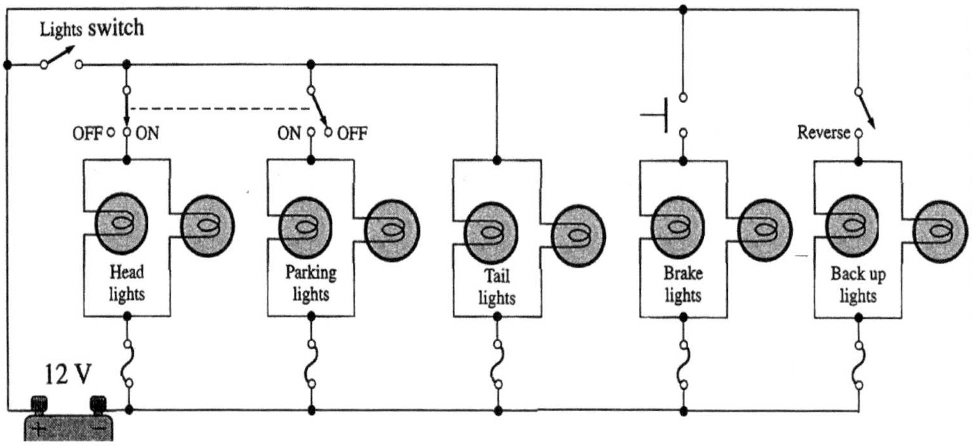

1〉 Head lights와 Parking lights를 제어하는 스위치에서 파선의 의미는?

2〉 위의 그림을 회로도로 나타내고 각 스위치의 기능을 설명하시오.

3〉 각 스위치가 턴온(turn-on)될 때, 각 전구로 흐르는 전류를 구하시오.

[토의 및 심화학습]

1. 다음 회로에서 아래와 같이 각각 저항 R_1이 개방과 단락이 될 경우, 저항 R_2 양단전압과 저항 R_2를 흐르는 전류를 구하시오.

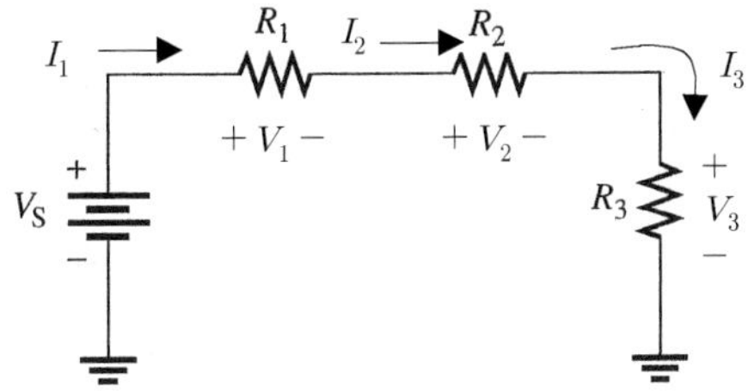

1〉 R_1 개방

2〉 R_1 단락

2. 다음 회로에서 저항 R_2이 개방과 단락이 될 경우에 각 단자전압과 전류를 구하시오.

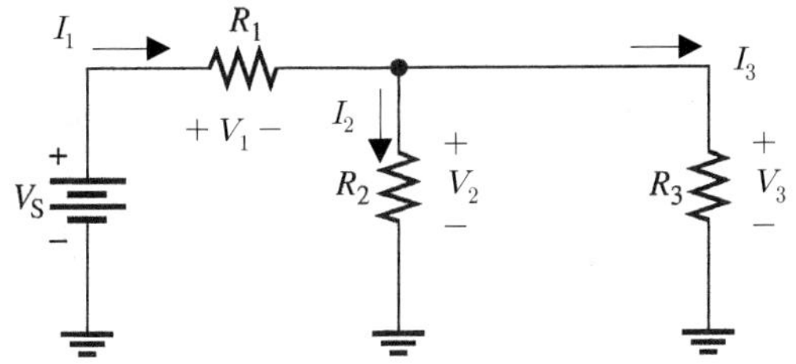

1〉 R_2 개방

2〉 R_2 단락

3. 납땜작업을 시행할 때, Solder의 구성 및 Flux 역할은 무엇인가?

4. Solder bridge와 Cold solder joint를 개방과 단락의 관점에서 설명하시오.

실험5장

Wheatstone bridge 회로

1. 브릿지 회로
2. △결선과 Y결선 상호변환
3. 가변저항(variable resistor)이란?

CHAPTER 05

Wheatstone bridge 회로

실험목적

Wheatstone 브릿지 회로에서 Ohm 법칙, 전압 분배법칙 및 전류 분배법칙을 활용하여 어떤 미지의 저항값을 측정할 수 있는 방법을 익히고, 이를 기반으로 각종 센서들과 결합된 응용회로를 학습한다.

기초이론

Wheatstone 브릿지 회로는 우리 생활과 밀접한 온도측정 및 압력측정과 같은 각종 센서회로 등에 많이 사용되고 있다.

1. 브릿지 회로

Wheatstone Bridge는 비교측정을 통하여 미지의 저항값을 정밀하게 측정하기 위해 사용되는 계측기이다. 브릿지 회로는 주로 제어회로의 센서로 많이 사용된다. 브릿지 회로는 그림 5-1과 같이 두 개의 병렬로 된 저항가지들을 가진다. 이 회로는 1847년 Charles Wheatstone이 만들었다. 이 계측기는 어느 전기계측기보다 더 오랫동안 사용되어 왔다. 이것은 아직도 정확하고 신뢰성이 있는 계측기로서 산업체에서 많이 사용되고 있다.

먼저 이 회로에 대해 해석에 앞서 그림 5-1과 같이 R_1, R_2, R_3 및 R_4로 구성된 직병렬 회로가 있다. 이 회로에서 두 지점의 전압 V_3, V_4를 구해보자.

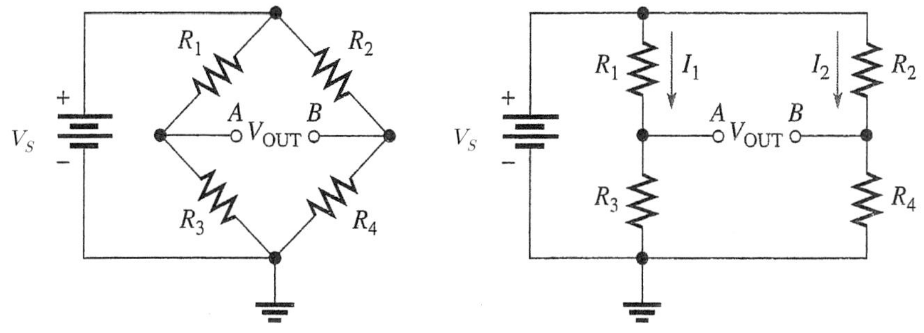

[그림 5-1] Wheatstone 브릿지 회로

1〉 회로해석

Ohm 법칙 혹은 전압분배법칙을 이용하면 다음과 같다.

$$I_1 = \frac{V_S}{R_1 + R_3}, \qquad I_2 = \frac{V_S}{R_2 + R_4} \tag{5-1}$$

또한 접지를 기준으로 하여 저항 R_3 및 R_4 양단전압을 구하면 다음과 같다.

$$V_3 = I_1 R_3 = V_S \times \frac{R_3}{R_1 + R_3}, \qquad V_4 = I_2 R_4 = V_S \times \frac{R_4}{R_2 + R_4} \tag{5-2}$$

만약 이 두 전압값들이 같다면 어떤 결과가 발생하는가? 비록 두 단자 사이에 저항을 연결하더라도 전류는 흐르지 않는다. 따라서 두 단자에 전구를 연결하더라도 전류가 흐르지 않으므로 빛이 발생하지 않을 것이다.

통상 그림 5-2와 같이 전류의 흐름을 감지하기 위해 아주 작은 전류를 측정하는 검류계(galvanometer)를 사용한다.

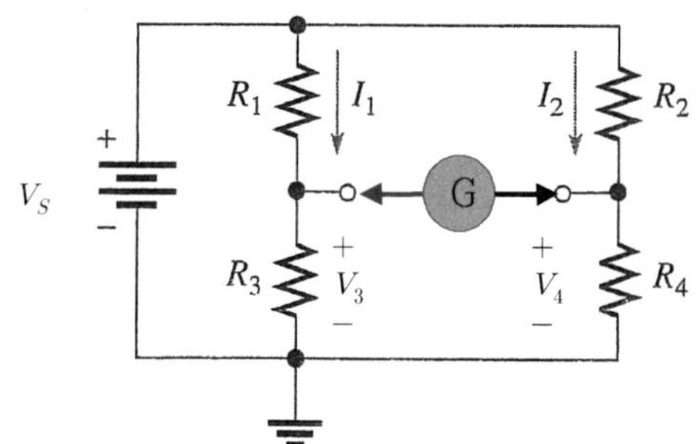

[그림 5-2] 검류계(전류계)가 연결된 Wheatstone 브릿지 회로

즉 $V_3 = V_4$ 이면 회로가 "**평형(in balance)**"라고 말한다. 이 경우 식 (5-2)는 다음과 같이 정리된다.

$$\frac{R_1}{R_3} = \frac{R_2}{R_4} \quad \text{또는} \quad R_1 R_4 = R_2 R_3 \tag{5-3}$$

평형이 일어날 때, 식 (5-3)을 사용하여 3개의 저항값들을 알고 있으면 미지의 나머지 하나의 저항값을 간단히 구할 수 있다.

2〉 활용사례

대부분의 금속은 온도가 증가하면 전기저항이 증가한다. 금속선으로 저항체를 만들고 그 저항체에 정해진 전압으로 전류를 흘러 보내 주면 그 저항체를 흐르는 전류(i)는 그 저항체의 온도에 영향을 받아 온도와 반비례로 변화한다. 따라서 지시 눈금이 온도단위인 전류계 형태의 지시계로 그 저항체의 전류량을 측정하면 그 저항체의 온도를 알 수 있다. 서미스터(thermistor)는 온도가 증가하면 저항의 감소하는 재료로서 온도보상용으로 사용되며, 온도 및 화재탐지 계통에 응용되기도 한다.

이 브릿지 회로는 미지의 저항값 측정 이외에도 여러 측정회로에 이 평형특성을 이용하여 각종 센서가 제작되고 있다. 한 예로서 정밀한 온도측정기로 사용될 수 있다. 서미스터는 온도변화에 따라 저항이 변하는 저항으로 상용화되어 산업계에 활용되고 있다. 이 서미스터를 저항 R_1대신에 사용하고 온도가 변하면 이에 비례하여 평형이 깨진다. 그 결과 출력전압도 변하므로 이 값을 제어하면 된다.

전기저항식 온도계 형태는 대부분 Wheatstone 브릿지와 결합하여 비율식을 사용한다. 온도변화에 대한 저항값의 증감으로 인한 브릿지 회로의 불평형을 감지하여 전류로 지침을 움직인다. 즉, 이러한 비율식은 전원전압의 영향을 받지 않으며 흐르는 전류 크기에도 관련이 없기 때문이다.

그림 5-3은 브릿지회로를 이용한 온도 또는 압력을 측정하기 위한 것이다. 4개의 저항들 중에서 하나의 센서저항(R_1)을 연결하면 온도변화에 따라 저항이 증가하거나 감소하여 평형이 깨진다. 이 변화를 출력쪽에서 전압값(V_{out})을 측정하여 온도변화로 환산하면 된다.

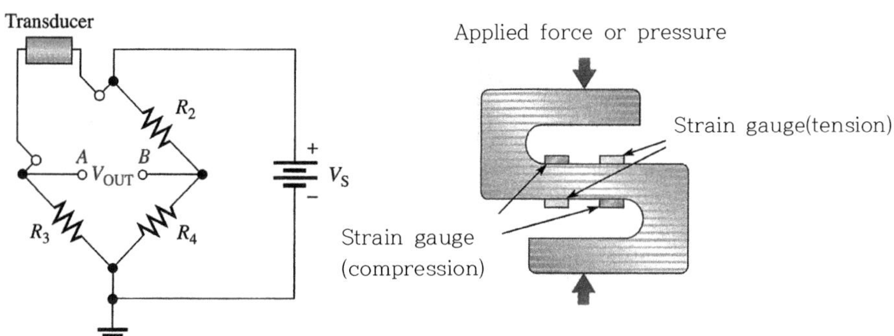

(a) 온도 또는 압력　　(b) Load cell

[그림 5-3] 물리적 값(온도, 압력 등)을 전기적 신호로 변환하는 브릿지 회로

2. △결선과 Y결선 상호변환

검류계를 제거하고 이 대신에 어떤 저항으로 바꾸면 우리는 저항으로 구성된 △형태 구조를 갖는 회로를 만들 수 있다. 이 회로에서 저항의 직렬 혹은 병렬구분이 어려워 해당전류 및 전압을 구하는 것이 쉽지 않다.

저항 R_5로 인하여 합성저항의 구성이 직렬(in series) 혹은 병렬(in parallel)인지 쉽게 구분이 되지 않고 실제로 직병렬회로가 아니므로 해석하기 어렵다.

1) △결선을 Y결선으로 바꿔보자.

그림 5-3(a)는 직관적으로 회로해석이 어려운 회로이다. 그러나 이 Delta(△) 결선(또는 π결선)에서 Y결선(또는 T결선)으로 바꾼다면 직병렬구조가 눈에 확 들어올 것이다. 그림 (b)는 Y결선으로 변환된 회로를 나타낸다. 우리는 지금까지의 학습을 바탕으로 이 회로에 대해 저항합성을 쉽게 구현할 수 있으며 Ohm법칙과 Kirchhoff 법칙을 적용하여 원하는 지점의 전압 및 전류를 구할 수 있다. 그 기법을 배우도록 하자.

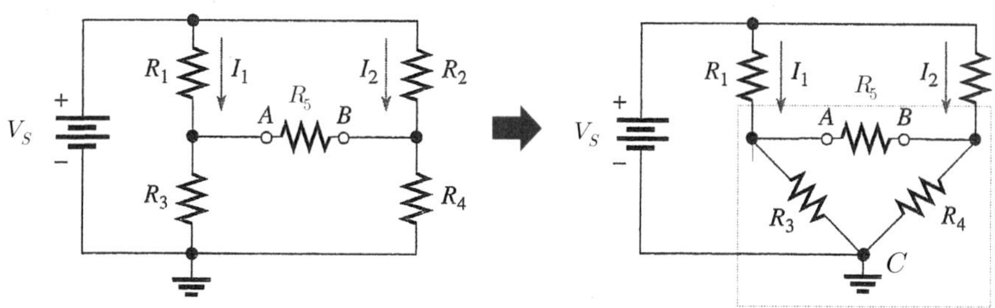

(a) 브릿지 회로에 저항 R_5가 첨가되어 △형으로 결선된 회로

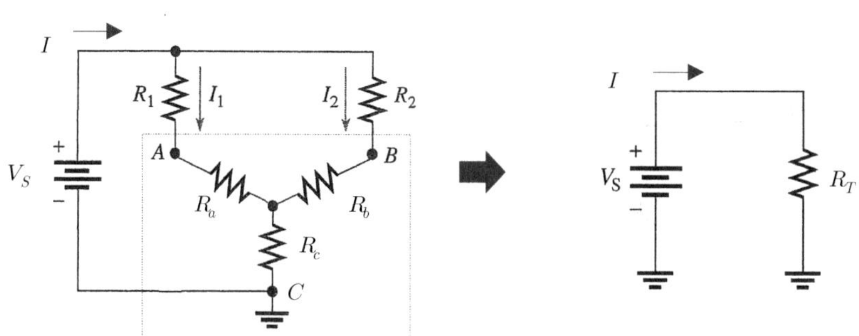

(b) Y형으로 변환된 회로는 직관적으로 직병렬이 구분된다.

[그림 5-3] △결선에서 Y결선으로 변환

다음 회로에서 △결선과 Y결선의 상관관계를 익히기 위해 먼저 단자 $A-B$간 저항에 대해 살펴보자.

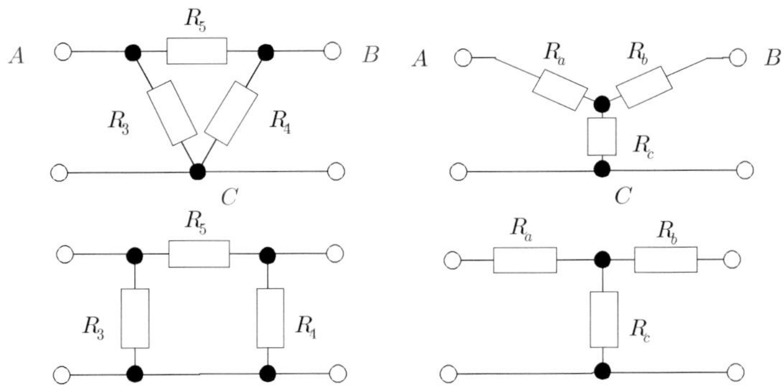

(a) △(Π)결선과 Y(T)결선

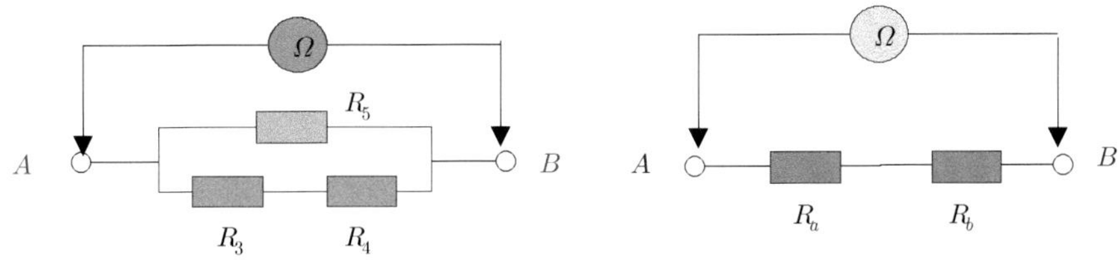

(b) 두 단자들(A 및 B) 간의 등가저항을 구하기 위한 회로

[그림 5-4] 등가변환을 위한 회로 관계

먼저 그림으로부터 두 단자들 $A-B$간의 합성저항을 구할 수 있다. 이후 그림을 참조하여 $B-C$간 및 $C-A$간에 적용하여 합성저항을 구하면 다음과 같다.

$$R_a + R_b = R_5 \parallel (R_3 + R_4) = \frac{R_3R_5 + R_4R_5}{R_3 + R_4 + R_5} \tag{5-4}$$

$$R_b + R_c = R_4 \parallel (R_3 + R_5) = \frac{R_4R_3 + R_4R_5}{R_3 + R_4 + R_5} \tag{5-5}$$

$$R_c + R_a = R_3 \parallel (R_4 + R_5) = \frac{R_3R_4 + R_3R_5}{R_3 + R_4 + R_5} \tag{5-6}$$

위의 세 식 (5-4), (5-5) 및 (5-6)을 합하면

$$2(R_a + R_b + R_c) = \frac{2(R_3R_5 + R_4R_5 + R_3R_4)}{R_3 + R_4 + R_5}$$ 로 되며, 이를 정리하면

$$R_a + R_b + R_c = \frac{R_3R_5 + R_4R_5 + R_3R_4}{R_3 + R_4 + R_5} \tag{5-7}$$ 이 된다.

식 (5-7)로부터 식 식 (5-4), (5-5) 및 식 (5-6)를 빼면 다음과 같은 세 식을 얻을 수 있다.

$$R_a = \frac{R_3 R_5}{R_3 + R_4 + R_5} \tag{5-8}$$

$$R_b = \frac{R_4 R_5}{R_3 + R_4 + R_5} \tag{5-9}$$

$$R_c = \frac{R_3 R_4}{R_3 + R_4 + R_5} \tag{5-10}$$

만약 $R_3 = R_4 = R_5$이면 즉 R 이라고 하면, $R_a = R_b = R_c = R/3$이 되므로 Y결선의 각 저항값이 △결선의 각 저항값의 1/3로 감소함을 알 수 있다.

$$R_Y = \frac{R_\triangle}{3} \tag{5-11}$$

변환된 그림 5-3(b)로부터 저항들을 쉽게 합성할 수 있으며 KCL과 Ohm법칙을 적용하면 전압원을 흐르는 전류를 구할 수 있다. 이로부터 전류분배법칙을 이용하여 가지전류 I_1과 I_2를 구한다.

$$R_T = (R_1 + R_a) \parallel (R_2 + R_b) + R_c \tag{5-12}$$

$$I = \frac{V_S}{R_T} \tag{5-13}$$

$$I_1 = I \times \frac{(R_2 + R_b)}{(R_1 + R_a) + (R_2 + R_b)}, \qquad I_2 = I - I_1 \tag{5-14}$$

또한 KVL과 Ohm법칙을 이용하여 두 지점의 전압을 구할 수 있다.

$$V_A = V_S - I_1 R_1 \tag{5-15}$$

$$V_B = V_S - I_2 R_2 \tag{5-16}$$

따라서 두 단자들 A와 B간의 양단전압은

$$V_{AB} = V_A - V_B \tag{5-17}$$

이로부터 연결한 저항 R_5를 흐르는 전류방향 및 전류값을 구할 수 있다.

$$I_{AB} = \frac{V_{AB}}{R_5} \tag{5-18}$$

2〉 Y결선을 △결선으로 바꿔보자.

참고적으로 식 (5-8)로부터 식을 간략히 변형하면 $R_a = \dfrac{R_5}{1+R_4/R_3+R_5/R_3}$이 되며 이 값에 식 (5-9) 및 식 (5-10)을 대입하면 다음과 같이 쓸 수 있다.

$$R_5 = \frac{R_aR_b + R_bR_c + R_cR_a}{R_c} \tag{5-19}$$

$$R_4 = \frac{R_aR_b + R_bR_c + R_cR_a}{R_a} \tag{5-20}$$

$$R_3 = \frac{R_aR_b + R_bR_c + R_cR_a}{R_b} \tag{5-21}$$

만약 각 저항값이 $R_a = R_b = R_c$이면 즉 R이라 하면 $R_3 = R_4 = R_5 = 3R$이 되므로 △결선의 각 가지 저항값은 Y결선의 각 가지(branch) 저항값의 3배로 증가한다.

$$R_{\triangle} = 3R_Y \tag{5-22}$$

△-Y 회로구성에 대해 상호변환하는 방법을 제시하면 다음과 같다. 우리는 이들의 상호변환에 익숙해져야 한다.

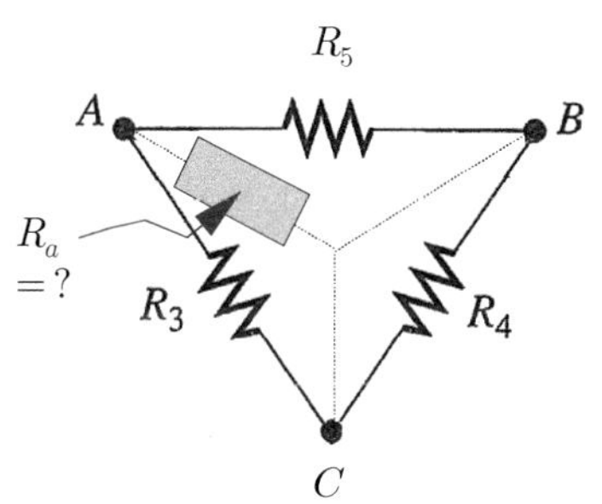	▶ $\triangle \rightarrow Y$ 변환 $\dfrac{R_3R_5}{R_3+R_4+R_5} = R_a$ …
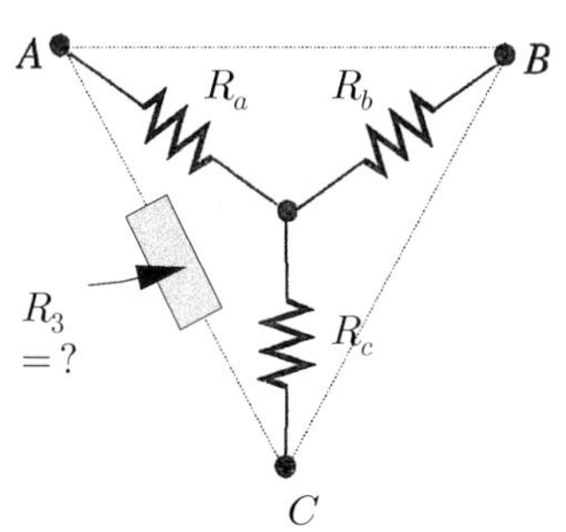	▶ $Y \rightarrow \triangle$ 변환 $\dfrac{R_aR_b+R_bR_c+R_cR_a}{R_b} = R_3$ …

3. 가변저항(variable resistor)이란?

위의 Wheatstone 브리지 회로에서 평형을 이루기 위해 고정된 저항인 R_4 대신에 가변저항을 사용해 보자. 가변저항이란 사용자가 임의로 저항값을 조절하여 사용할 수 있도록 만들어진 저항이다. 가변저항의 두 가지 기본적인 역할은 전압을 분배하거나, 전류량을 조절하는 것이다.

1) 가변저항 구조

그림 5-5는 활용되는 여러 가지 가변저항기 및 내부구조를 나타낸 것이다.

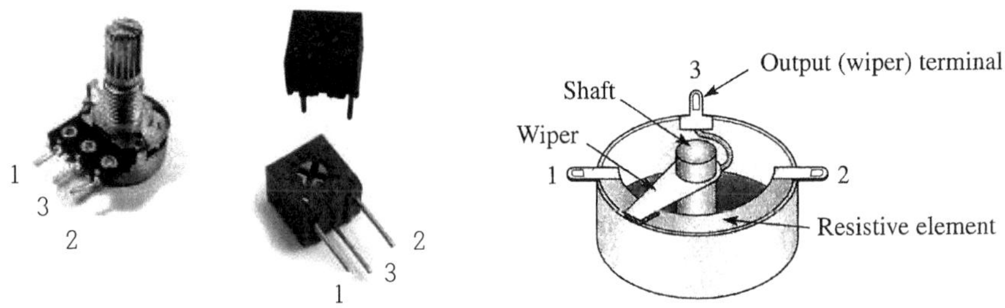

[그림 5-5] 다양한 가변저항기 및 내부 구조

먼저 그림 5-6(a)와 같이 전류량을 조절하기 위해 사용되는 가변저항을 **가감저항기(rheostat)**라고 한다. 먼저 그림 (b)와 같이 사용하는 두 단자를 1과 3 또는 2와 3으로 전위차계로 활용하는 것이다. 또 하나의 방법은 그림 (c)와 같이 전위차계의 단자3을 단자1 또는 단자2와 연결하여 만든다. 이 그림에서 단자2와 3이 서로 연결되어 있으므로 실제적으로 두 개의 단자1과 3을 활용하는 가감저항 구조이다.

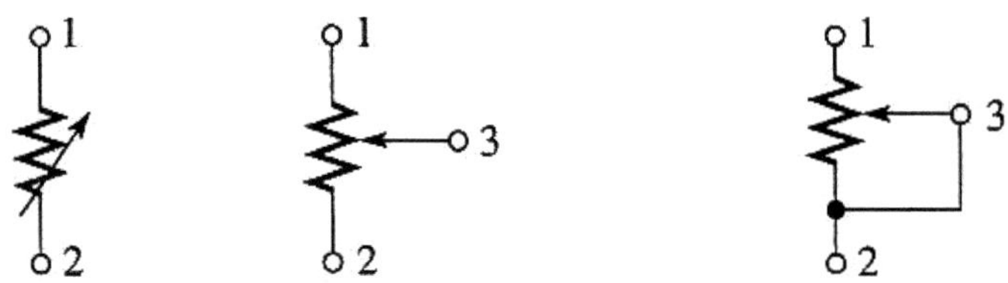

(a) Rheostat (b) Potentiometer (c) 전위차계로 구현된 가감저항

[그림 5-6] 전위차계와 가감저항기 구분

2〉 가변저항의 활용

전압을 분배하는 데 사용되는 가변저항을 **전위차계(potentiometer)**라고 한다. 전위차계는 그림 5-7(a)와 같이 3개의 단자들(terminals)를 가진 장치로서 단자1, 2는 고정된 저항값을 가진다. 단자3이 움직일 수 있도록 되어 있으므로 이를 사용하여 원하는 전압값을 만드는 데 사용한다. 전압계에 출력되는 전압은 와이퍼(wiper)가 가장 위쪽에 있으면 최대 12 V이고 가장 아래쪽에 있으면 최소 0 V가 된다. 그림 (b)에서 가감저항은 흐르는 전류를 제어하여 전구의 밝기를 조절한다.

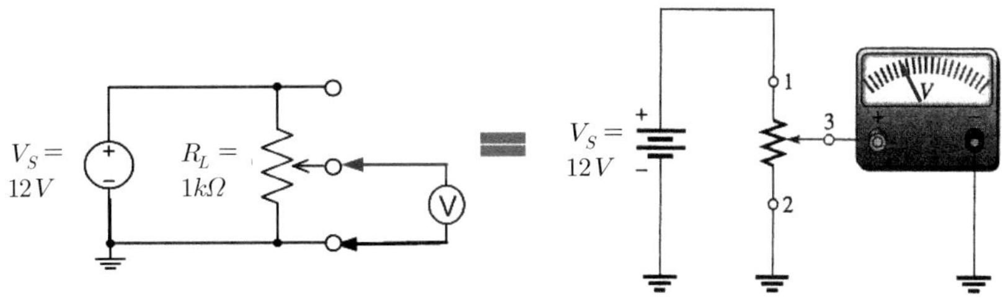

(a) 전위차계는 전압을 나누는데 활용된다.

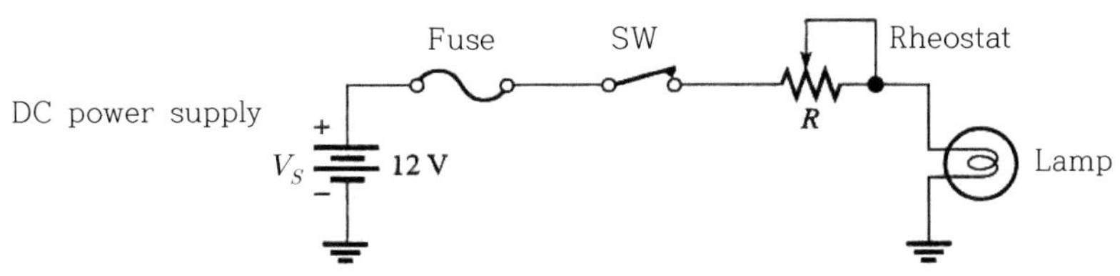

(b) 가감저항은 흐르는 전류를 제어한다.

[그림 5-7] 전위차계 및 가감저항의 활용

[실험장비 및 부품]

사용장비	품 목	규 격	소요량
DC power supply Multimeter Breadboard	Resistors	470Ω, 680Ω 820Ω 3$k\Omega$ 1$k\Omega$	각 2개 2개 3개 3개
	Variable resistor	1kΩ	1개

[예비보고서]

1. 다음 Bridge회로에 대해 답하시오.

1〉 전류 I_1 및 I_2

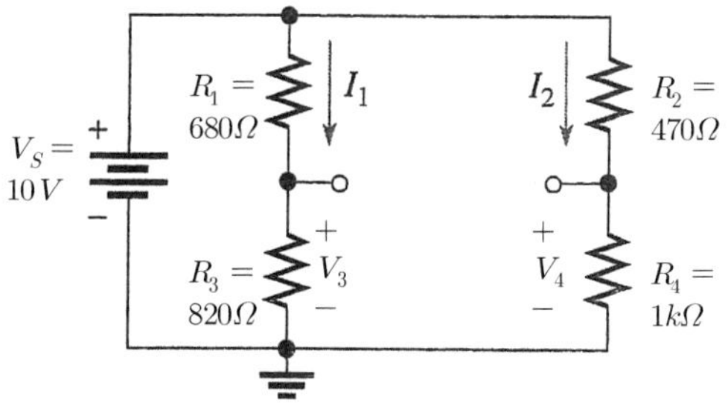

2〉 전압 V_3 및 V_4

3〉 두 출력단자들 간의 전압차: $V_{34} = V_3 - V_4$

4〉 두 단자들 사이에 어떤 저항(전구)을 연결한다면 전류방향을 회로에 그리시오.

5〉 위 회로도에서 고정저항 $R_4 = 1k\Omega$를 가감저항으로 바꾸시오. 만약 회로가 평형이 되었다면 다음 물음에 답하시오.

〈1〉 평형이 되도록 하는 측정방법을 설명하시오.

〈2〉 이 경우 전압 V_4와 저항 R_x값을 구하시오.

2. 다음 회로에 대해 답하시오.

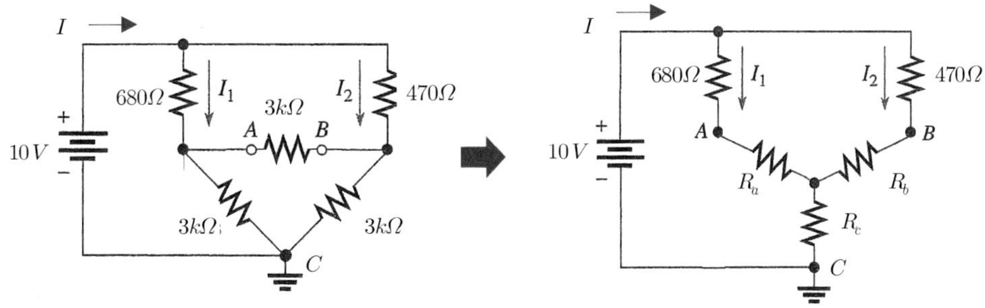

1) △결선을 Y결선으로 변환할 때, R_a, R_b 및 R_c를 구하여 그림에 나타내시오.

$R_a =$ $R_b =$ $R_c =$

2) 위의 Y결선으로부터, 회로를 간략화하면서 단계별로 총 저항 R_T, I_1, I_2, V_A 및 V_B 값들을 구하시오. 여기서 V_A는 지점 A와 접지사이의 전압이며, V_B는 지점 B와 접지사이의 전압이다.(뒷면 이용)

3. 가변저항은 3단자 저항으로서 전위차계 또는 가감저항으로 사용된다. 이 소자의 특성 및 사용법을 익히고자 한다. 다음 물음에 답하시오.

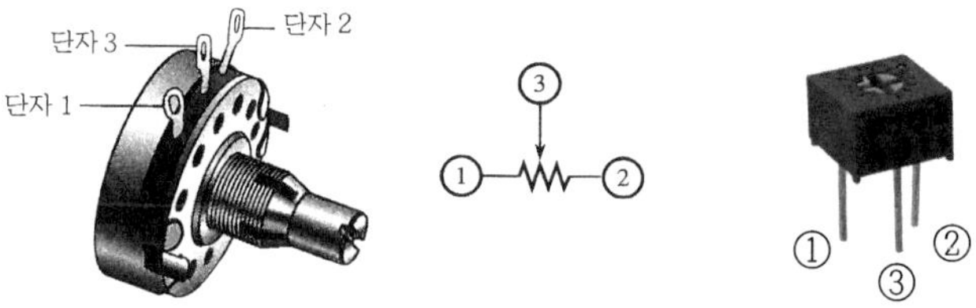

1> 저항값을 읽는 방식과 측정을 위해 세 단자들을 Breadboard에 배치하시오.

[Reading]

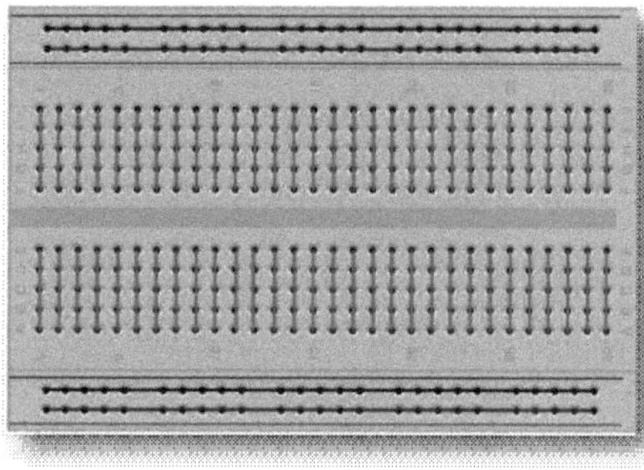

2〉 출력단자(단자 3)를 왼쪽에서 시계방향으로 돌리면서 단자들 간의 저항을 측정하시오.

위치 / 단자저항	왼쪽	왼쪽부터 1/3지점	오른쪽
R_{1-2}			
R_{1-3}			
R_{2-3}			

3〉 위의 단자들 간의 세 저항값들에 대해 상호관계를 식으로 나타내시오.

[결과보고서]

실험제목					
실험일자	년 월 일(요일)			담당교수	(인)
성 명		학 번		평 가	

1. 다음 Wheatstone 브릿지 회로를 이용하여 미지의 저항값 R_x를 구해보자.

1〉 Breadboard에 가감저항(R_x)의 연결에 유의하여 다음 회로를 구성하시오.

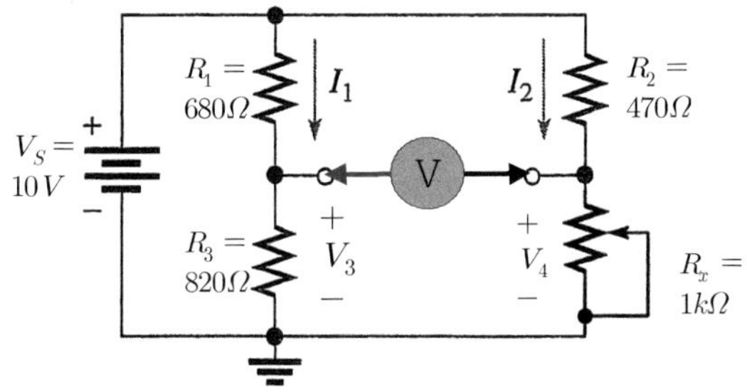

2〉 평형조건(측정값: $V_{34} = 0[V]$ 또는 $I_{34} = 0[A]$)을 이용하여 미지의 가감저항 R_x를 구하고자 한다. 그림에 표시된 검류계 대신에 전압계(voltmeter)를 연결하고 측정값이 가능하면 가장 낮게 되도록 가감저항 R_x를 조절한다.

- 평형이 일어날 때, 미지의 저항 R_x에 대한 이론치를 아래 표에 적는다.
- 위 그림과 같이 전압계를 연결하고 이 평형조건에 맞게 전압측정값이 최소가 되도록 저항 R_x를 조절하여 맞춘다.
- 저항계(ohmmeter)로 미지저항 R_x를 측정하여 구한다.

〈1〉 $R_1 = 680\Omega$, $R_2 = 470\Omega$, $R_3 = 820\Omega$ 일 때, 평형조건에 대해 완성하시오.

〈2〉 $R_1 = 680\Omega$, $R_2 = 470\Omega$, $R_3 = 1k\Omega$ 일 때, 평형조건에 대해 완성하시오.

조건	가감저항	이론치	측정치	오차(%)
<1>	R_x			
<2>				

〈3〉 Wheatstone bridge를 이용한 미지저항을 구하는 것이 타당한가?

2. 전압계(혹은 검류계)를 제거하고 그림과 같이 R_1과 R_2를 제외한 나머지 모든 저항 R_3, R_4 및 R_5를 $3k\Omega$으로 바꾼 △결선회로에 대해 물음에 답하시오.

1〉 △결선에서 각 지점에서 측정된 전압 및 전류를 구하시오. 전류는 측정값을 이용하여 Ohm법칙으로 구하시오.

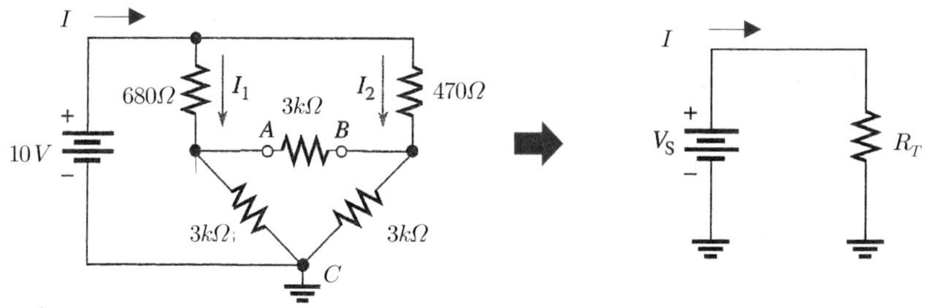

- V_A : 지점 A와 접지사이의 전압, V_B : 지점 B와 접지사이의 전압
- V_{AB}: 지점 A와 지점 B사이의 전압

	R_T	V_A	V_B	V_{AB}
측정치				

	I	I_1	I_2
측정치			

2〉 위 회로에서 단자 A, B에 연결된 저항 R_5를 흐르는 전류방향을 위 회로에 그려서 나타내고, 흐르는 전류 I_5는 위의 측정자료를 바탕으로 구하시오.

$I_5 = \text{———} =$

3〉 △결선을 Y결선으로 바꾸고자 한다. Y결선의 각 저항값으로 바꾸시오.

- $R_a = \dfrac{(\qquad)}{R_3 + R_4 + R_5} =$
- $R_b = \dfrac{(\qquad)}{R_3 + R_4 + R_5} =$
- $R_c = \dfrac{(\qquad)}{R_3 + R_4 + R_5} =$

3. 문제 2의 3〉의 계산값을 아래 그림에 표기하고, 회로를 구성하시오. 회로상의 두 지점 A와 B는 앞 회로와 같은 위치이며, 내부만 Y결선으로 변경되어 있다.

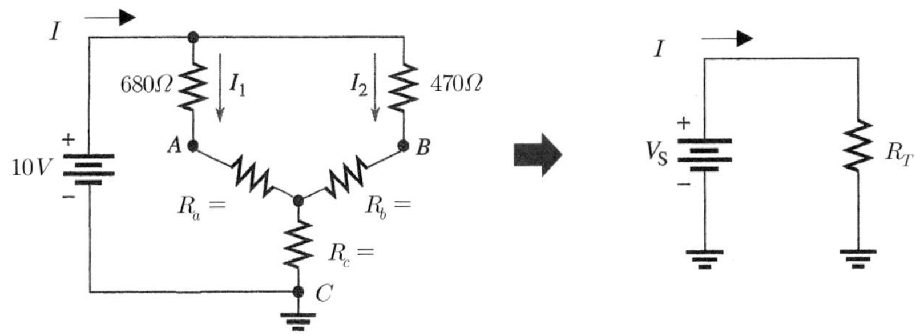

변환된 Y결선에서 각 전압 및 전류를 구하여 다음 표를 완성하시오.

	이론치	측정치	오차(%)
R_T			
V_A			
V_B			
V_{AB}			
I			
I_1			
I_2			

4. 위 실험들로부터

1〉 두 결선형태로부터 측정값들을 상호 비교하시오.

	R_T	V_A	V_B	V_{AB}	I_1	I_2
△ 결선						
Y 결선						

2〉 위의 결과로부터 $\Delta - Y$ 변환은 타당한가?

[토의 및 심화학습]

1. Wheatstone 브릿지의 평형조건을 실험적으로 구하는 과정을 쓰시오.

1〉

2〉

3〉

...

2. 다음 회로에서 물음에 답하시오. 단, 표시된 저항값은 [$k\Omega$]이다.

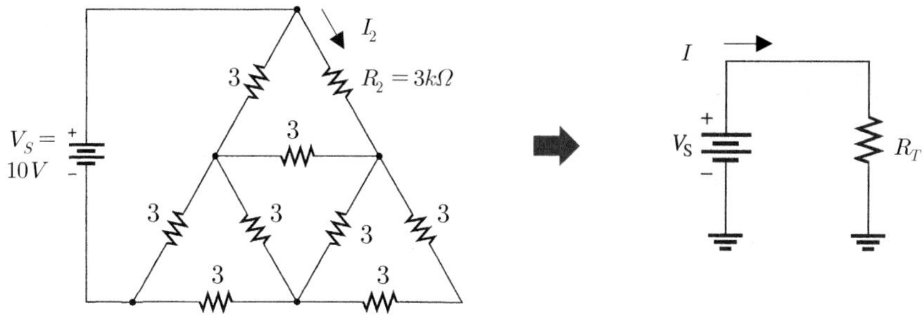

1〉 위 회로의 총 합성저항값 R_T를 구하시오. 답: $R_T = 10/3[k\Omega]$

2〉 그림과 같이 전압원($10V$)을 흐르는 전류 I를 구하시오. 답: $I=3[mA]$

3〉 저항 R_2를 흐르는 전류 I_2를 구하시오. 답: $I=4/3[mA]$

3. 다음 회로에서 두 단자 a와 b간의 전압 $V_{ab} = V_a - V_b$를 구하시오.

답: $V_{ab} = 18[V]$

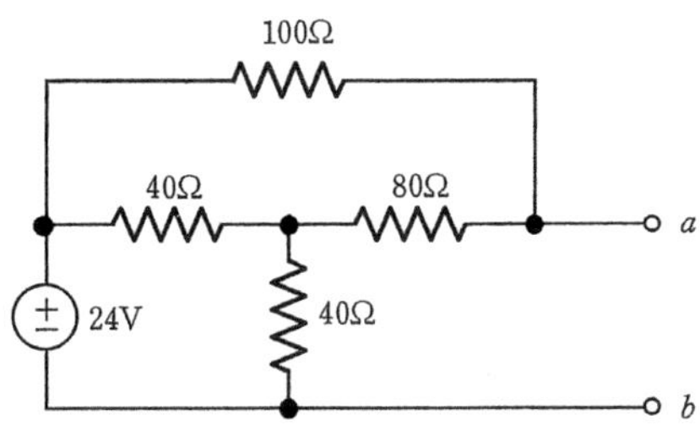

1) $\Delta - Y$ 변환에서 위쪽 Δ형을 Y형으로 바꾸어 구하시오.

2) $\Delta - Y$ 변환에서 아래쪽 Y형을 Δ형으로 바꾸어 구하시오.

3〉 저항합성법, 메시 전류법 또는 노드 전압법을 활용하여 구하시오.

4. 예비보고서에서 나타낸 Wheatstone 브리지회로에서 메시(mesh)전류법과 노드(node)전압법을 이용하여 전압 V_{AB}를 구하시오.

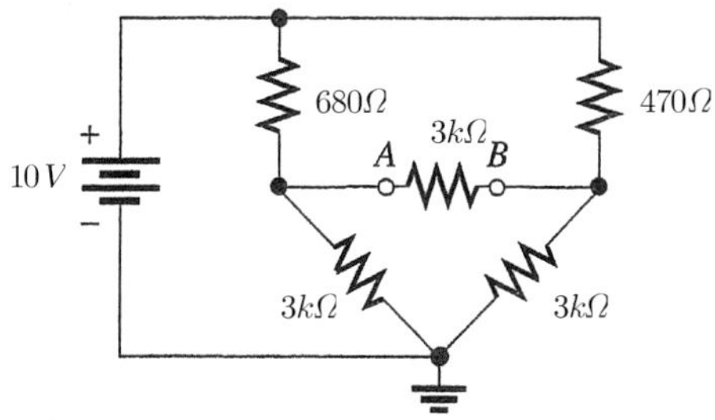

1〉 메시 전류법

2〉 노드 전압법

5. 다음 회로에서 접지된 지점을 찾는 Murray loop bridge이다.

전기공사에서 지중 다중케이블이 단락되어 대지(ground)에 연결된 지점을 알아내기 위하여 Wheatstone 브릿지 개념을 활용할 수 있다. 전선은 브릿지 회로의 두 변들로 구성되며, 두 전선들의 총 길이는 $2r$이다. 단락지점(a)을 어떻게 찾을 수 있는지를 설명하고 수식으로 나타내시오. 가변저항 R_2는 평형을 맞추기 위한 것이다.

답: $a = 2r \cdot R_1/(R_1 + R_2)$

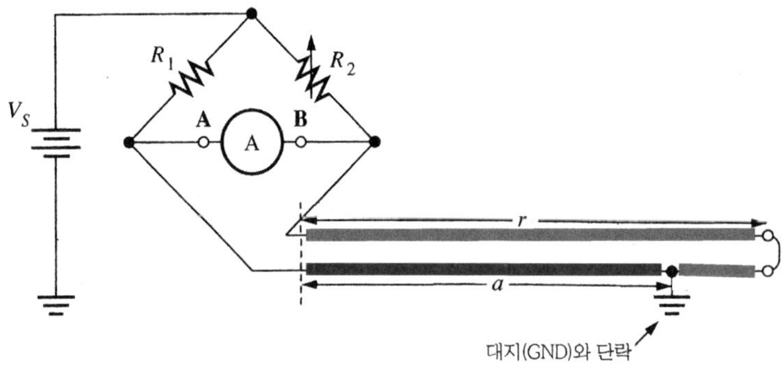

실험6장

Superposition 정리

1. 회로해석
2. 행렬(matrix)을 이용한 계산

CHAPTER 06

Superposition 정리

실험목적

어떤 회로에 두 개 이상의 전원들이 포함되어 있을 경우에 해석방법을 제시하는 **중첩 정리(superposition theorem)**의 적용기법을 이해하고 실험을 통해 해당소자의 전류 및 전압을 구하는 방법을 익힌다.

기초이론

많은 전기전자회로는 시스템에 따라 한 개 이상의 전압원 및 전류원들을 필요로 하는 경우가 있다. **중첩정리**는 여러 개의 전원이 있는 회로에서 한 번에 1개씩만 동작한다고 가정하여 각 전원에 의한 전압과 전류값을 구하는 방법이다. 이 때 하나만 활성화시키고(activate) 다른 모든 전원은 비활성화시킨다(deactivate). 즉 전압원은 단락(short)시키고 전류원은 개방(open)시킨다.

두 개 이상의 전원들을 포함하는 회로에서 각 단자에 걸리는 전압과 각 경로를 흐르는 전류를 구하고자 할 때, 각 전원이 단독으로 존재한다고 가정하였을 경우에 각 단자에 걸리는 전압과 각 경로를 흐르는 전류를 구하고 나중에 각각을 대수적으로 합한 것과 동일하다. 이는 선형성과 균등성이 성립하기 때문이다.

1. 회로해석

그림 6-1과 같이 두 개의 전원들(전압원, 전류원)을 가진 회로는 어떻게 해석하는가? 그 해를 구하기 위해 주어진 회로를 통해 중첩원리를 적용하여 각 전류 및 전압을 구하는 방법을 제시하고자 한다. 그림을 통해 각 단계를 살펴보기 위해 우선 각 저항에 흐르는 가지 전류를 임의로 표시하고 이후 각 저항에 걸리는 전압 및 흐르는 전류는 실험 3장에서 학습한 Kirchhoff 법칙 및 Ohm 법칙으로 쉽게 구할 수 있다.

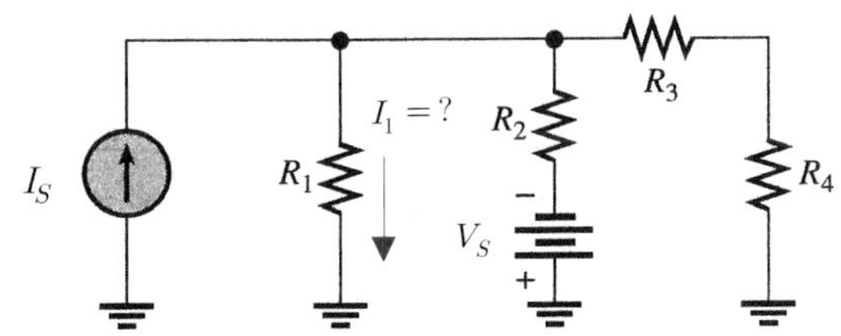

[그림 6-1] 두 개의 전원(전압원, 전류원)들을 가진 회로

1〉 중첩원리의 적용

중첩원리를 적용시키는 단계는 다음과 같다.

[단계1] 하나의 전원은 활성화(activate)시키고 나머지는 비활성화(deactivate) 시킨다. 즉 한 번에 한 개의 전압원(또는 전류원)을 취하고 다른 모든 전압원(또는 전류원)은 그림 6-2와 같이 단락(개방)시키다. 여기서 단락(short)은 내부저항이 0이며 개방(open)은 내부저항이 무한대이다.

(a) 전압원 (b) 전류원

[그림 6-2] 전원으로 사용되는 전압원과 전류원의 비활성화 의미

[단계2] 회로에 전원이 한 개만 있는 것으로 생각하여 전류 혹은 전압을 구한다.

[단계3] 앞에 전원을 제외한 다음 전원을 취하여 단계1, 2를 반복한다.

[단계4] 주어진 가지에서 실제 전류를 구하기 위해 각 개별전원에 의한 각각의 전류값을 대수적으로 합한다. 원래 회로와 같은 방향은 더하고 다른 방향은 뺀다. 전류를 구하면 전압도 구할 수 있다.

2〉 회로해석

그림 6-3은 원래 회로를 전원별로 각각 전원을 나누어 다시 그린 것이다. 그림으로부터 각 전원의 극성에 맞게 저항에 걸리는 전압극성과 전류방향을 표시하였다. 이들 각각의 회로로부터 Kirchhoff 전압법칙 및 전류법칙 그리고 Ohm법칙을 이용하여 각 값을 계산한다.

그림 6-3의 (a)로부터 저항을 합성하면

$$R_T = R_1 + (R_2 \parallel R_3) \tag{6-1}$$

전원 V_{S1}으로부터 흘러나가는 총 전류는

$$I_T = \frac{V_{S1}}{R_T} = I_1' \tag{6-2}$$

전류분배 법칙에 의해 저항 R_2와 R_3를 흐르는 전류를 구하면 다음과 같다.

$$I_2' = I_1' \times \frac{R_3}{R_2 + R_3} \tag{6-3}$$

$$I_3' = I_1' \times \frac{R_2}{R_2 + R_3} \tag{6-4}$$

또한 각 전압은 전류가 구해졌으므로 Ohm 법칙을 사용하면 구할 수 있다. 각 극성에 맞게 표기된 전압은 다음과 같다.

$$V_1' = I_1' R_1, \qquad V_2' = I_2' R_2, \qquad V_3' = I_3' R_3$$

위의 식과 회로로부터 $V_2' = V_3'$가 된다.

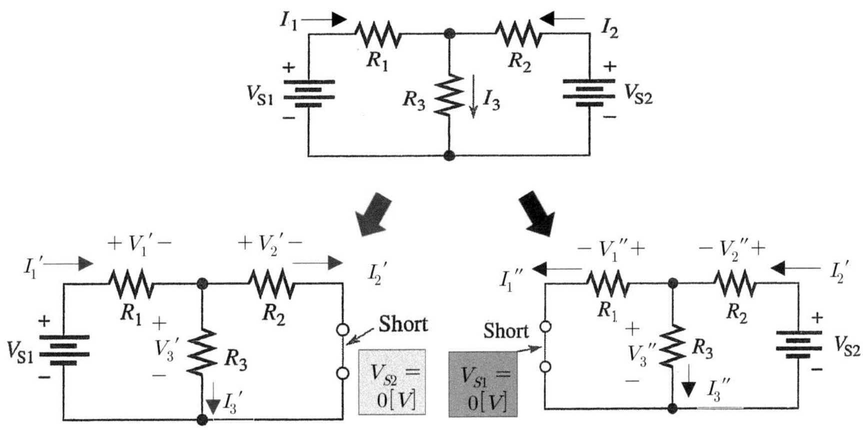

(a) 전원 V_{S1}만이 동작하는 경우　　　(b) 전원 V_{S2}만이 동작하는 경우

[그림 6-3] 각 전원별로 적용된 회로의 전압 및 전류극성

또한 그림 6-3의 (b)로부터 저항을 합성하면

$$R_T = R_2 + (R_1 \parallel R_3) \tag{6-5}$$

전원 V_{S2}로부터 흘러나가는 총 전류는

$$I_T = \frac{V_{S2}}{R_T} = I_2'' \tag{6-6}$$

전류분배 법칙에 의해 저항 R_2와 R_3를 흐르는 전류를 구하면 다음과 같다.

$$I_1'' = I_2'' \times \frac{R_3}{R_1 + R_3} \tag{6-7}$$

$$I_3'' = I_2'' \times \frac{R_1}{R_1 + R_3} \tag{6-8}$$

또한 각 전압은 전류가 구해졌으므로 Ohm 법칙을 사용하면 구할 수 있다.

$$V_1' = I_1' R_1, \qquad V_2' = I_2' R_2, \qquad V_3' = I_3' R_3 \tag{6-9}$$

최종적으로 여기서 전압과 전류를 중첩(superpose)하는 경우에 전압의 극성과 전류의 방향을 고려하여야 한다. 그림 6-3(a)와 (b)와 같은 회로의 최종적인 전압극성과 전류방향은 원래 회로에 나타낸 대로 전압극성 및 전류방향과 동일하게 맞추는 것이다. 즉, 원래 회로와 각 경우에 비교하여 측정한 전압의 극성이 동일한 경우에는 더하고 반대인 경우에는 빼며, 전류도 흐르는 방향이 동일한 경우에는 더하고 반대인 경우에는 뺀다.

먼저 그림들을 상호 비교해 보자. 그림 6-3의 원래 회로에서 전류 I_1은 그림 6-3(a)의 전류 I_1'의 방향은 같다. 그러나 그림 6-3(b)의 전류 I_1''은 방향이 반대이다. 따라서 전체 전류는 $I_1 = I_1' + (-I_1'')$으로 나타낸다.

이로부터 원래회로의 전류방향 및 전압극성에 유의하여 정리하면 다음과 같다.

$$V_1 = V_1' + (-V_1'') \qquad V_2 = (-V_2') + V_2'' \qquad V_3 = V_3' + V_3'' \tag{6-10}$$

$$I_1 = I_1' + (-I_1'') \qquad I_2 = (-I_2') + I_2'' \qquad I_3 = I_3' + I_3'' \tag{6-11}$$

2. 행렬(matrix)을 이용한 계산

여러 개의 미지의 값을 구하고자 할 때, 미지수의 개수와 같은 수의 방정식이 필요하다. 여기서는 행렬식을 사용하여 체계적으로 구하는 방법을 설명한다.

1) 회로에서 수식 추출하기

그림 6-3의 원 회로에서 두 전류 I_1 및 I_2를 구하기 위해, 두 개의 폐회로들(two closed loops)에 대해 우리가 앞에서 배운 기본적인 법칙인 KVL, KCL 및 Ohm법칙을 적용하여 구한 연립방정식을 만들어 보자.

- KVL 및 Ohm법칙 : $V_{S1} = V_1 + V_3 = R_1 I_1 + R_3 I_3$ (6-12)

  $V_{S2} = V_2 + V_3 = R_2 I_2 + R_3 I_3$ (6-13)
- KCL : $I_1 + I_2 = I_3$ (6-14)

식 (6-14)를 식 (6-12)과 식 (6-13)에 대입하고 미지수 I_1, I_2로 하여 정리하면 다음과 같다. 우리는 이 방식을 전기전자회로에서 가지(branch) 전류해석법이라 부른다.

$$V_{S1} = (R_1 + R_3)I_1 + R_3 I_2 = aI_1 + bI_2 \quad (6\text{-}15)$$

$$V_{S2} = R_3 I_1 + (R_2 + R_3)I_2 = cI_1 + dI_2 \quad (6\text{-}16)$$

위 연립방정식에서 구체적인 수치를 이용하여 미지의 값을 구하는 법인 Cramer 계산법을 익히도록 하자. 만약 두 연립방정식들이 다음과 같다고 하자.

$$15 = 10I_1 + 5I_2$$

$$8 = 2I_1 + 4I_2$$

2〉 행렬식

공업수학에서 학습한 Cramer의 규칙을 이용하여 계산해 보자. 주어진 식으로부터 먼저 미지수들의 계수들을 정리하면 다음과 같다.

〈1〉 **특성행렬식**(characteristic determinant)을 구한다.

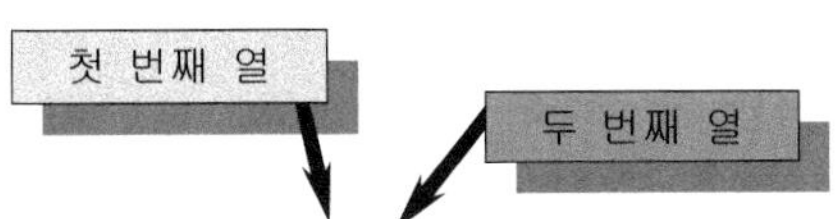

특성행렬식(D): $D = \begin{vmatrix} a & b \\ c & d \end{vmatrix} = \begin{vmatrix} 10 & 5 \\ 2 & 4 \end{vmatrix}$

〈2〉 I_1를 구하기 위해 첫 번째 열의 □에 상수값(V_{S1}, V_{S2})을 대입하고 계산한다.

$$I_1 = \frac{\begin{vmatrix} \square & 5 \\ \square & 4 \end{vmatrix}}{D} = \frac{\begin{vmatrix} 15 & 5 \\ 8 & 4 \end{vmatrix}}{\begin{vmatrix} 10 & 5 \\ 2 & 4 \end{vmatrix}} = \frac{(15)(4)-(5)(8)}{(10)(4)-(5)(2)} = \frac{20}{30}[A]$$

〈3〉 I_2를 구하기 위해 두 번째 열의 □에 상수값(V_{S1}, V_{S2})을 대입하고 계산한다.

$$I_2 = \frac{\begin{vmatrix} 10 & \square \\ 2 & \square \end{vmatrix}}{D} = \frac{\begin{vmatrix} 10 & 15 \\ 2 & 8 \end{vmatrix}}{\begin{vmatrix} 10 & 5 \\ 2 & 4 \end{vmatrix}} = \frac{(10)(8)-(15)(2)}{(10)(4)-(5)(2)} = \frac{50}{30}[A]$$

어떤 회로에 대해 식 (6−15) 및 식 (6−16)과 같이 해당 전압전류방정식을 세우면, 그 연립방정식의 해는 행렬식을 이용하여 체계적으로 구할 수 있다.

[실험장비 및 부품]

사용장비	품 목	규 격	소요량
DC power supply Multimeter Breadboard	Resistor	$1k\Omega$ $1.5k\Omega$ $2.7k\Omega$	각 1개

[예비보고서]

다음 회로에 대해 중첩정리를 이용하여 해당 전류 및 전압을 구하고자 한다.

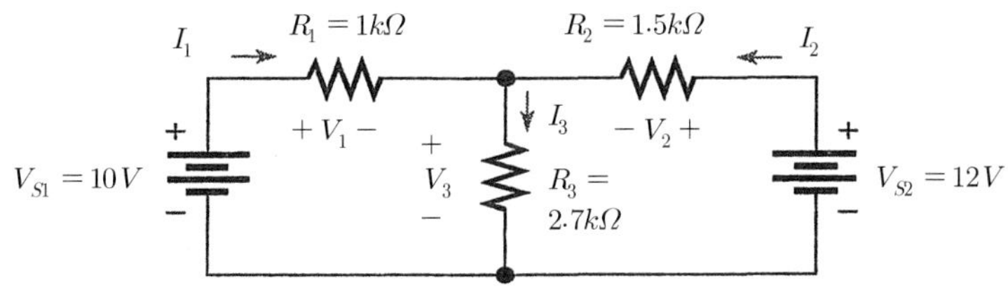

1. 다음 조건에 부합하는 각 전류(I) 및 전압(V)를 구하시오.

1〉 전압원 $10V$ 만 동작하는 경우, 그림을 그려 간략화하면서 순서대로 구하시오.

2〉 전압원 $12V$ 만 동작하는 경우, 그림을 그려 구하시오.

3〉 위의 자료로부터 중첩된 전류 I_1, I_2 및 I_3를 구하시오.

〈1〉 다음 표를 완성하시오.

	I_1	I_2	I_3
이론치			

〈2〉 KCL이 성립하는가?

- $I_1 + I_2 = I_3$

2. 회로에 나타낸 각 저항의 양단전압(V)을 구하시오.

1〉 위 자료를 바탕으로 Ohm 법칙을 이용하여 다음 표를 완성하시오.

	V_1	V_2	V_3
이론치			

2〉 다음 두 폐회로들에 대해 KVL이 성립하는가?

- $-10[V] + V_1 + V_3 = 0$
- $-12[V] + V_2 + V_3 = 0$

3. 위 문제를 행렬을 이용하여 다음 과정을 통해 풀이하고자 한다.

1〉 두 개의 폐회로들(two closed loops)에 대해 KVL을 이용하여 방정식을 쓰시오.

2〉 Ohm 법칙을 적용하여 위의 식을 다시 쓰시오.

3〉 KCL을 적용하여 미지의 두 변수 I_1, I_2로 고쳐 쓰시오.

4〉 행렬식 또는 역행렬을 이용하여 두 미지수를 구하고 앞의 자료와 일치하는지 검토하시오.

[결과보고서]

실험제목					
실험일자	년 월 일(요일)		담당교수		㉧
성 명		학 번		평 가	

1. 다음 회로를 구성하고 물음에 답하시오.

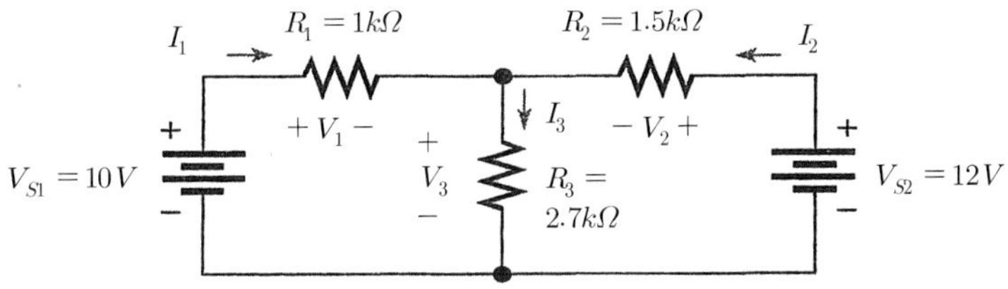

1〉 각 저항의 전압 V_1, V_2, V_3와 전류 I_1, I_2, I_3의 이론치 및 측정치를 구하시오.

[표 6-1]

구 분		이론치	측정치	오차(%)
전압	V_1			
	V_2			
	V_3			
전류	I_1			
	I_2			
	I_3			

2〉 마디(node)란 두 개 이상의 소자들이 만나는 곳이다. 측정치를 이용하여 KCL의 성립 여부를 수치적으로 검토하시오.

- 마디: $I_1 + I_2 = I_3$

3〉 측정치를 이용하여 폐회로에 대해 KVL의 성립여부를 수치적으로 검토하시오.

- 왼쪽 루프: $-10[V] + V_1 + V_3 = 0$
- 오른쪽 루프: $-12[V] + V_2 + V_3 = 0$
- 바깥쪽 루프: $-10[V] + V_1 - V_2 + 12[V] = 0$

2. 중첩원리를 실험하기 위해 두 개의 각 전원으로 분리하여 구한다.

1〉 전압원 $V_{S1} = 10V$ 만 동작할 경우, 각 저항양단의 전압 V_1', V_2' 및 V_3'와 전류 I_1', I_2' 및 I_3'의 이론치와 측정치를 구하여 다음 표에 기록하시오.

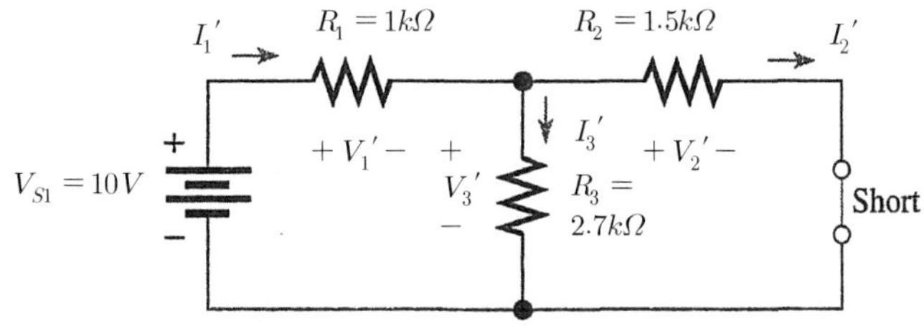

구분	$V_{S1} = 10V$ and $V_{S2} = 0V$		
	이론치	측정치	오차(%)
전압 V_1'			
전압 V_2'			
전압 V_3'			
전류 I_1'			
전류 I_2'			
전류 I_3'			

2〉 전압원 $V_{S2} = 12V$ 만 동작할 경우, 각 저항양단의 전압 V_1'', V_2'' 및 V_3''와 전류 I_1'', I_2'' 및 I_3''의 이론치와 측정치를 구하여 다음 표에 기록하시오.

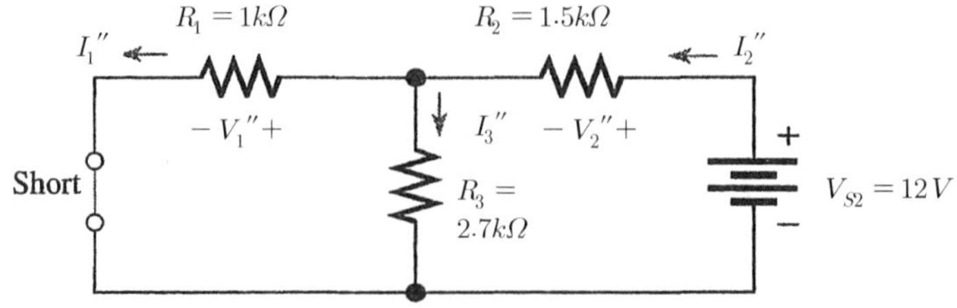

구분	$V_{S1} = 0V$ and $V_{S2} = 12V$		
	이론치	측정치	오차(%)
전압 V_1''			
V_2''			
V_3''			
전류 I_1''			
I_2''			
I_3''			

3〉 위의 각 실험으로부터 중첩된 합성전압 및 합성전류를 구하시오.

[표 6-2]

구분	$V_{S1} = 10V, V_{S2} = 0V$			$V_{S1} = 0V, V_{S2} = 12V$			중첩값		
		이론치	측정치		이론치	측정치		이론치	측정치
전압	V_1'			V_1''			$V_1' - V_1''$		
	V_2'			V_2''			$-V_2' + V_2''$		
	V_3'			V_3''			$V_3' + V_3''$		
전류	I_1'			I_1''			$I_1' - I_1''$		
	I_2'			I_2''			$-I_2' + I_2''$		
	I_3'			I_3''			$I_3' + I_3''$		

3. 중첩원리를 규명하기 위해 측정된 결과값을 비교하고자 한다.

1〉 해당 실험의 측정값들로부터 다음 표를 완성하시오.

	표 6-1	표 6-2	오차(%)
V_1			
V_2			
V_3			

2〉 위의 결과를 바탕으로 중첩원리는 성립하는가?

[토의 및 심화학습]

1. 다음 회로를 순차적으로 간략화하는 과정을 나타낸 것이다. 물음에 답하시오.

#1

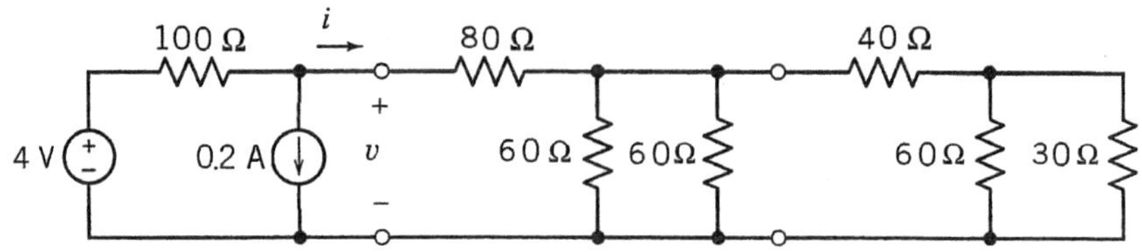

#2

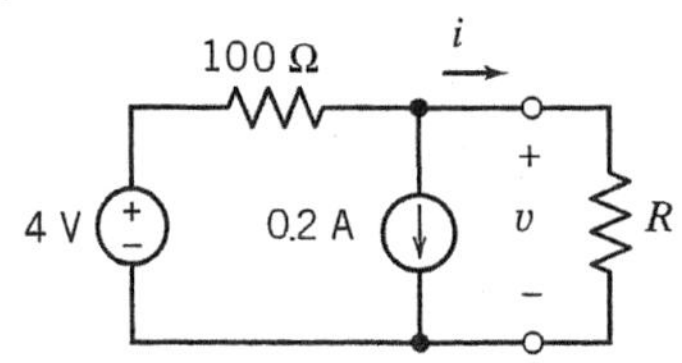

1〉 저항 R을 구하시오. 답: $R=100[\Omega]$

2〉 중첩정리를 이용하여 v와 i를 구하시오. 답: $v=-8[V]$, $i=-80[mA]$

3〉 실제적인 전류 i가 흐르는 방향을 그림에 표시하시오.

2. 다음 회로는 서로 다른 기전력(V_1, V_2)을 가진 두 개의 배터리(battery)에 대한 연결을 나타낸 것이다. 병렬연결은 오래 사용하기 위해 배터리 용량을 늘이기 위한 것이다. 두 전지 중 하나는 이미 사용하여 기전력이 낮아진 $V_2 = 4V$이고 다른 하나는 새로 교환한 $V_1 = 6V$이다. 여기서 R_1 및 R_2는 각 전지의 내부저항이다.

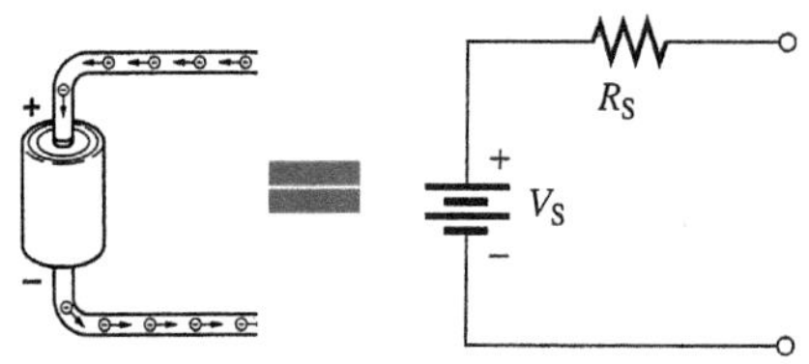

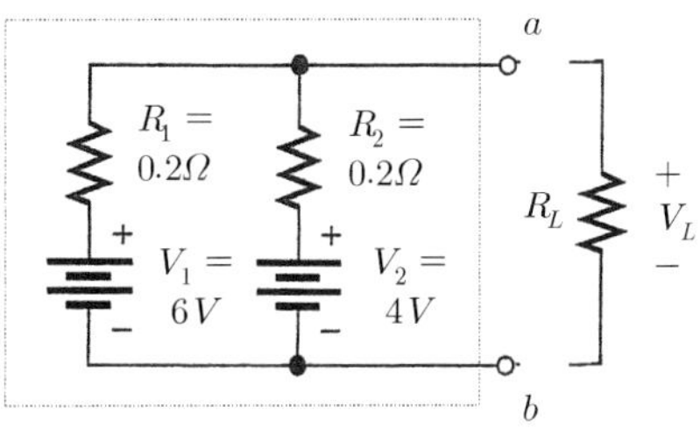

1〉 부하 R_L이 개방되었을 때, 개방된 두 단자간의 전압을 구하시오. 답: $V_{out} = 5[V]$

2〉 두 배터리들의 기전력이 동일한 $V_1 = V_2 = 6V$ 일 때, 과정 1〉을 수행하시오.

답: $V_{out} = 6[V]$

3) 위의 자료를 바탕으로 서로 다른 기전력의 경우, 시간이 경과함에 따라 개방전압은 어떤 전지값으로 바뀌는가? 같은 기전력일 경우는 어떤 전지값으로 바뀌는가?

4) 배터리를 교환할 시점이 되었다고 하자. 전지를 절약하기 위해 하나만 교체하려고 한다. 이것이 바람직한 것인가 아니면 모두 교체하는 것이 바람직한가를 그 이유에 대해 검토하시오.

5) 1)에서 중첩정리를 이용하여 개방전압을 구하였다. 다음과 같이 Millman 정리라고 부르는 관계를 증명하고 수치적으로 대입하여 확인하시오. 어드미턴스 $Y_1 = 1/Z_1$이고 $Y_2 = 1/Z_2$이다.

$$V_{AB} = \frac{V_1 Y_1 + V_2 Y_2}{Y_1 + Y_2}$$

실험 7 장

Thevenin 정리

1. 등가전압 및 등가저항
2. 회로에서 구하는 방법
3. 실험으로 V_{TH} 및 R_{TH} 구하기

CHAPTER 07

Thevenin 정리

실험목적

어떤 복잡한 회로에 대해 해석하기 편리한 간단한 회로로 표현할 수 있는 방법을 제공하는 Thevenin **정리**를 이해하고 이를 실험을 통해 구하는 방법을 익힌다.

기초이론

1. 등가전압 및 등가저항

1) 왜 등가(equivalent)라는 용어를 사용하는가?

그림 7-1과 같이 복잡한 전기회로를 블랙박스에 넣고 출력단자만 노출시킨다. 그런 다음 그 회로와 기능이 같은 회로를 또 다른 하나의 블랙박스에 넣고 출력단자만 노출시킨다. 각 상자의 출력단자 양단에 동일한 부하저항을 연결한다. 그리고 전류계(ammeter)와 전압계(voltmeter)로 부하의 전류 및 전압을 측정한다.

위에서 전류 및 전압의 측정값이 동일하다면 원래 회로가 들어있는 상자와 등가회로가 들어있는 상자를 서로 구분할 수 없다. 즉, 전기측정을 바탕으로 한 실험결과를 보면 두 회로는 동일하므로 이를 등가(equivalent)라고 한다. 이와 같이 등가회로는 원래 회로와는 구성이 동일하지 않지만 출력전압(V_{out})과 출력전류(I_{out})에 관한 한 동일한 기능을 가지므로 같은 효과를 가진다고 말할 수 있다.

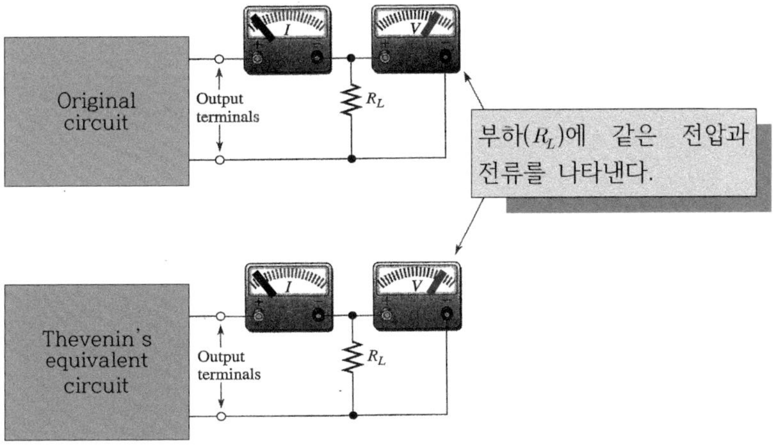

[그림 7-1] 등가의 개념(원래 회로 및 등가회로)

즉 내부회로가 어떻게 구성되든지 간에 구하고자 하는 관심부분에 같은 전압과 전류가 된다면 같은 기능을 가짐을 의미한다. 우리는 전기전자기술자의 모델인 Thevenin의 덕택으로 그 등가회로를 구하고 이를 이용하여 더욱 간결하고 편리하게 회로를 해석할 수 있다.

2) 등가회로 구성요소

Thevenin 정리는 어떤 회로를 표준 등가회로로 단순화시키는 방법을 제시한다. 회로(circuit)라고 표기된 부분을 두 개의 단자를 가진 Thevenin의 등가회로는 전압원(V_{TH})과 저항(R_{TH})으로 직렬로 구성되며 이들 값은 회로구성에 따라 다르다.

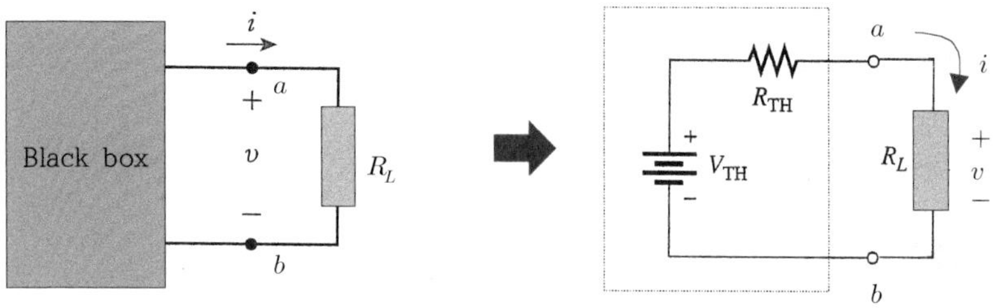

(a) 원래 회로 (b) 등가회로

[그림 7-2] Thevenin 회로

그림 7-2(a)의 회로에서 부하저항 R_L을 중심으로 두 단자 a, b에서 왼쪽으로 본 복잡한 회로를 그림 7-2(b)와 같이 하나의 전압원V_{TH}와 하나의 등가저항R_{TH}가 직렬로 연결된 간단한 회로로 바꿀 수 있다. 이를 Thevenin 정리라고 하며, V_{TH}를 Thevenin 전압, R_{TH}를 Thevenin 저항이라고 한다. 이 때 그림 7-2의 두 회로의 부하저항 R_L에 걸리는 전압 V_L과 흐르는 전류 I_L은 각각 다음과 같다.

$$V_L = V_{TH} \times \frac{R_L}{R_{TH} + R_L} \tag{7-1}$$

$$I_L = \frac{V_{TH}}{R_{TH} + R_L} \tag{7-2}$$

Thevenin 정리(Thevenin' s theorem)는 회로 전체의 전압 및 전류상태를 몰라도 회로 중에 관심있는 임의의 가지에서 일어나는 전류, 전압을 구할 수 있는 대단히 중요한 정리이다. 특히 부하 R_L이 변할 때, 같은 작업을 반복할 필요가 없도록 간단하게 계산하여 구할 수 있도록 해준다.

2. 회로에서 구하는 방법

회로를 단순화시켜 Thevenin 등가회로를 구하려면 먼저 등가전압 V_{TH}과 등가저항 R_{TH}을 구해야 한다. 그림 7-3과 같이 우선 관심이 있는(전압 및 전류를 구하고자 하는) 부분인 부하저항R_L의 개방(open)을 전제로 한다.

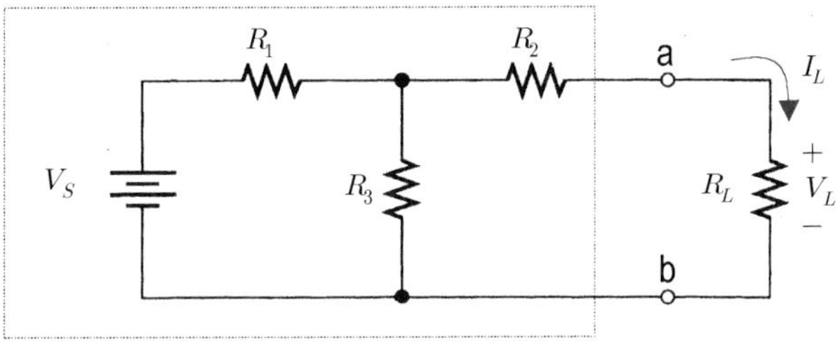

[그림 7-3] Thevenin 등가회로 설명회로

1〉 등가전압(V_{TH})

부하저항을 제거한 후, 단자 a, b를 개방하였을 때 두 단자 사이에 걸리는 개방회로의 전압(V_{OC})이다. 이 지점 a와 지점 b사이의 개방전압이 바로 Thevenin 등가전압이다. 다음 그림 7-4와 같이 부하를 개방할 때, 회로의 R_2에 전류가 흐르지 않으므로 단자 a와 b사이의 전압은 R_3양단전압과 같다.

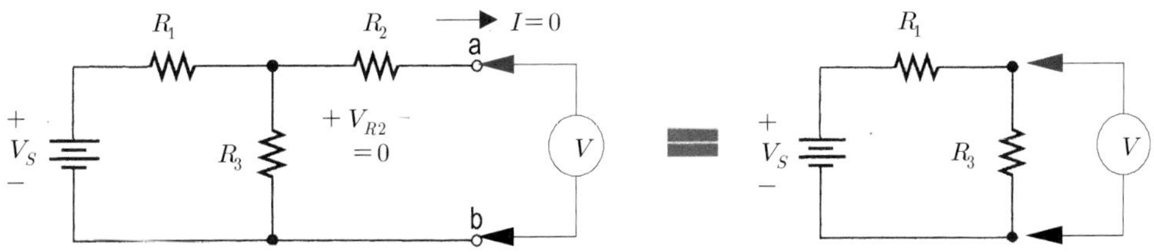

[그림 7-4] Thevenin 등가전압 구하기

$$V_{TH} = V_S \times \frac{R_3}{R_1 + R_3} \tag{7-3}$$

2〉 등가저항(R_{TH})

Thevenin 저항(R_{TH})는 그림 7-5와 같이 부하저항(R_L)을 개방한 후에 회로망의 전원(source)을 모두 비활성화하고, 개방단자 a, b에서 측정한 저항이다. 이 때 전원(source)을 비활성화하는 방법으로서 전압원(voltage source)인 경우에는 단락(short)시키고, 전류원인 경우에는 개방(open)시킨다. 달리 표현하면, 전원은 이상적 전원의 내부저항으로 바꾼다. 여기서는 전압원이므로 단락(short)시킨다.

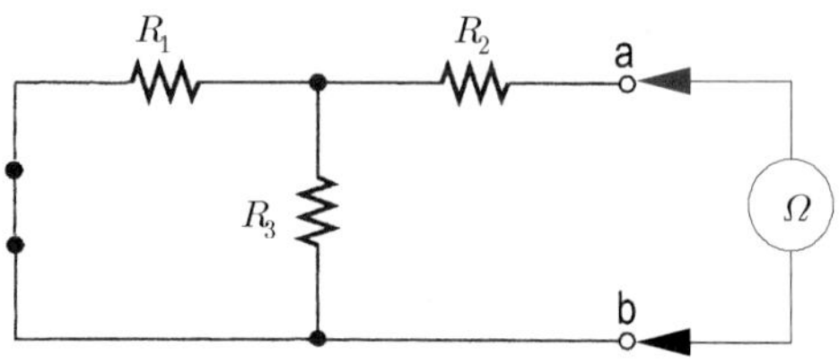

[그림 7-5] Thevenin 등가저항 구하기

위의 회로로부터 Thevenin 등가저항을 구하면 다음과 같다.

$$R_{TH} = R_2 + (R_1 \parallel R_3) \tag{7-4}$$

[전압원과 전류원의 비활성화의 의미]

중첩정리, 등가회로 등의 회로해석을 하고자 할 경우, '전원을 0(zero)화한다' 또는 '전원의 기능을 없애다'라고 하는 용어가 자주 등장한다. 이 의미는 그림 7-6과 같이 전압원은 단락(short)시키고 전류원은 개방(open)시키는 것이다.

[그림 7-6] 전압원과 전류원에 대한 비활성화 의미

3. 실험으로 V_{TH} 및 R_{TH} 구하기

만약 회로망의 내부는 공개되지 않고 출력단자만 노출되어 있다고 하자. 이 경우는 등가전압(V_{TH})은 쉽게 구할 수 있지만, 특히 등가저항(R_{TH})을 구하기 위해 회로가 노출되지 않으므로 전원(전압원, 전류원)을 제거할 수 없으므로 대안을 생각해야 한다. 두 가지 방법을 제시한다.

1〉 가감저항기(rheostat)의 활용

다음 그림들의 순서에 따라 그림 7-7과 같이 측정하는 방법이 있다.

[단계1] 회로의 출력단자로부터 부하를 제거하여 개방시킨다.

[단계2] 개방된 단자전압을 측정한다.($V_{oc} = V_{TH}$)

[단계3] 이 개방된 두 단자에 가감저항기를 연결한다.

[단계4] 가변저항을 조절하여 단자전압이 Thevenin 전압의 반(1/2)이 되도록 한다.

$R_L = R_{TH}$ 이면 부하전압은 $V_L = V_{TH}/2$ 이다.

[단계5] 가감저항을 회로에서 분리하여 저항계로 저항값을 측정한다.

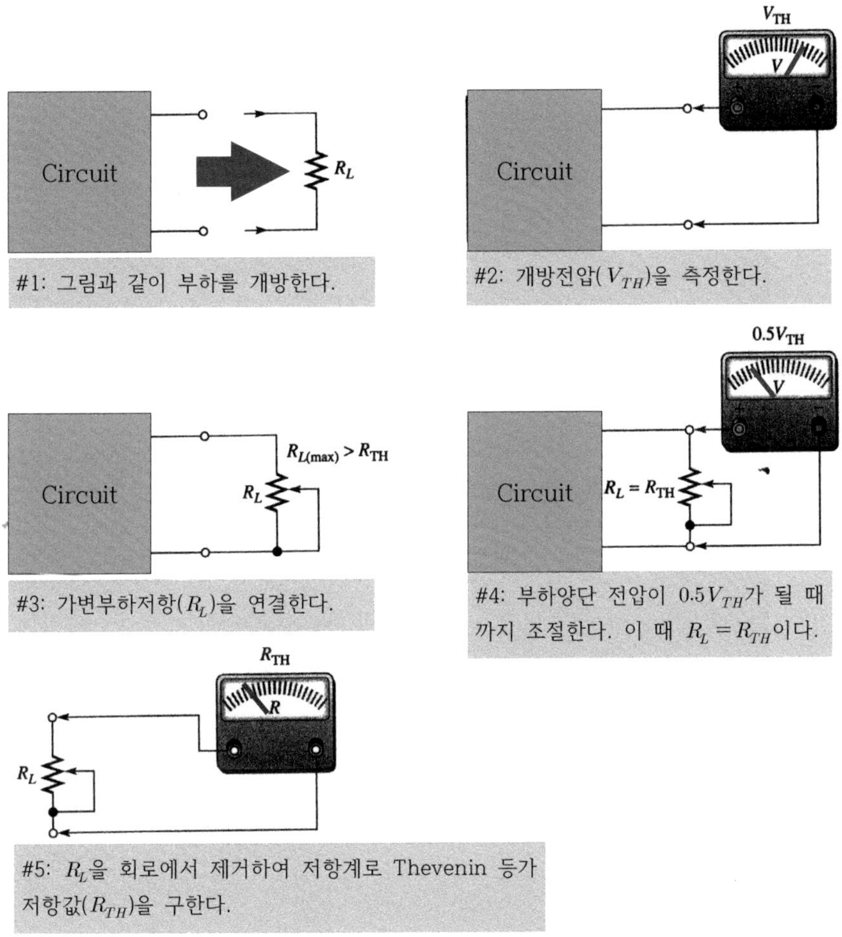

[그림 7-7] 가감저항을 활용한 Thevenin 등가회로 구하기

2〉 외부에 고정된 임의의 부하저항 R_L을 이용하여 등가저항 R_{TH}구하기

위에서 가변저항을 사용하여 등가저항을 구하는 방법의 전제조건은 해당 가변저항이 적

어도 내부저항(Thevenin 저항)보다는 커야 한다는 것이다. 또 하나의 방법으로 가변저항이 아닌 어떤 고정된 임의저항을 부하저항으로 하여 다음과 같이 사용할 수 있다.

[단계1] 회로의 출력단자로부터 부하를 제거하여 개방시킨다.

[단계2] 개방된 단자전압($V_{oc}=V_{TH}$)을 측정한다.

[단계3] 임의의 부하저항 R_L을 선택한다. 계측기를 이용하여 다음 값을 측정한다.

$$V_L = V_{TH} \times \frac{R_L}{R_{TH}+R_L} \tag{7-5}$$

따라서 Thevenin 등가저항은 다음과 같다.

$$\therefore \; R_{TH} = R_L(\frac{V_{TH}}{V_L} - 1) = R_L(\frac{V_{TH} - V_L}{V_L}) \tag{7-6}$$

[실험장비 및 부품]

사용장비	품 목	정 격	소요량
DC power supply Multimeter Breadboard	Resistor	270Ω, 300Ω 470Ω, 680Ω	각 1 개
	가변저항	$1k\Omega$	

[예비보고서]

1. **다음 회로에서 고전적인 방식으로 Kirchhoff 법칙과 Ohm 법칙을 사용하여 부하를 흐르는 전류(I_L)와 부하양단전압(V_L)을 구하시오.**

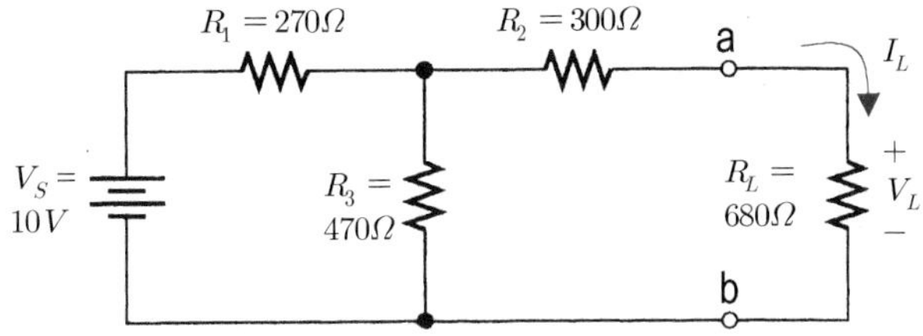

2. 문제1과 같은 회로에서 두 단자 a, b의 좌측에 대해 간략화하고자 한다.

1〉 부하저항(R_L)을 개방하고 Thevenin 등가전압과 등가저항을 구하시오.

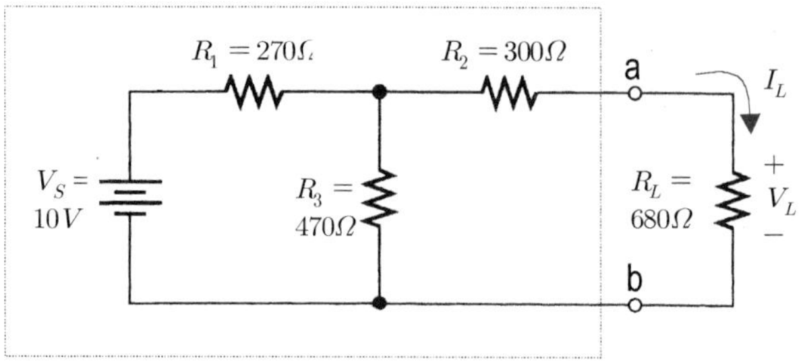

〈1〉 V_{TH}

〈2〉 R_{TH}

2〉 1〉을 바탕으로 Thevenin 등가회로를 그리시오.

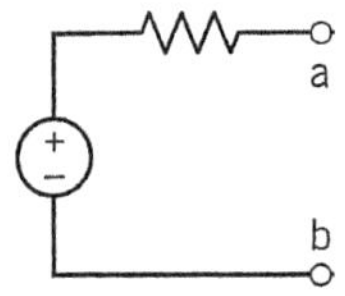

3〉 위 등가회로를 이용하고 개방했던 부하($R_L = 680\Omega$)를 연결하여 흐르는 부하전류 I_L를 구하시오. 예비보고서 문제 1과 같은 결과를 가지는가?

[결과보고서]

실험제목					
실험일자	년 월 일(요일)			담당교수	㊞
성 명		학 번		평 가	

1. 다음 회로를 구성하고 부하저항(R_L)에 걸리는 전압V_L과 흐르는 전류I_L의 이론치와 측정치를 구하여 표 7-1을 완성하시오.

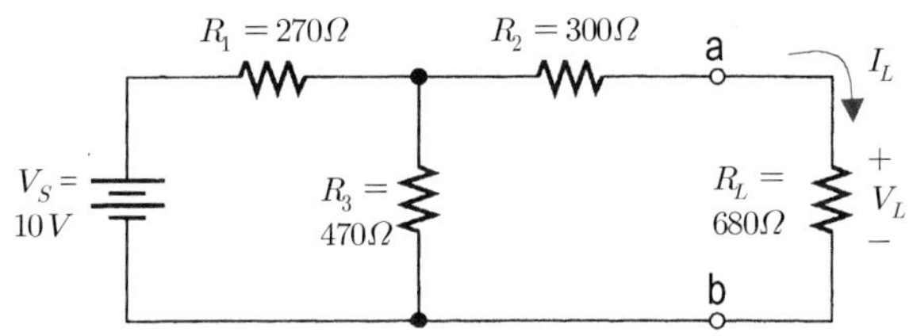

[표 7-1]

파라미터	이론치	측정치	오차(%)
V_L			
I_L			

2. 위의 회로를 Thevenin 등가회로를 구하여 부하전압(V_L)과 부하전류(I_L)를 구하고자 한다. 다음 과정을 통해 표 7-2를 완성하시오.

1〉 먼저 부하($R_L = 680\Omega$)를 단자 a, b에서 개방한 후, 먼저 V_{TH}를 측정하고, 전압원 $10V$는 비활성화하고 등가저항 R_{TH}를 측정한다. 측정회로를 전압계와 저항계를 포함하여 아래에 다시 그리시오.

〈1〉 V_{TH} 구하는 회로 〈2〉 R_{TH} 구하는 회로

[표 7-2]

파라미터	이론치	측정치	오차(%)
V_{TH}			
R_{TH}			

2〉 측정에 근거하여 Thevenin 등가회로(V_{TH}와 R_{TH})를 그리시오.

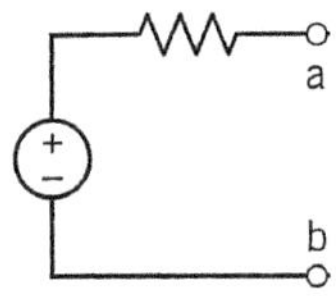

3〉 위의 등가회로를 바탕으로 부하저항($R_L = 680\Omega$)을 연결하였을 때

〈1〉 회로를 다시 그리시오.

〈2〉 위 회로를 구성하여 부하 양단전압 V_L 및 흐르는 전류 I_L을 구하여 표 7-3에 쓰시오.

[표 7-3]

파라미터	이론치	측정치	오차(%)
V_L			
I_L			

4〉 표 7-1과 표 7-3의 측정치를 상호 비교할 때, Thevenin 등가회로를 이용하는 방식은 타당한가?

3. 그림 7-7과 같이 Circuit라고 쓰여진 사각형의 내부구성은 공개되지 않고 출력단자만 노출되어 있다고 가정하자. 따라서 등가저항 R_{TH}를 구하기 위해 실험과정 2와 같이 전압원 $10\,V$를 비활성화할 수 없다. 이 경우 등가회로를 구하는 한 방법으로서 그림과 같이 가감저항을 부하로 사용하여 등가회로를 구하고자 한다.

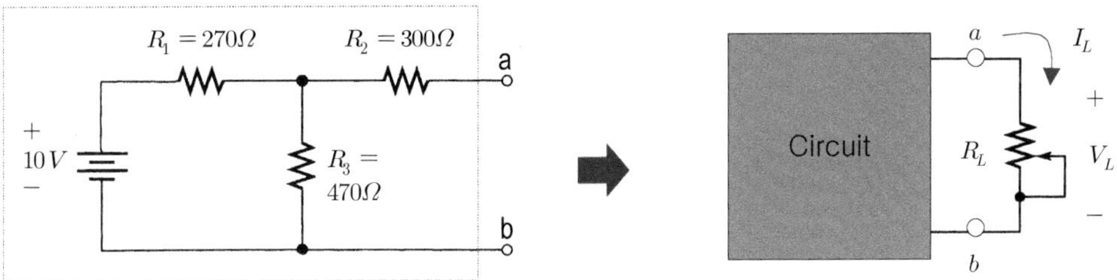

(a) 내부회로　　　　(b) 가감저항을 활용한 내부 등가회로 구하기

1〉 부하(R_L)를 개방한 개방 단자전압(V_{TH})을 구하여 표 7-4에 쓰시오.

2〉 가감저항을 연결하고 부하전압 V_L이 V_{TH}값의 1/2이 될 때까지 가변저항을 변화시킨 후, 저항값을 측정하면 R_{TH}가 된다. 이 때 이 가변저항값이 등가 내부저항(R_{TH})과 같다.

[표 7-4]

파라미터	이론치	측정치	오차(%)
V_{TH}			
$V_L = V_{TH}/2$			
R_{TH}			

3〉 왜 부하전압(V_L)이 Thevenin 전압(V_{TH})의 반(1/2)일 때 $R_L = R_{TH}$가 성립하는지를 설명하시오.

[토의 및 심화학습]

1. 산업체에서 면접테스트가 있다. 그러나 어떤 회로의 내부를 볼 수 없다고 한다. 장비 및 부품으로서 디지털멀티미터와 어떤 저항이 각각 1개씩 준비되어 있다. 이 회로의 Thevenin 등가회로를 구하는 과정을 설명하시오.

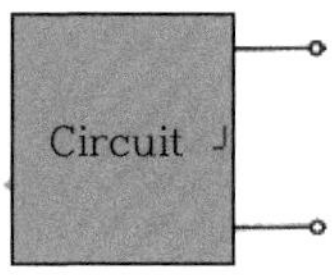

2. 다음 회로에 대해 Thevenin 등가회로 해석법을 적용하여

1〉 Thevenin 등가전압(V_{TH})과 등가저항(R_{TH})을 구하시오.

답: $V_{TH} = 1.5\,V,\ R_{TH} = 1k\Omega$

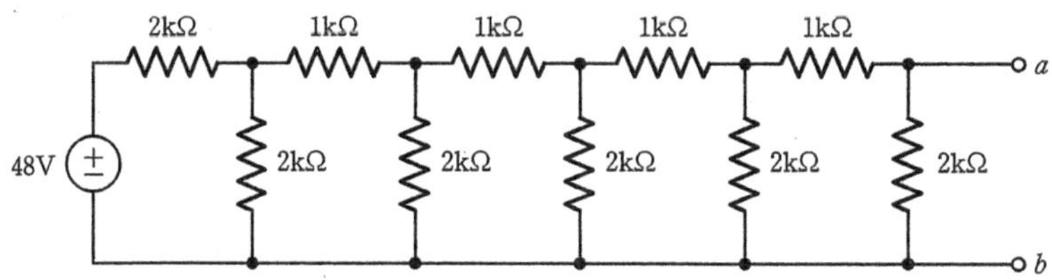

2〉 단자 a와 b에 부하저항 R_L이 $2k\Omega$과 $5k\Omega$일 때, 각 I_L을 구하시오.

〈1〉 $R_L = 2k\Omega$　　〈2〉 $R_L = 5k\Omega$

3. 다음 회로의 특성을 나타내는 전압-전류 그래프가 있다. 이를 바탕으로 회로에 표시된 각 소자의 값을 설계하고자 한다. 단, $R_1 = R_2$, $R_1 = 3R_3$라고 한다.

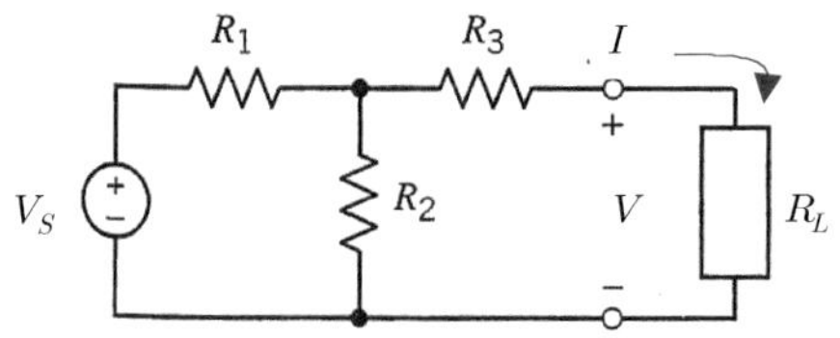

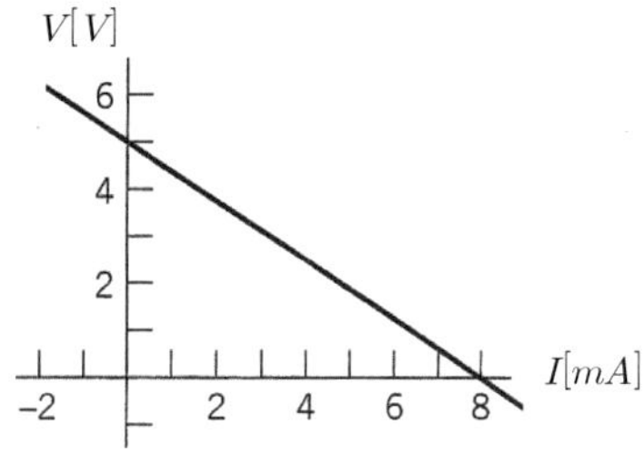

1〉 원 회로의 부하 왼쪽 부분을 Thevenin 등가회로로 구하시오.

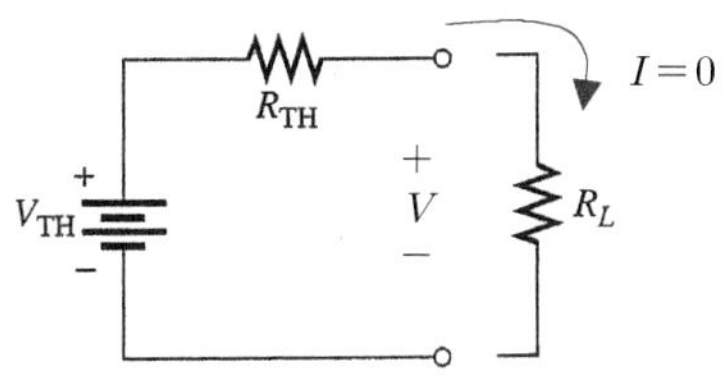

〈1〉 부하전류(I)가 0이면 개방(open)임을 유념하여 V_{TH}를 구하시오. 답: $V_{TH} = 5[V]$

〈2〉 부하전압(V)이 0이면 단락(short)에 유념하여 R_{TH}를 구하시오. 답: $R_{TH} = 5/8[k\Omega]$

2〉 전압원(V_S) 및 각 저항값을 구하시오. 답: $V_S = 10[V]$, $R_3 = 250\Omega$, $R_1 = R_2 = 750\Omega$

4. 다음 회로에 대해 Thevenin 등가회로를 구하시오.

답: $V_{TH} = 18[V]$, $R_{TH} = 50\Omega$

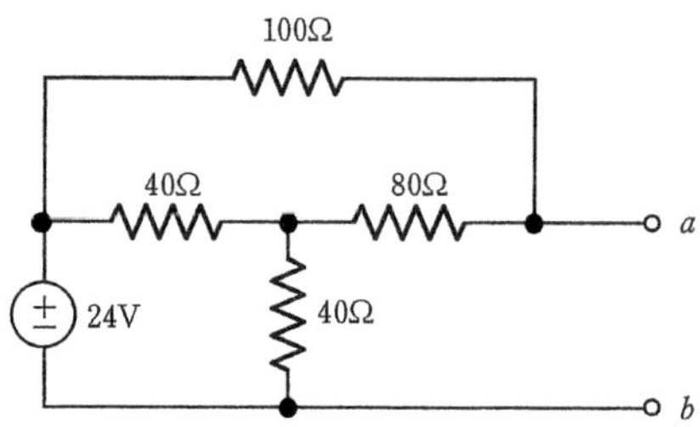

Experiments in basic circuits

실험8장

최대전력전달 정리

1. 전력이란?
2. 최대전력 전달 조건
3. 효율(efficiency)

CHAPTER 08

최대전력전달 정리

실험목적

어떤 시스템에서 관심이 있는 부하저항(R_L)에 전력(power)을 공급하는 문제를 고려할 때, 이 부하에 전력이 최대로 전달되는 조건을 실험적으로 증명한다.

기초이론

1. 전력이란?

우리는 일상생활에서 '어떻게 하면 원하는 지점에 최대전력을 전달할 수 있을까?' 라고 그 방법을 찾고자 고민한 적이 있을 수 있다. 전력(P: power)은 '단위시간에 기기나 장치에서 발생 또는 소모되는 전기에너지로 정의하고 단위는 watt이며 $[W]$로 표기한다' 라는 것을 알고 있다.

$$P[W] = \frac{W[J]}{t[\text{sec}]} = \left(\frac{W}{Q}\right)\left(\frac{Q}{t}\right) = VI \tag{8-1}$$

한 예로서 그림 8-1과 같이 다이폴(dipole) 안테나에서 받아들인 전자기파 신호가 어떤 조건이 되면 TV모니터에 신호전력을 잘 전달하는 조건을 찾고자할 수 있다. 이 회로문제를 해결하기 위해 접근하는 방법이 최대전력전송(maximum power transfer)이다. 또한 라디오 송신기나 오디오 시스템과 같은 여러 가지 전기전자회로에서는 회로로부터 부하인 스피커(loudspeaker)에 최대전력(maximum power)을 공급하는 것이 아주 중요하다.

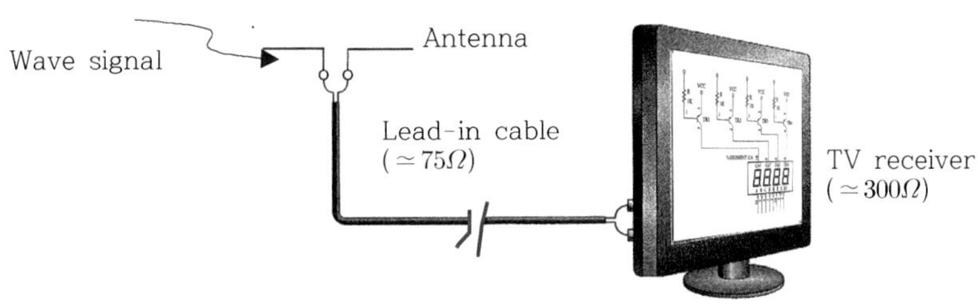

[그림 8-1] 안테나에서 TV 수상기로의 신호전달 시스템

2. 최대전력 전달 조건

최대전력전달(maximum power transfer)이 되는 조건을 구하기 위해 그림 8-2와 같은

회로를 고려하자. 이 회로에서 부하저항 R_L을 어떤 값으로 할 때 부하에 최대전력이 전달될까? 이런 문제를 다루려면 실험 7장에서 학습한 Thevenin 등가회로를 상기해야 한다.

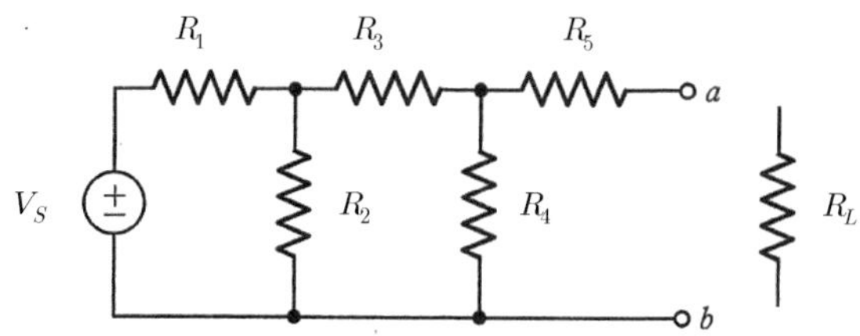

[그림 8-2] 원래 회로

그림 8-2의 회로를 등가회로로 변환하여 그림 8-3으로 되었다고 가정하자.

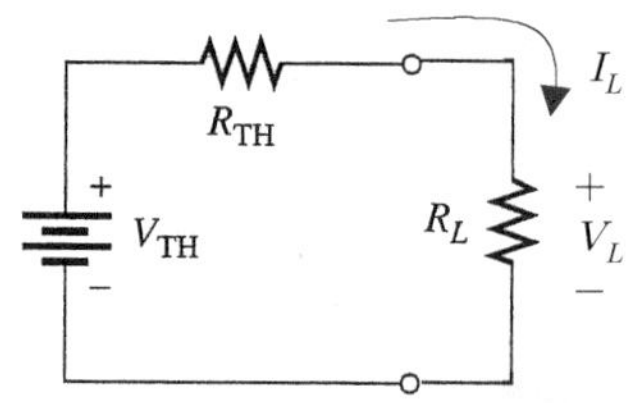

[그림 8-3] 최대전력전달 조건을 구하기 위한 등가회로

그림에서 부하저항 R_L에 걸리는 전압은 전압분배법칙 또는 Ohm 법칙에 의하여

$$V_L = V_{TH} \times \frac{R_L}{R_{TH}+R_L} \tag{8-2}$$

이며, 부하에 흐르는 전류는 다음과 같다.

$$I_L = \frac{V_L}{R_L} = \frac{V_{TH}}{R_{TH}+R_L} \tag{8-3}$$

따라서 부하에 전달된 전력은 $P_L = V_L I_L$ 이므로 이로부터 Ohm의 법칙을 이용하면 다음과 같다.

$$P_L = V_L I_L = \frac{V_L^2}{R_L} = I_L^2 R_L \tag{8-4}$$

또한 전원(V_{TH})에서 공급되는 전력(P_S)은 다음과 같다.

$$P_S = V_{TH} I_L \tag{8-5}$$

부하에 전력이 최대로 전달되는 조건은 식 (8-4)에 식 (8-2) 또는 식 (8-3)을 대입하여 구한다. 식 (8-3)을 식 (8-4)에 대입하면 부하전력은 다음과 같다.

$$P_L = I_L^2 R_L = \left(\frac{V_{TH}}{R_{TH}+R_L}\right)^2 R_L = V_{TH}^2 \frac{R_L}{(R_{TH}+R_L)^2} \tag{8-6}$$

어떤 조건에서 부하에 전력이 최대값을 가지는지를 구하려면, 전력의 기울기가 0이 되어야 하므로 미지의 값인 부하저항 R_L에 대하여 정리하고, P_L을 미지의 값(변수) R_L에 대하여 1차 미분한 후에 0으로 놓으면 다음과 같다.

$$\frac{dP_L}{dR_L} = 0 \tag{8-7}$$

$$R_L = R_{TH} \text{ 이다.} \tag{8-8}$$

즉, 부하저항이 전원저항(Thevenin 등가저항)과 같을 때, 부하에 전력이 최대로 전달됨을 알 수 있다. 이 조건을 확인하기 위해 $d^2P_L/dR_L^2 < 0$임을 확인해야 한다. 이 경우 회로를 다시 그려 부하전압 및 부하전류를 구하면 부하에서 소비되는 전력의 최대값은 다음과 같다.

$$P_{L(\max)} = V_L I_L = \frac{V_L^2}{R_L} = \frac{(V_{TH}/2)^2}{R_L} = \frac{V_{TH}^2}{4R_L} \tag{8-9}$$

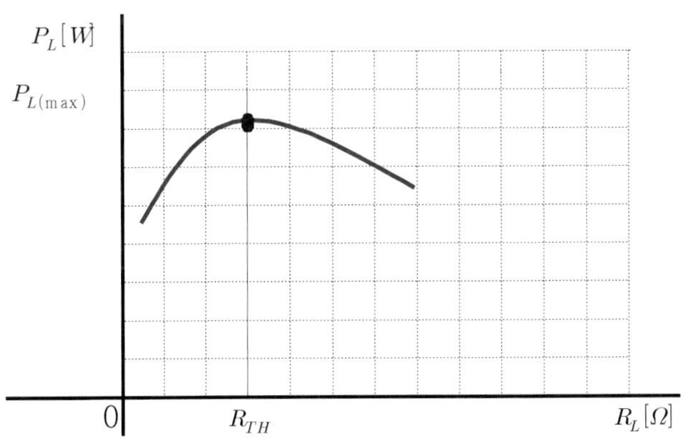

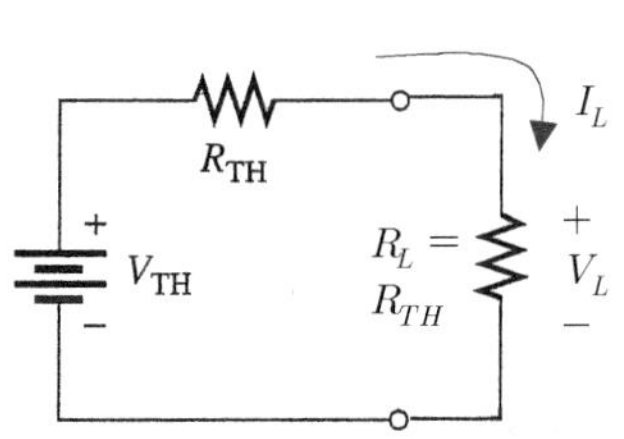

[그림 8-4] 부하저항에 따른 부하전력 특성

이 최대전력조건에서 전원에서 공급되는 공급전력은 다음과 같다.

$$P_{S(\max)} = V_{TH}I_L = V_{TH}(\frac{V_{TH}}{R_{TH}+R_L}) = \frac{V_{TH}^2}{2R_L} \tag{8-10}$$

부하저항(R_L)이 전원의 내부저항(R_{int})과 같을 경우, 부하에 최대전력이 전달된다는 사실을 알고 있다. 그렇지 않으면 최대전력이 전달되지 않는다. 부하저항이 회로망의 내부저항과 같을 때, 부하기 회로에 정합(match)되어 있다고 말한다. 따라서 정합시 그림 8-5와 같이 정합되면 내부저항(또는 Thevenin 저항)에도 같은 전력이 소비된다.

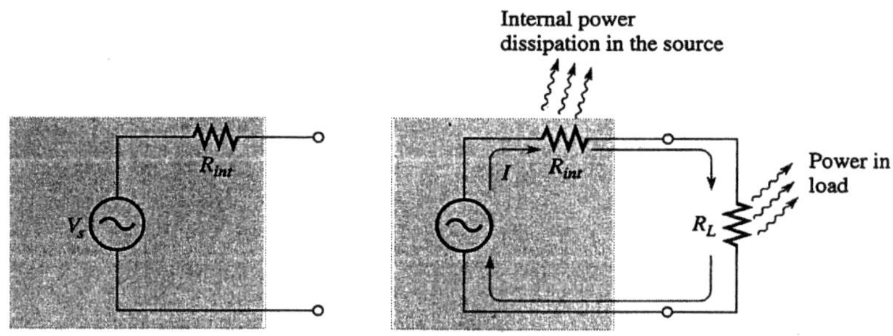

(a) 내부저항을 가지는 등가회로 (b) 내부저항에서도 전력이 소비된다.

[그림 8-5] 최대전력전달 조건 $R_{int} = R_L$

이 정합기술은 전원과 부하가 고정되어 있을 때, 그 사이에 적당한 회로를 삽입하여 부하에 최대전력이 공급될 수 있도록 회로의 유효저항($R[\Omega]$)를 조정하는 것을 말한다. 그림 8-6은 부하와 신호원사이에 변압기(transformer)를 사용하여 임피던스 정합을 구하는 한 방법을 나타낸다. 실제로 대부분의 경우, 내부저항은 고정되어 있으며, 또한 부하로서 동작하는 저항도 거의 고정되어 있다. 주어진 전원과 부하의 연결이 필요하면, 이 저항들이 정합되어야 한다.

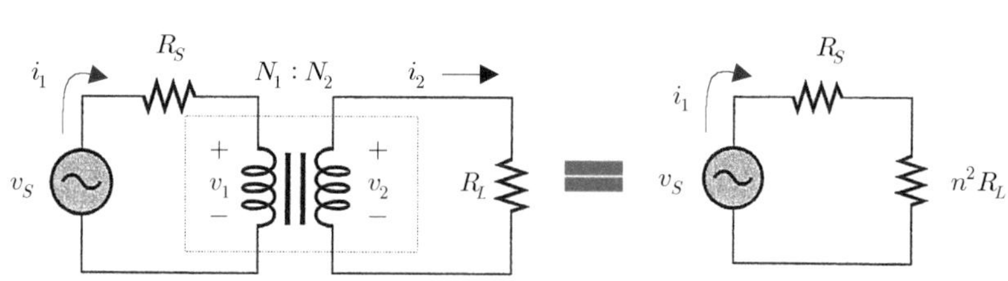

[그림 8-6] 변압기로 구현된 한 가지 정합기법

변압기에서 전압은 감은 수에 비례하므로 다음과 같이 표현 가능하다.

$$v_2 = \frac{N_2}{N_1} v_1 = \frac{1}{n} v_1 \tag{8-11}$$

1차 전압을 권선비로 나누면 2차 전압이 된다는 것을 의미한다. 변압기를 취급하게 되면 승압(step-up)과 강압(step-down)이라는 용어가 자주 나온다. 이 용어는 항상 1차 전압에 대한 2차 전압의 관계이다. 승압변압기는 1차보다 더 높은 2차 전압을 발생하고, 강압변압기는 1차보다 더 낮은 2차 전압을 발생한다.

그러면 2차 권선에 부하가 연결된다면 어떤 결과가 유도될 수 있는가? 2차 코일에 유도되는 전압으로 인해 2차 회로를 통하여 부하가 연결되므로 부하전류가 흐른다.

$$i_2 = \frac{N_1}{N_2} i_1 = n \times i_1 \tag{8-12}$$

변압기에서 1차 회로에서 2차 회로를 보면 2차 권선에 연결된 부하는 어떤 저항값을 갖고 있는 것처럼 보인다. 이 저항값을 우리는 반사된 저항(reflected resistor)이라 부른다.

그림의 1차 회로에서 저항은 $R_1 = \frac{v_1}{i_1}$ 이고, 2차 회로에서 저항은 $R_L = \frac{v_2}{i_2}$ 이다. 식 (8-11)과 (8-12)로부터 다음과 같이 정리할 수 있다.

$$\frac{R_1}{R_L} = \left(\frac{v_1}{i_1}\right) \times \left(\frac{i_2}{v_2}\right)$$

$$\frac{R_1}{R_L} = \left(\frac{N_1}{N_2}\right)\left(\frac{N_1}{N_2}\right) = \left(\frac{N_1}{N_2}\right)^2$$

$$\therefore R_1 = R_L \left(\frac{N_1}{N_2}\right)^2 = n^2 R_L \tag{8-13}$$

즉, 1차 회로에 반사된 저항의 등가 저항값은 권선비(n)를 제곱하여 부하저항값(R_L)을 곱한 값이 된다. 즉, $R_1 = R_s$이므로 변압기의 권선비(감은 수: turns ratio)를 이용하여 정합을 구현할 수 있다.

3. 효율(efficiency)

그림 8-7은 부하저항(R_L)에 따른 효율을 나타낸 것이다. 부하에 최대전력이 전달될 때, 회로의 %효율 η는 다음과 같다.

$$\eta = \frac{\text{부하전력}}{\text{공급전력}} \times 100\% = \frac{P_L}{P_S} \times 100\% = 50\% \qquad (8\text{-}14)$$

이 경우 %효율은 식 (8-14)에 의하여 50%이다. 즉, 부하저항에 전력이 최대로 전달되더라도 효율은 단지 50%이다. 이것은 효율과 최대전력(maximum power)이란 두 가지 변수들의 상황에 따라 타협점(trade-off)을 찾아야하는 재미있는 사실이다.

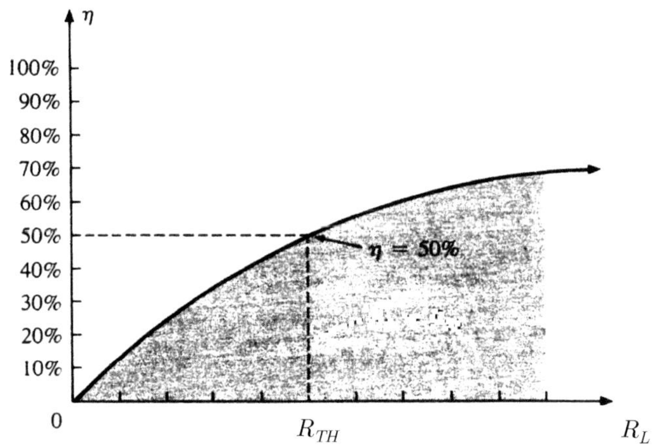

[그림 8-7] 부하저항(R_L)에 따른 효율 특성

[실험장비 및 부품]

사용장비	품 목	규 격	소요량
DC power supply Multimeter Breadboard	Resistor	300Ω	1개
	Variable resistor	1kΩ	1개

[예비보고서]

1. 다음 회로에서 부하전류(I_L), 부하전압(V_L), 부하소비전력(P_L), 전원공급전력(P_S)을 각각 해당 회로를 그려 구하시오. 부하는 저항값을 조절하는 가감저항(R_L)이다.

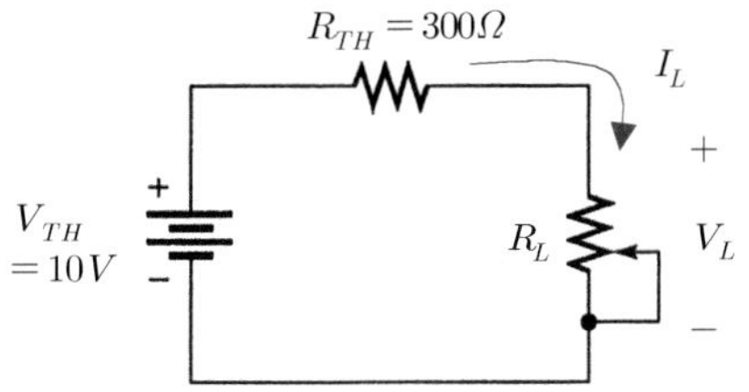

1〉 $R_L = 100\Omega$ 일 때

〈1〉 I_L=

〈2〉 V_L=

〈3〉 P_L=

〈4〉 P_S=

〈5〉 효율(η)=

2〉 $R_L = 200\Omega$

3〉 $R_L = 300\Omega$

4〉 $R_L = 400\Omega$

5〉 $R_L = 500\Omega$

6〉 $R_L = 600\Omega$

7〉 $R_L = 700\Omega$

8〉 $R_L = 800\Omega$

2. 저항값의 변화에 따른 전력그래프를 구하고자 한다. 최대값과 최소값을 고려하여 나타내시오.

1〉 위의 자료를 바탕으로 부하에 따른 최대전력을 그래프에 나타내시오.

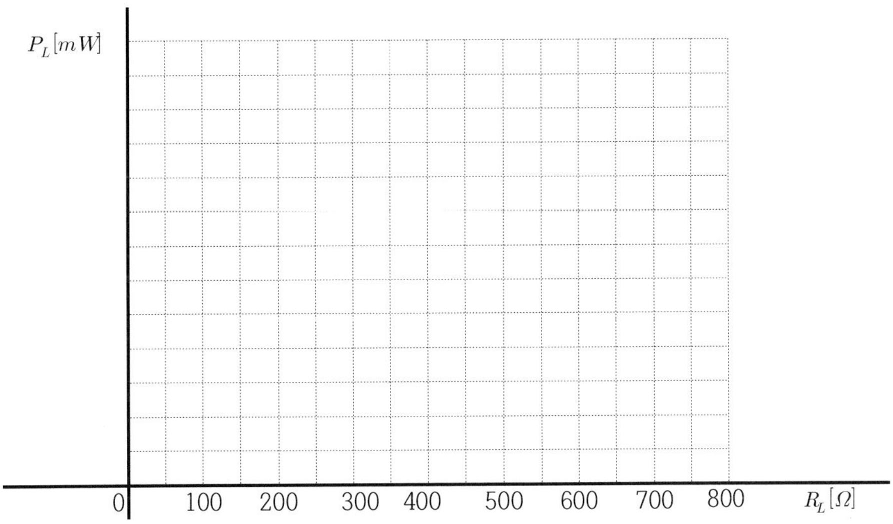

2〉 위의 그래프로부터 부하에 최대전력이 전달되는 부하저항값은 (   )이며 이 때 효율 η는 (   )이다.

3〉 어떤 회로에서 정합(match)이란 무엇인가?

[결과보고서]

실험제목					
실험일자	년 월 일(요일)		담당교수		㉠
성 명		학 번		평 가	

1. 다음 회로를 구성하고 부하인 가감저항 R_L을 사용하여 아래 표와 같이 변화시키면서 부하저항(R_L) 및 부하전압(V_L)를 측정하여 다음 표 8-1을 완성하시오.

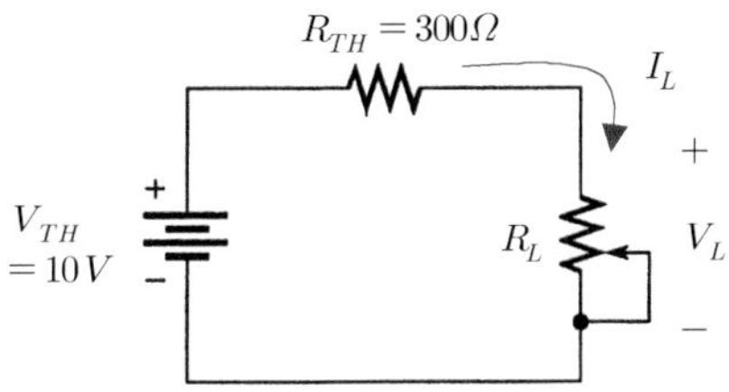

[표 8-1]

부하저항 $R_L[\Omega]$		100	200	300	400	500	600	700
$V_L[V]$	이론치							
	측정치							
$I_L[mA]$	이론치							
	측정치							
$P_L[mW]$	이론치							
	측정치							
$P_S[mW]$	이론치							
	측정치							
효율(%)	이론치							
	측정치							

2. 위의 표를 바탕으로 각 값의 최댓값 및 최솟값을 고려하여 그래프를 그려라. 가능하면 색상 펜을 사용하시오.

▶ 부하전압, 부하전류 및 부하전력

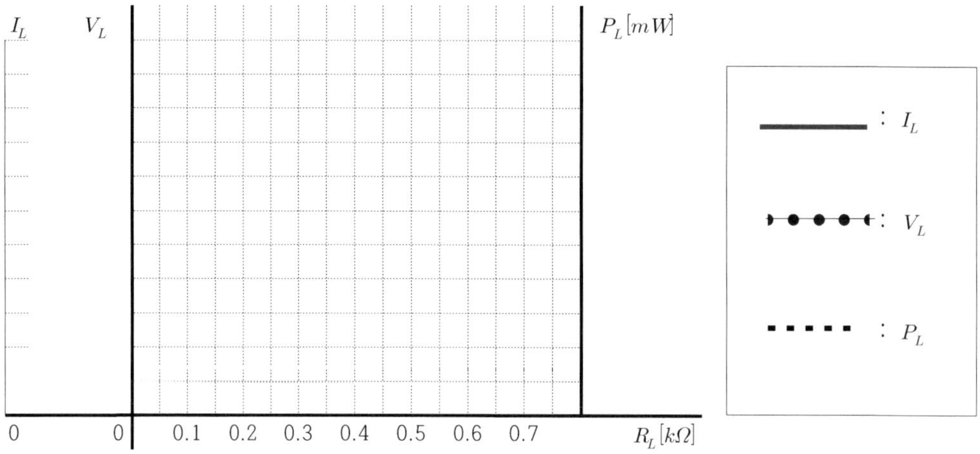

▶ 부하전력 및 효율

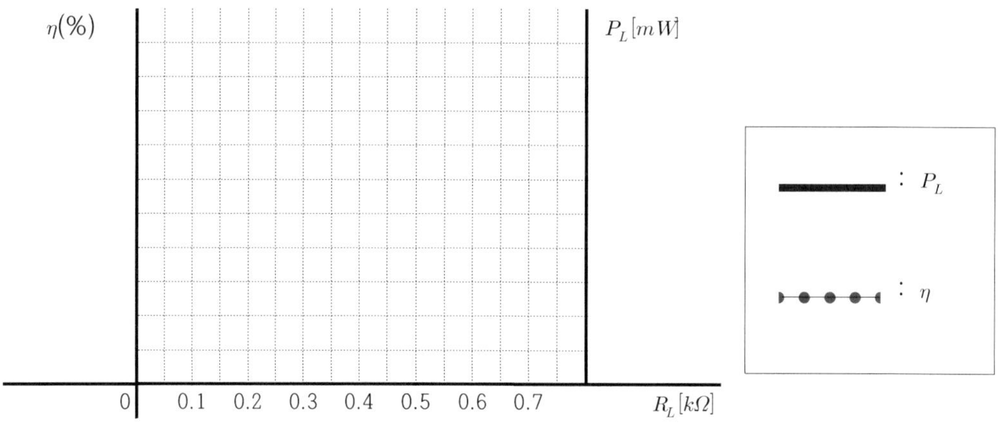

3. 위 그래프로부터 부하에 전력이 최대로 전달될 때, 표 8-2를 완성하시오.

[표 8-2]

	이론치	측정치	오차(%)
부하저항(R_L)			
부하전력($P_{L(\max)}$)			
효율(η)			

[토의 및 심화학습]

1. 식 (8-7)로부터 식 (8-8)을 구하시오.

2. 어떤 미지의 회로에서 가변저항을 부하로 하여 최대전력이 전달될 조건을 찾는 실험을 수행하고자 한다. 그 과정을 쓰시오. (그림 참조)

1〉

2〉

3〉

4〉

..

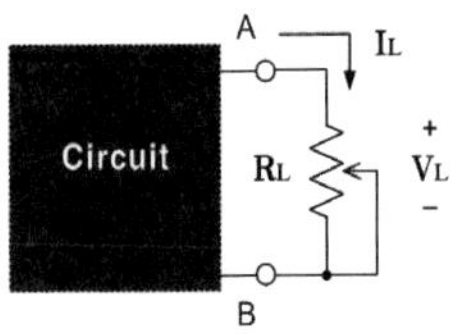

∴ 최대전력이 전달되는 조건은
부하 R_L이 ( ) 경우이다.

3. 실험 6장에서 사용한 회로에 대해 저항 R_3를 흐르는 전류를 구하고자 한다.

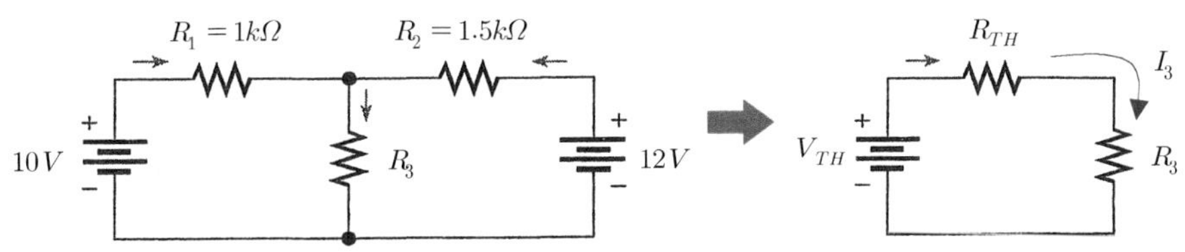

1〉 그림과 같이 저항 R_3를 부하로 하는 Thevenin 등가회로를 구하시오.

답: $V_{TH} = 10.8[V]$, $R_{TH} = 600[\Omega]$

2〉 만약 R_3값이 어떤 값을 가질 때, 이 부하 R_3에 최대전력이 전달되는가?

4. 다음 회로와 같이 고정저항 R_1과 가변저항 $R_2 = 1k\Omega$이 연결되어 있다. 이 가변저항은 화살표로 나타낸 단자 3이 단자 1과 2사이의 어느 한 지점에 위치하여 있다. 물음에 답하시오.

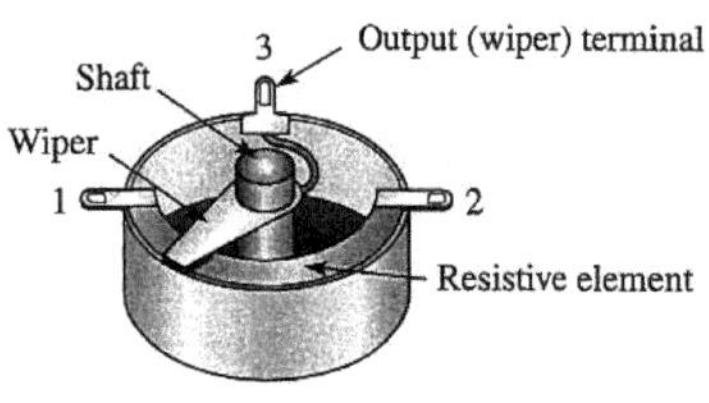

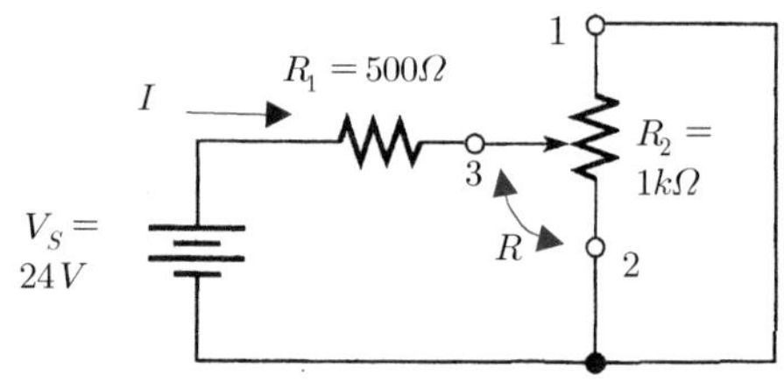

1〉 가변저항에서 아랫부분(단자 2와 3)이 R로 표시되어 있다. 와이퍼(wiper)의 윗부분(단자 1과 3)을 부하저항 R_L이라 한다. R_L을 표현하시오.

2〉 회로에서 가변저항을 직병렬형태로 다시 그리시오. 전류 I가 최소가 되려면, 부하저항값을 얼마로 해야 하는가? 답: $R_L = 500[\Omega]$

3〉 부하 R_L에 최대전력이 전달된다고 할 때,

〈1〉 부하저항 R_L을 구하시오. 답: $R_L = 1000 - 500\sqrt{2}[\Omega]$

〈2〉 이 경우 전달된 부하전력 P_L을 구하시오. 답: $P_L \simeq 169[mW]$

5. 같은 직류전압 $V_i = 10\,V$에 대해 평균 출력전압 $V_o = V_i/2$가 되는 시스템을 구현하는 두 가지 방법을 비교하고자 한다. 각 그림에서 부하저항은 $R_L = 5\Omega$이다. 그림 (a)는 가변저항을 조절하여 원하는 크기의 출력전압을 얻는 경우이고 그림 (b)는 스위치를 주기적으로 개폐하여 t_{on}을 적절히 조절하여 출력전압의 평균값을 조절하는 경우이다. 물음에 답하시오.

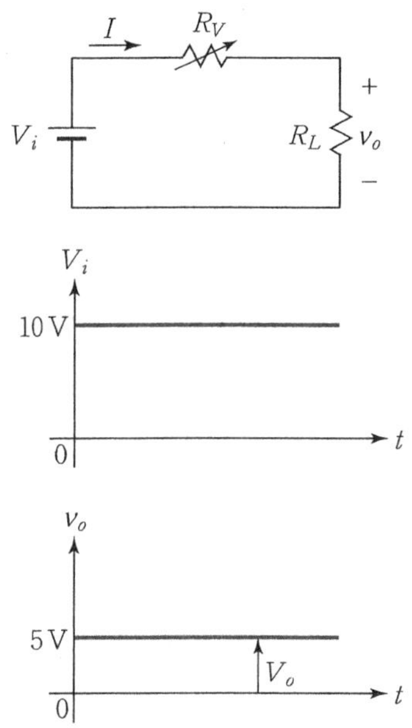

(a) 가변저항을 이용한 평균전력 조절

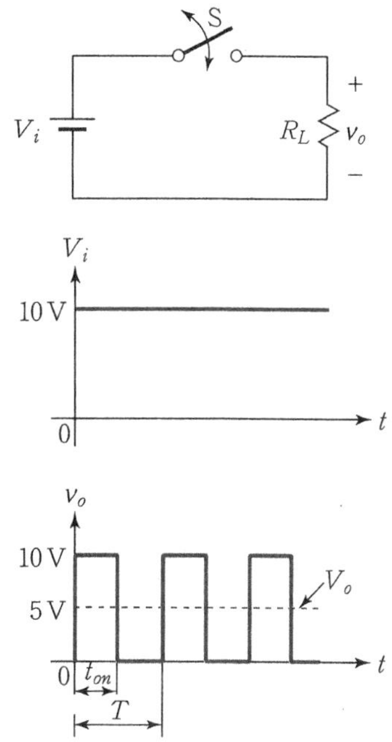

(b) 스위치를 이용한 평균전력조절

1〉 가변저항 R_V값을 구하시오. 답: 5Ω

2〉 R_L에 전달되는 평균전력 P_o 및 전원에서 공급된 평균전력 P_i을 각각 구하시오.

〈1〉 그림 (a) 답: $P_o = 5\,W,\ P_i = 10\,W$

〈2〉 그림 (b)　　　　답: $P_o = 10\,W$, $P_i = 10\,W$

3〉 각 경우의 효율($\eta = (P_o/P_i) \times 100\%$)을 구하시오.

6. 다음은 어떤 부하저항 R_L에 공급되는 전력특성을 나타낸 것이다. Thevenin 등가 회로를 구하시오.　　　　답: $V_{TH} = 20\,V$, $R_{TH} = 10\Omega$

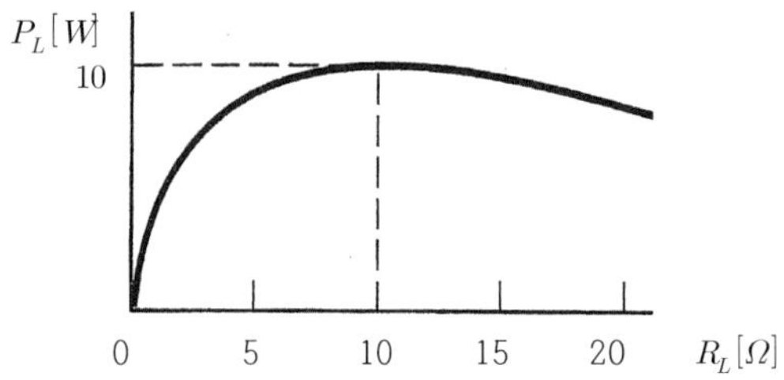

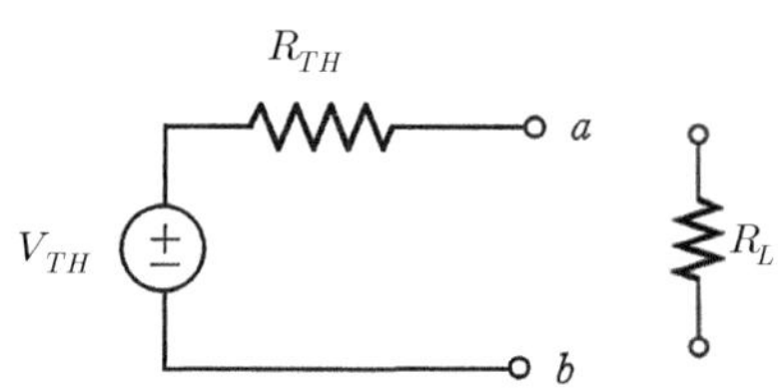

실험9장

Relay 점등회로

1. 릴레이 원리 및 구조
2. 부품 동작원리 및 해석
3. 릴레이의 활용

CHAPTER 09

Relay 점등회로

실험목적

릴레이(계전기)를 비롯한 여러 가지 전기전자소자들을 이용하여 주어진 점등제어회로를 구성하고 릴레이의 최소구동전류 특성 및 자기유지 회로를 구현하는 기법을 익힌다.

기초이론

1. 릴레이 원리 및 구조

자기는 도체에 흐르는 전류로 인해 생기는 자기장(magnetic field)이다. 릴레이(relay), 솔레노이드(solenoid), 스피커, 전기모터, 녹음기 등과 같은 소자들의 동작이 전자기에 바탕을 두고 있다. 전류(I)가 흐르면 자기장이 발생한다. 그 방향은 전자기법칙(electromagnetic law)에 따르면 오른손을 이용하여 쉽게 구할 수 있다.

이 자기장은 우리 눈에 보이지는 않지만 확인할 수 있다. 코일에 흐르는 전류의 방향이 자기장의 방향을 결정하는 것이다. 이를 우리는 Ampere의 오른손의 법칙이라 부른다. 전류가 흐르는 도선에 수직으로 종이를 삽입하고 종이위에 쇳가루를 두면 동심원 모양으로, 해당 자기력선을 따라서 쇳가루가 정렬한다. 자기장의 세기는 도체에 가까울수록 강하고, 도체에서 멀어질수록 약해진다.

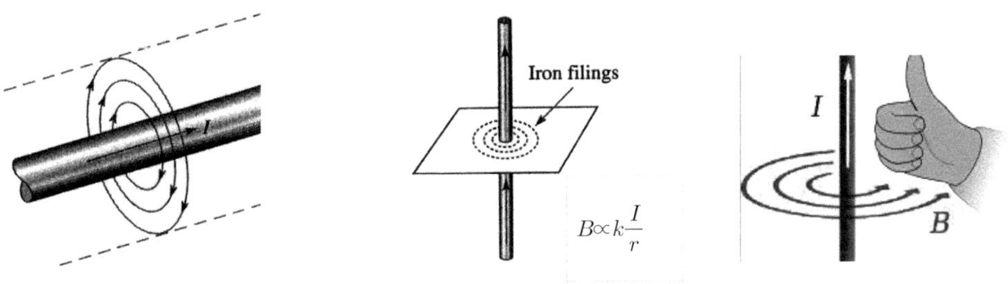

[그림 9-1] 전류(I)에 따른 자기장의 방향 및 증명

전류 I와 자계의 세기H와의 관계는 Ampere의 회로법칙에 의해 쉽게 구할 수 있다. 즉, 폐곡면을 일주하는 자계세기의 선적분(line integral)은 등고선으로 연결된 전체전류와 같다. 더욱 상세한 내용은 전기자기학 분야를 참고하기 바란다.

$$\oint \dot{H} \cdot \dot{dl} = \oint Hdl\cos\theta = \sum I \tag{9-1}$$

그림 9-2와 같이 도선에 전류가 흐르면 도선으로부터 거리 r인 지점에서 자계의 세기 H를 구하기 위해 반지름 r인 원을 그린다. 원주상의 각 점에서 $\dot{H}$와 $\dot{dl}$은 같은 방향이므로 $\theta=0$이다. 따라서 그 관계를 정리하면 다음과 같다.

$$\oint \dot{H} \cdot \dot{dl} = I$$

$$(H)(2\pi r)\cos 0^\circ = (H)(2\pi r) = I$$

$$\therefore \quad H = \frac{I}{2\pi r} \propto \frac{I}{r} \tag{9-2}$$

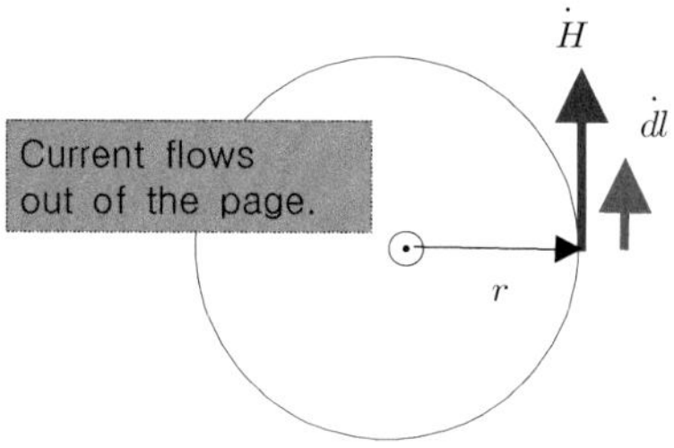

[그림 9-2] 도선을 흐르는 전류(I)에 따른 자계 세기

자계세기 H가 존재하는 모든 곳에서는 자속밀도 $B[Wb/m^2]$가 생긴다. 전류에 의해 자기 쌍극자(magnetic dipole)들이 자성체 내에서 동작을 나타낸다. 이 두 값들의 관계는 다음과 같다. 자성체에서 $B-H$ 관계는 아주 중요한 특성이다.

$$B = \mu_0 H + J_m = \mu_0 H + \chi_m H = \mu H = \mu_0 \mu_r H \tag{9-3}$$

여기서 μ_0는 진공 투자율(permeability in vacuum)로서 $4\pi \times 10^{-7}[H/m]$, J_m는 자화강도(intensity of magnetization), χ_m은 자화율(magnetic susceptibility)이다. 또한 μ는 투자율이라 부르며 진공, 도전체(구리 Cu, 알루미늄 Al 등), 절연체의 상대 투자율(relative permeability: 비투자율) μ_r은 1이다. 그러나 아연, 코발트, 니켈과 같은 강자성 재료에서 μ_r은 수백에서 수천까지 된다. 큰 값의 μ_r이 의미하는 것은 작은 전류로써 큰 자속밀도를 얻을 수 있다는 것이다.

특히 변압기(transformer), 릴레이, 전동기(motor), 발전기(generator) 등은 자속(magnetic flux)을 이용한 것이다. 영구자석(permanent magnet)형 기기를 제외한 대부분의 전기기기(electric machines)에서 자속은 강자성 재료에 감겨 있는 권선에 전류가 흘러서 발생되는 전자석을 사용한다.

전자석(electromagnet)의 원리는 그림 9-3과 같이 코일을 여러 번 빽빽하게 감고 전류를 흘리면 오른나사의 법칙에 따라 자기력선이 왼쪽에서 나오므로 자석 N극과 S극이 형성된다. 거의 모든 전기기기의 계자(field magnet) 조절은 전자석을 이용한다.

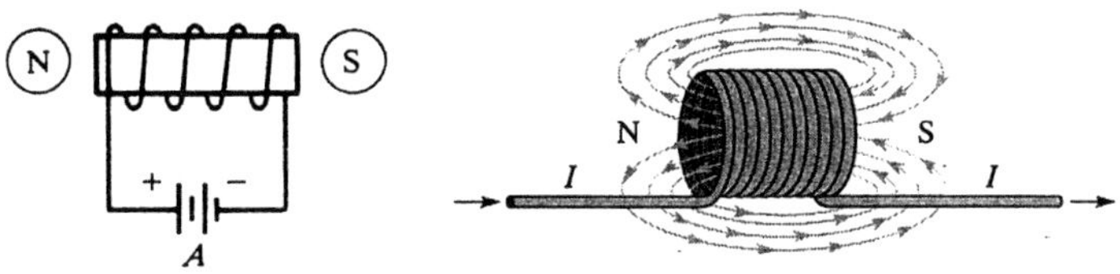

$$\dot{H}=\frac{NI}{l}=nI$$

[그림 9-3] 전류방향에 따른 자력선 및 전자석의 극성

릴레이(relay)는 전자석을 이용하여 전기적인 접점을 열고 닫는 스위치이며 솔레노이드(solenoid)는 전자석을 기계적 움직임으로 하여 제어장치에 활용한 것이다.

그림 9-4는 릴레이의 동작을 나타낸다. 평상시 닫혀있는 것을 NC(Normally Closed) 접점, 평상시 열려있는 것을 NO(Normally Open) 접점이라 한다. 코일에 전류가 흐르지 않으면 그림 (a)와 같이 스프링에 의해 위쪽 접점과 접촉하여 단자 1과 단자 2가 연결된다(NC). 코일에 전류가 흘러 릴레이가 동작하면 전자석이 되어 인력이 발생하므로 Armature를 끌어당겨 그림 (b)와 같이 단자 1과 단자 3이 연결된다.

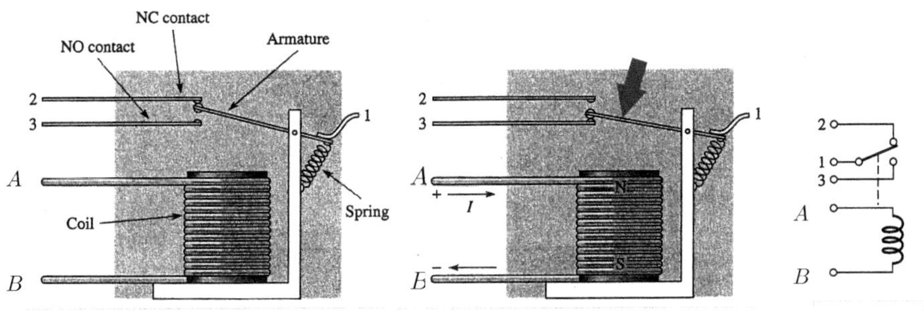

(a) 전류가 흐르지 않을 때　(b) 전류가 흐를 때　(c) 기호

[그림 9-4] Relay 구성 및 기호

이를 바탕으로 Relay와 LED를 이용한 전류흐름 전환회로를 구현해보자. 그림 9-5에서 먼저 스위치(SW)가 off되어 있으면 코일에 전류가 흐르지 않아 Relay가 동작하지 않으므로 적색 LED가 on된다. 이후, 푸시버튼(push button) 스위치(SW)가 눌려지면 적색 LED가 off되고 녹색 LED가 on된다.

특히 다이오드(Diode)는 릴레이코일에 병렬로 연결되어 있으며 회로상에 연결할 때, 다이오드 방향에 유의해야 한다. 이는 스위치(SW)가 차단/단락될 때 과도한 유도전류가 흘러 회로의 손상을 유발시킬 수 있기 때문이다. 즉 코일은 전류로 생기는 자기에너지 ($W_L = LI^2/2$)를 저장한다. 따라서 전원이 연결되어 있을 때는 에너지를 저장하고, 전원이 제거되면 에너지를 방출하므로 그 통로를 만들어 준다. 푸시버튼(push button) 스위치는 평상시 닫혀있는 것을 NC(Normally Closed), 평상시 열려있는 것을 NO(Normally Open)이라 한다.

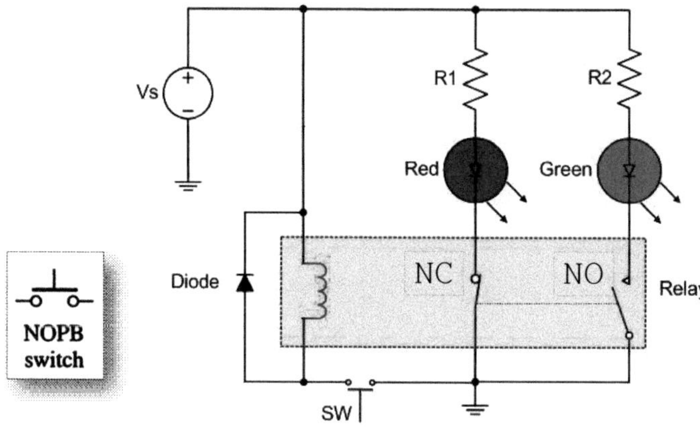

[그림 9-5] Relay를 이용한 전류흐름 전환회로

2. 부품 동작원리 및 해석

1) LED(Light Emitting Diode)

발광 다이오드는 자신의 단자에 전류나 전압이 인가 될 때 빛을 발생시키는 반도체 소자로, 광전자 소자로 구분되기도 하는데 이것은 발광 다이오드가 광학과 전자공학의 결합체이기 때문이다. LED는 백열전구에 비해서 긴 수명과 낮은 소비전력을 갖기 때문에 전자장비에서 가장 널리 사용되는 광원이다. 관련기술의 발달로 전구의 기능을 점차 대체하고 있다. 서로 다른 화합물의 조합으로 제작한 LED가 순방향으로 바이어스될 때 빨강색(red), 노랑색(yellow), 녹색(green), 파랑(blue)색, 흰색(white), 오렌지색(orange) 혹은 눈에 띄지 않는 적외선(infrared)을 발광시킨다. 특히 적외선센서는 자동문, 침입방지 시스템에 많이 활용된다.

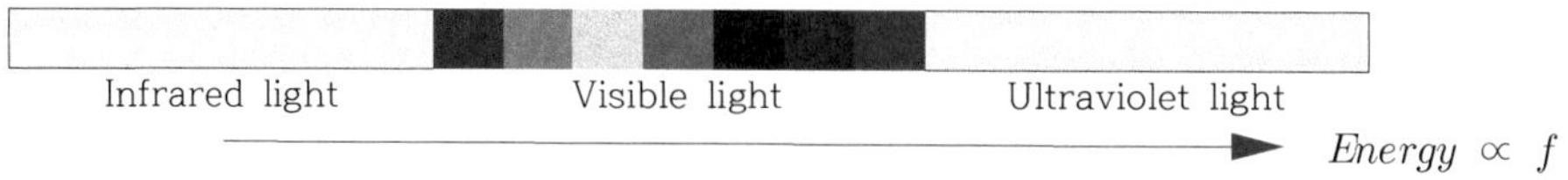

[그림 9-6] 주파수(파장)에 따른 적외선, 가시광선 및 자외선 영역구분

〈1〉 LED 기호 및 단자구분

그림 9-7은 가장 널리 사용되는 LED의 회로 기호를 표시하고 있다. 두 개의 화살표는 LED가 빛을 발산하고 있음을 표시한다. 패키지에는 애노드(anode: A)와 캐소드(cathode: K)에 연결되는 두 단자가 포함되어진다. LED의 애노드와 캐소드 단자를 구분하려면 그림에서처럼 외관상으로 캐소드(K) 단자는 애노드(A) 단자에 비해서 짧은 단자를 가지거나, 단자가 편평하고 케이스의 편평한 면에 가까이 있어 애노드 단자와 구분된다.

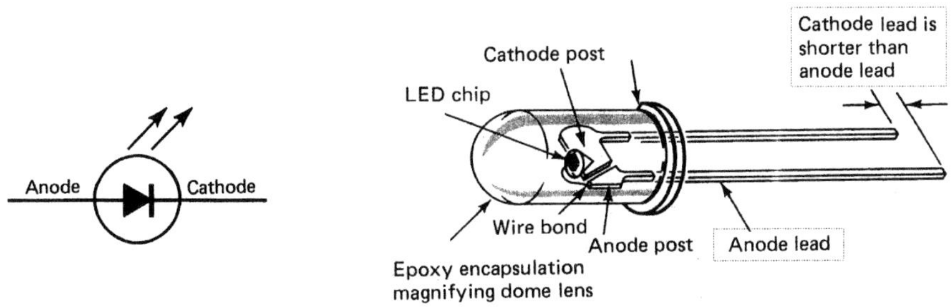

(a) 회로 기호 (b) 단자 구분법

[그림 9-7] 발광 다이오드(LED)

〈2〉 LED 특성

LED 특성곡선은 높은 순방향 전압정격(V_F: 보통 +1V에서 +3V 사이)과 낮은 순방향 전류정격(I_F:보통 20mA에서 50mA 사이)을 가진다. 대부분의 응용회로에서 LED는 약 2V의 순방향 전압강하와 약 20mA의 순방향전류를 갖는다.

LED는 순방향전류가 Data sheet상의 LED의 최대 순방향전류 I_{FM}이나 I_{FMAX}를 초과하지 않도록 한다. 이 문제는 직렬로 연결된 제한용 저항에 의해서 과도한 전류로부터 다이오드가 손상을 받지 않도록 할 수 있다. 그림 9-8로부터 계산된 값은 다음과 같다. 이 회로에서 전류를 구하려년 전원전압으로부터 직렬 저항양단에 공급되는 전압강하를 구해야 하므로 Ohm 법칙을 이용한다.

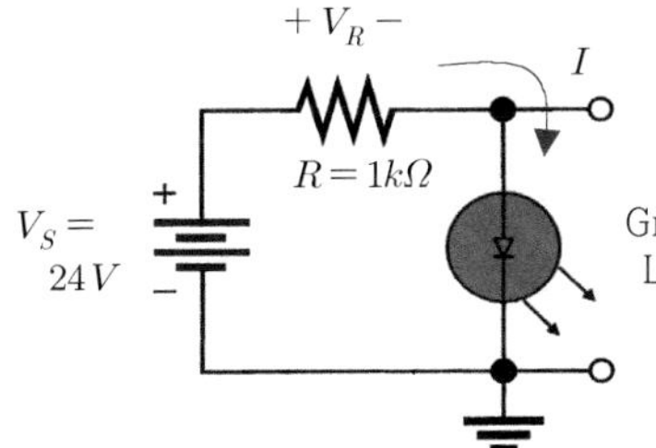

$$I = \frac{V_R}{R} = \frac{V_S - V_{LED}}{R}$$

$$I \simeq \frac{24V - 2V}{1k\Omega} \simeq \frac{22V}{1k\Omega} \simeq 22mA$$

[그림 9-8] 대표적인 LED의 전압-전류 해석

역방향 특성으로 LED의 역방향 항복전압은 일반 다이오드의 항복전압에 비해서 대단히 작다(V_{BR}: 보통 -3V에서 -10V). 특히 LED를 이용하여 실험을 수행할 때, 극성을 분명히 확인해야 한다.

2〉 Relay(계전기)

코일에 전류가 흐르면 전자석이 되는 전자유도작용을 이용한 스위치로서 다양한 응용분야를 가진다. 코일이 전자석이 되었을 때, 철편을 끌어 당겨서 그 철편이 붙어 있는 스위치부의 접점을 닫으며 동시에 반대편의 접점은 열리게 된다. 코일에 전류가 끊어져서 전자석 특성을 잃으면 원위치로 복귀된다.

코일에 전류가 흐르지 않으면 닫혀있는(NC: normally closed) 접점을 b(break)접점이라 하며, 반면에 열려 있는(NO: normally open) 접점을 a(arbeit)접점 혹은 make접점이라 한다. 릴레이는 8핀, 6핀 등 다양한 종류를 가진다. 핀의 번호에 따라 기능이 다르므로 유념해야 한다. 편의를 위해 해당 그림은 모두 밑면(bottom view)을 기준으로 표시하였다.

[8-pin relay]

(a) Bottom view (b) Top view

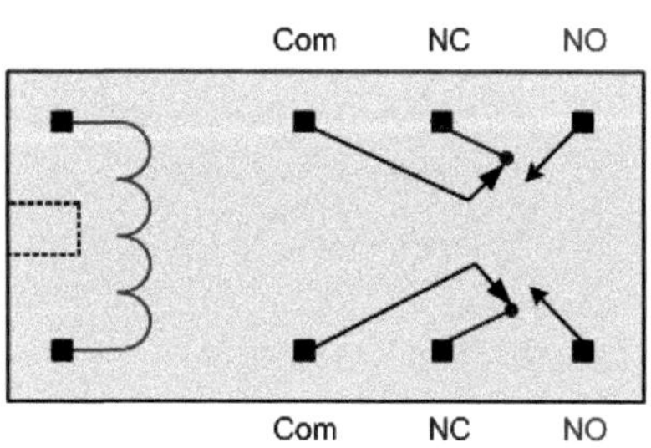

[핀번호]

- NC 접점: 2-3, 7-6
- NO 접점: 2-4, 7-5

NC: Normally Closed / NO: Normally Open

(c) 8핀 릴레이의 내부연결도

[그림 9-9] 8-pin 릴레이의 외관 및 단자구분

3. 릴레이의 활용

1〉 자기유지

그림 9-5의 릴레이 점등회로는 푸시버튼(PB)을 누른 상태에서는 전자석이 여자되어(magnetized: 자기여자) 릴레이가 동작하여 a접점을 단락시키고 b접점은 개방시킨다. 그러나 손을 떼면 전자석의 특성이 없어지므로(demagnetized: 자기소자) 원래의 상태로 복귀되어 a접점은 개방되고 b접점은 단락된다. 경우에 따라 푸시버튼 스위치를 한 번만 눌러 손을 떼더라도 계속하여 버튼을 누른 효과를 유지할 필요성이 있다. 이런 기능을 가진 회로를 자기유지(self-hold) 회로라고 부른다. 이러한 기능을 가지는 회로를 어떻게 구현할 수 있는가를 살펴보자. 그림 9-10은 자기유지 기능을 구현하는 회로이다.

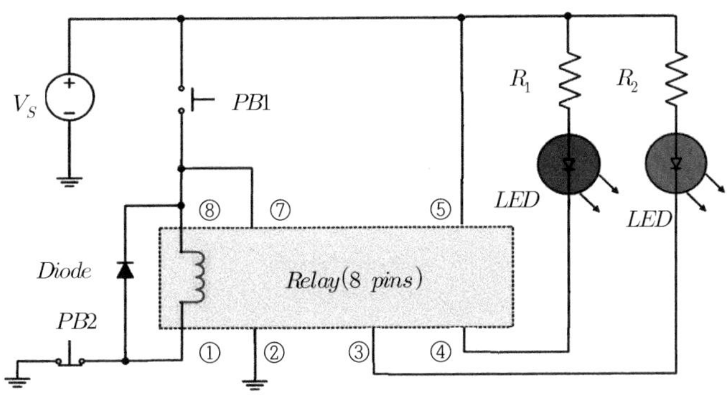

(a) 구현된 자기여자 및 자기소자 회로

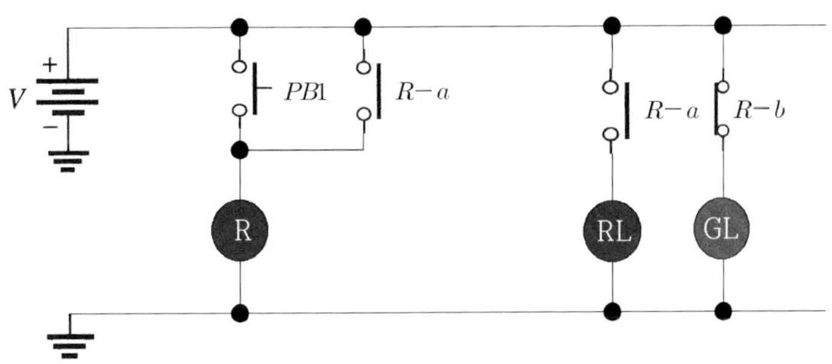

(b) (a)를 완전치 않은 시퀀스도로 나타낸 자기유지 회로

[그림 9-10] 릴레이로 구현된 자기유지 회로 및 시퀀스도

먼저 대기상태에서 녹색 LED가 켜져 있다. 우리는 이를 대기등이라 부른다. 만일 푸시버튼 *PB*1(*NOPB*형)을 누르면 적색 LED로 전환된다. 우리는 이 버튼을 동작시작 버튼이라 하고 적색등을 동작등이라 부른다. 손을 떼어도 이 상태를 지속적으로 자화된 상태를

유지한다. 이를 자기유지라고 한다.

마지막으로 푸시버튼 *PB2*(*NCPB*형)를 누르면 전자석코일의 기능을 상실하게 되며 우리는 이를 자기소자라고 한다. 또한 이 버튼을 동작중지 버튼이라 하며 최종적으로 녹색 대기등이 작동하고 원래상태로 돌아온다.

2〉 인터락(interlock)

우리는 환풍구에 동작하는 팬이 공기흡입과 공기배출을 가진다고 하자. 이것은 절대로 동시에 작용해서는 안된다. 또한 엘리베이터에서 층간의 이동시에는 절대로 문이 열려서는 안된다. 즉, 두 개의 동작을 동시에 절대로 수행할 수 없도록 상호 잠금기능이 반드시 들어가도록 제어하는 것이다.

또 하나의 경우는 퀴즈문제 대결에서 어느 누구가 버튼을 누르면 다른 사람은 동작이 되지 않도록 하고 사회자가 정답이 아니면 조치하고 다시 누군가 답을 말할 수 있는 기능이 부여되어야 한다. 이를 우리는 전기적 인터락(electrical interrock)을 이용한 선입력 우선회로라고 한다. 또한 선풍기의 경우에 어느 누구가 미풍이 동작하도록 설정되어 있다고 하자. 또 한 사람이 운동하다가 더워서 더 센 바람을 불게 하려면 강풍으로 전환해야 하다. 이를 기계적 인터락(mechanical interrock)을 이용한 후입력 우선회로라고 한다. 이 회로는 기기의 보호와 조작자의 안전을 목적으로 기기의 동작상태를 나타내는 접점을 사용하여 관련기기의 동작을 금지하는 회로로서 모터의 정/역회전에 많이 이용된다.

이와 같이 릴레이 전환특성은 마이크로컨트롤러를 활용한 여러 제어분야에 자주 활용되며, 시퀀스 제어와 PLC(programmable logic controller)에도 활용된다. 또한 전력계통의 이상여부를 검출하여 차단기(circuit breaker)를 동작시키는 보호계전기에 활용된다. 오늘날 많은 산업체에서 시퀀스제어 및 PLC를 병행하여 생산시스템을 구축하여 생산성 향상 및 작업안전 측면에 많은 발전을 하여 왔다.

[실험장비 및 부품]

사용장비	품 목	규 격	소요량
DC power supply Multimeter Breadboard	Relay LED Resistor Diode Push-button switch variable resistor	8 pins Red, Green $1k\Omega$ 1N4001~9 NO(normally open) NC(normally closed) $1k\Omega$	2개 각 2개 4개 2개 2개 1개 1개

[결과보고서]

실험제목					
실험일자	년 월 일(요일)			담당교수	㉤
성 명		학 번		평 가	

1. 발광다이오드(LED)와 저항에 대해 정상적인 동작여부를 판별하고자 한다.

1〉 DMM을 활용하여 다음을 완성하시오.

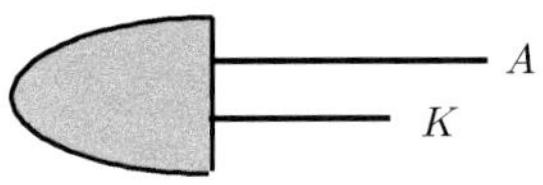

Anode(A)	Cathode(K)	[kΩ]	정상/결함
+	-		
-	+		

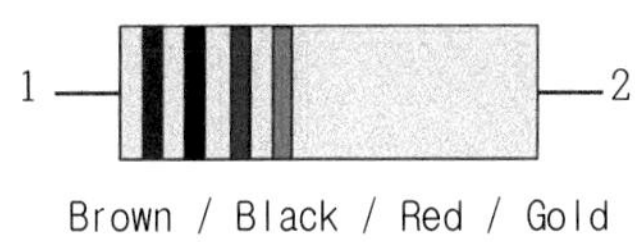

단자1	단자2	[kΩ]	정상/결함
+	-		
-	+		

2〉 다이오드는 극성에 따라 저항값이 서로 달라야 한다. 반면 저항은 극성에 관계없이 일정하다. LED와 저항은 정상인가 혹은 결함인가를 위 표에 나타내시오.

2. Relay에 의해 동작되는 LED 점등회로에 대해 물음에 답하시오

1〉 8-pin relay

- 실험에 제공된 Relay에 대해 핀번호를 쓰고 표를 완성하시오. 릴레이(relay)의 동작특성을 구하기 위해 핀들 간의 저항값을 DMM를 이용하여 측정하시오. 단, 저항값은 근사값을 쓰시오.

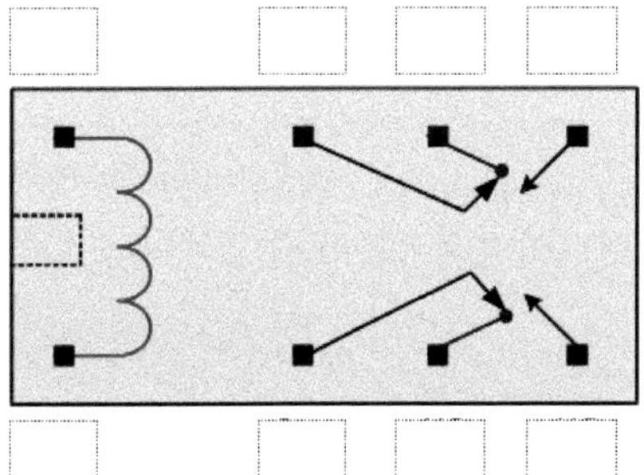

핀간 저항			[kΩ]	NC 또는 NO
2	…	3		
7	…	6		
2	…	4		
7	…	5		
1	…	8		전원공급

2〉 Relay에 의해 동작되는 LED 점등회로에서 LED 및 푸시버튼 스위치를 배선할 때 유의하시오. (8핀 Relay에서 ②③④ 또는 ⑤⑥⑦을 활용)

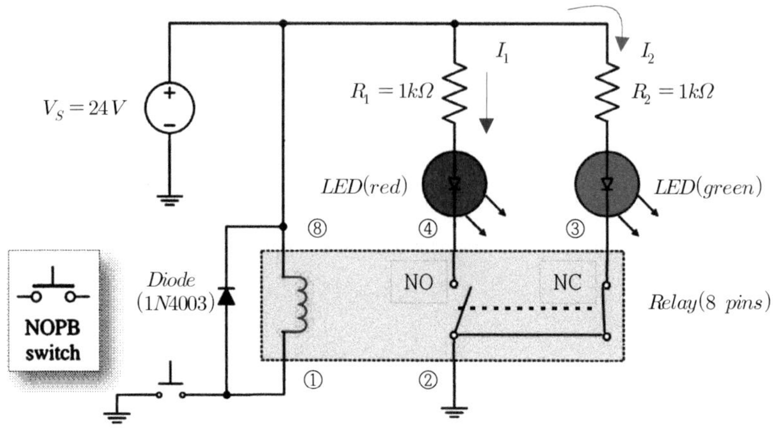

〈1〉 위의 점등회로가 정상적으로 동작하도록 Breadboard상에 회로를 설계하시오. 아래 그림에 반드시 핀 번호들을 쓰고 정확히 연결하시오.

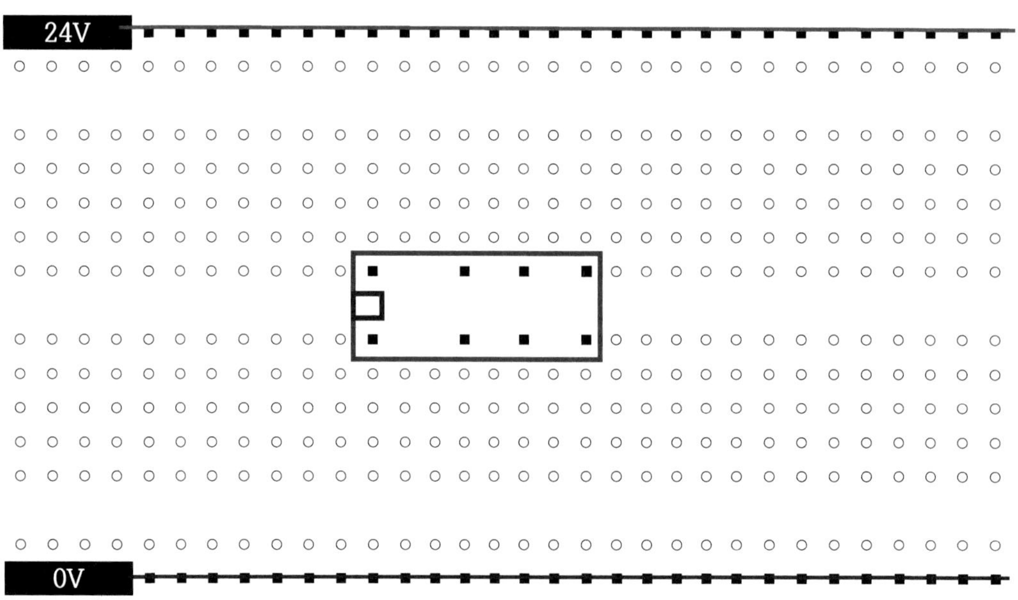

〈2〉 위 회로에서 스위치(SW)의 동작에 따른 LED 점등과정을 설명하시오.

〈3〉 Relay동작에 따른 전류 및 전압값을 구하고자 한다. 해당 전류값은 측정된 전압값으로부터 Ohm 법칙을 이용하고 단위를 표기하시오.

Relay	OFF(SW: off) 경우	ON(SW: on) 경우
V_{R1}		
I_1		
V_{R2}		
I_2		

〈4〉 Relay 코일의 권선저항(R_w)을 측정하고, 이 때 구동전류를 구하시오.

▸ 권선저항

▸ 구동전류

〈5〉 Relay의 전자석이 동작하는 최소 구동전류를 구하고자 한다. 코일단자에 직렬로 가변저항을 추가한 그림을 추가하여 다시 그리고 가변저항을 동작시켜 최소 구동전류를 측정하시오.

· 최소 구동전류 측정법

· 최소 구동전류

〈6〉 만약 유도성회로에서 직류전력을 스위치(SW)가 차단/단락되면, 큰 스파크 전압이 부하양단에 나타난다. 이로 인해 접점간의 공기간극을 통해 방전이 발생하여 접점을 손상시키거나 주위에 스파크잡음 전자파를 복사시킨다. 이를 위해 다이오드가 연결된다. 스파크전압을 확인하기 위해 일반다이오드 대신에 하나의 LED로 교체하고 스위칭을 수행할 때, 어떤 현상이 나타나는 지를 설명하시오.

3. 실험 2의 릴레이회로와 별도로 다음과 같은 자기유지 회로를 구성하고 물음에 답하시오.

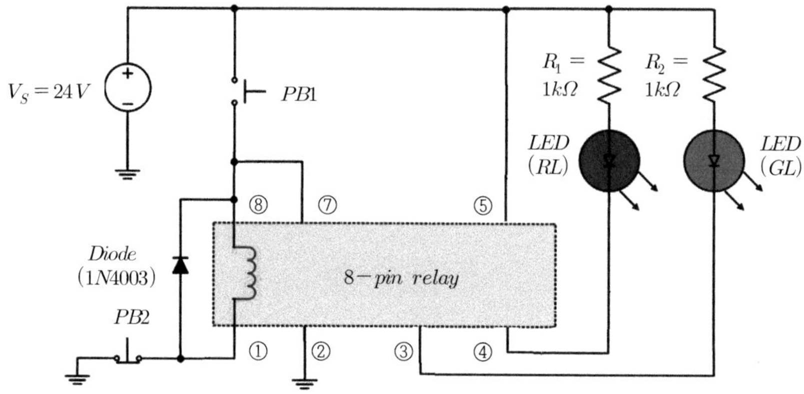

1) 푸시버튼 $PB1$을 누르면 앞 실험과 동일하지만 손을 떼면 어떤 상태로 되는가?

2) 위의 회로에서 자기유지 기능을 설명하시오.

3) 푸시버튼 $PB2$를 누르면 어떤 상태로 되는가?

4) 위 회로를 시퀀스도로 나타내고 a접점, b접점을 표시하시오.

5) 다음 표를 완성하시오.

	$PB1$	$PB2$	RL	GL
명칭 및 색상				

[토의 및 심화학습]

1. 릴레이(relay) 소자에 대해 답하시오.

1〉 기호를 그리시오. 그리고 NO접점(a접점)과 NC접점(b접점)에 대해 설명하시오.

2〉 8핀 Relay에 대해 그림을 그리고 핀번호를 붙이시오.

2. 다음 물음에 답하시오.

1〉 LED에서 양극(anode: A)과 음극(cathode: K)을 구분하는 방법은?

2〉 DMM을 사용하여 측정할 때, 저항과 LED를 구별하는 전압-전류특성의 차이점은?

3. 전자석(electromagnet)은 자성체(철, 규소강 등)로 된 코어에 코일을 감아 활용한다. 이러한 방법으로 코어의 투자율($\mu = \mu_0\mu_r$)이 진공투자율(μ_0)보다 커서 자기력선이 많아진다. 자계의 세기에 따른 자속밀도 즉 $B-H$ 곡선을 그리면 Hysteresis특성을 가진다. 다음 물음에 답하시오.

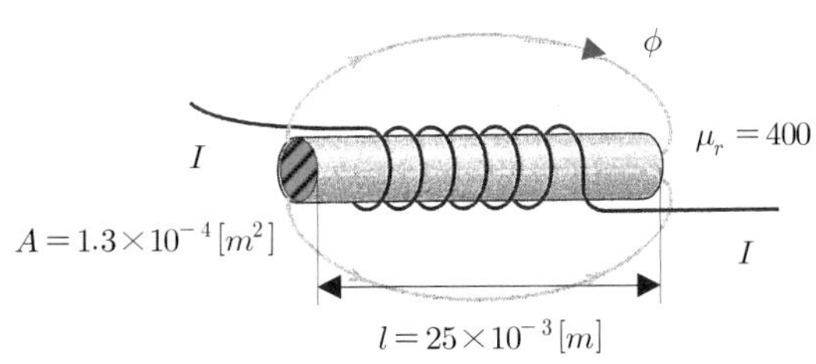

1〉 표시된 자속방향을 바탕으로 전류방향(I)을 그림에 나타내시오.

2〉 인덕턴스(L)는 전류변화(I)에 대한 자속변화 정도를 나타낸다. 인덕턴스를 구하시오.

답: $128\mu H$

4. 다음 릴레이회로를 이용한 침입감지 시스템이다. 물음에 대해 답하시오.

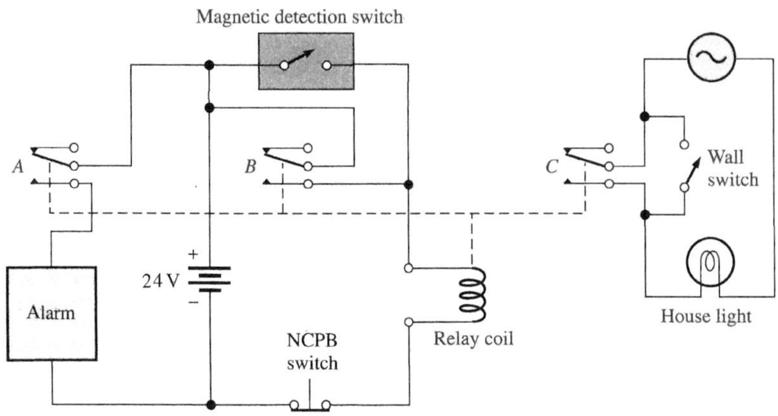

1〉 도둑이 창문을 열면 자기탐지 스위치가 닫힌다. 이 후의 동작을 설명하시오.

2〉 자기유지(self-hold) 회로가 작동되는가를 설명하시오.

3〉 $NCPB$의 역할은 무엇인가?

5. 다음은 광트랜지스터(phototransistor)와 릴레이(relay)를 이용하여 자동으로 제어되는 조명회로이다. 각 경우 릴레이의 접점은 어떤 상태인가?

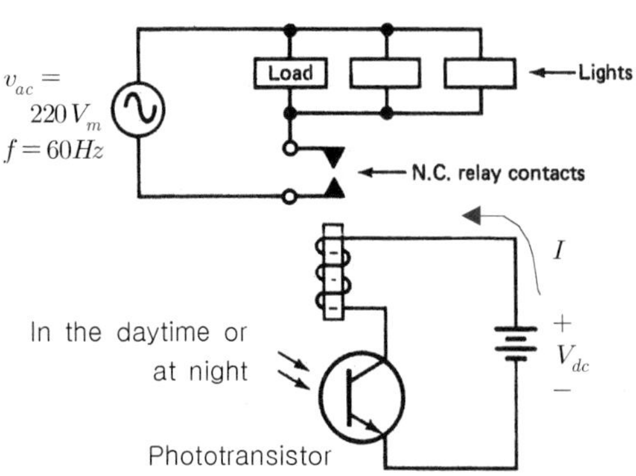

- 낮
- 밤

실험 10장

교류신호 및 오실로스코프

1. 정현파(sinusoidal wave)
2. 오실로스코프(oscilloscope)
3. 교류파형에서 피크치($V_p = V_m$), 실효치(V_{rms}) 및 평균치의 관계
4. 교류회로에서 오실로스코프의 활용

CHAPTER 10

교류신호 및 오실로스코프

실험목적

교류발전기(ac generator)나 신호발생기(function generator)에서 출력되는 교류신호인 정현파의 주기(T) 및 주파수(f) 특성을 익히고, 이 파형특성을 관찰할 수 있는 측정장비인 오실로스코프(oscilloscope)의 사용법에 대해 익힌다.

기초이론

1. 정현파(sinusoidal wave)

정현파는 교류전압 및 전류의 대표적인 형태로서 그림 10-1과 같이 전압은 0[V]에서 출발하여 양(+)의 최댓값까지 증가하고 다시 0[V]로 되돌아온다. 연속하여 음(−)의 최댓값까지 증가 후 다시 0[V]로 돌아온다.

주기(period: T)는 하나의 완전한 사이클(cycle)이 완성되기 위해 필요한 시간이다. 또한 주파수(frequency: f)는 1초 동안 포함되는 사이클 수이다. 가정과 사무실에 사용하는 교류전압은 주파수가 60[Hz]이며 이는 1초(one second) 동안에 60회 왕복(60 cycles)하는 것이다.

주기와 주파수와의 관계는 다음과 같이 서로 역수관계이다.

$$T = \frac{1}{f}[\text{sec}] \tag{10-1}$$

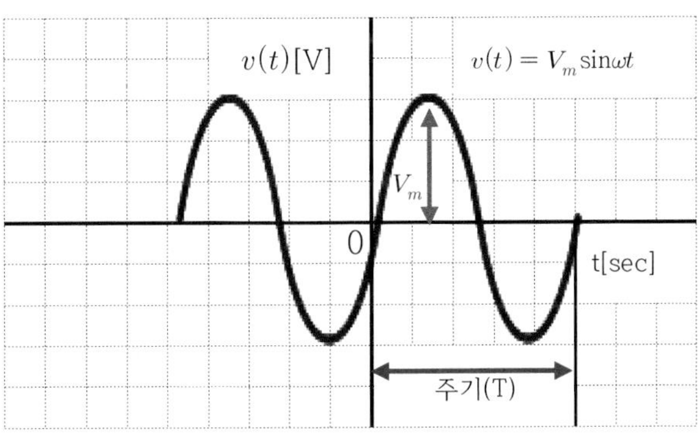

[그림 10-1] 대표적인 교류신호는 정현파(sine wave)

2. 오실로스코프(oscilloscope)

오실로스코프는 가장 폭넓고 다양하게 사용되는 시험측정장비 중의 하나이다. 이것은 시간에 대해 변하는 전압의 실제 모양을 스크린에 표시하므로 파형을 측정할 수 있다. 두 가지 형태의 오실로스코프가 사용되는데 아날로그(analog)형과 디지털(digital)형이 있다. 아날로그와 디지털의 차이점은 화면에 표시되기 전에 입력신호를 처리해서 출력하든지 아니면 바로 출력하는지에 따라 구별된다. 두 형태 모두 전면 제어부에 있는 기본적인 기능은 동일하다. 그러나 디지털은 더 자동적인 조작이 가능하다.

1) 아날로그 오실로스코프

오실로스코프는 시간, 전압 및 휘도의 3요소를 조합하여 파형을 표시한다. 아날로그 오실로스코프는 스크린을 주사하는 전자빔에 측정할 전압이 인가되어 동작한다. 오실로스코프는 음극선이 형광물질이 도포된 화면에 부딪혀 잔상으로 나타나는 현상을 이용하여 전기적인 신호를 시각적으로 볼 수 있도록 한 계측기이며, 음극선관(CRT)를 사용한 오실로스코프 즉 CRO(Cathode Ray Oscilloscope)라고도 불린다.

이 스코프는 그림 10-2와 같이 크게 전자빔 조정시스템, 수직편향 시스템, 수평편향 시스템 및 트리거 시스템으로 구분한다. 측정될 전압의 크기에 비례하여 전자빔이 위 혹은 아래로 편향되어 파형추적이 가능하다.

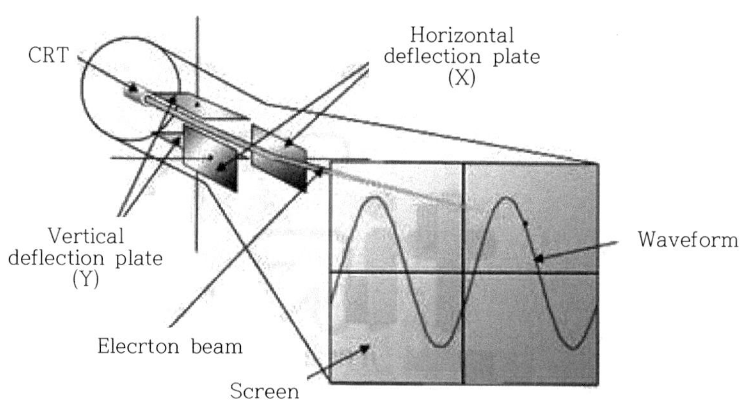

[그림 10-2] 아날로그 오실로스코프 구성도

오실로스코프 화면을 구성하는 3요소의 시간적 관계를 그림 10-3에 나타내었다. 그림의 X축에 인가하는 파형은 톱니파(sawtooth wave)이며 CRO의 수평편향판에 가한다. 그림10-3(b)에서 Y로 표시된 신호파형을 수직편향판에 가한다. 마지막으로 휘도를 조정하는 단자에 Z와 같이 변화하는 전압을 가하면 형광화면에 파형을 그리게 된다. 이 때 위의 3요소가 조합이 일치하여 타이밍이 정확히 맞는 것이 중요하다. 그렇지 못하면 파형이 정지하지 못하고 흐르거나 여러 개의 파형들이 겹쳐 보이게 된다. 이러한 이유로 X신호를 어느 순간에 동작시키느냐가 아주 중요하다. 즉 스위프(sweep)하는 신호를 반복하는 구간을 측정하고자 하는 신호주기에 일치시키는 것을 동기(synchronization)시킨다고 하고, 동기시키는 스위프를 동작시키는 것을 트리거링(triggering)이라 한다.

우선 용어 램프(ramp)를 익히자. ramp란 전압 또는 전류의 선형적인 증가 또는 감소를 나타내는 것이다. 즉, 삼각파와 톱니파는 기울기(slope)를 가진다는 것을 의미한다. 삼각파는 동일한 기울기로 증가하는 램프와 감소하는 램프로 이루어진다. 톱니파는 지속시간이 짧은 램프와 지속시간이 상대적으로 긴 램프로 이루어진 삼각파의 특별한 경우이다. 이 파형은 오실로스코프 화면제어에 활용된다. 화면에 발생시키는 전자빔제어에 톱니파들이 활용되는데, 그 중 하나의 톱니파는 전자빔을 수평방향(X축)으로 가한다. 종종 이 톱니파전압을 sweep 전압이라 부른다.

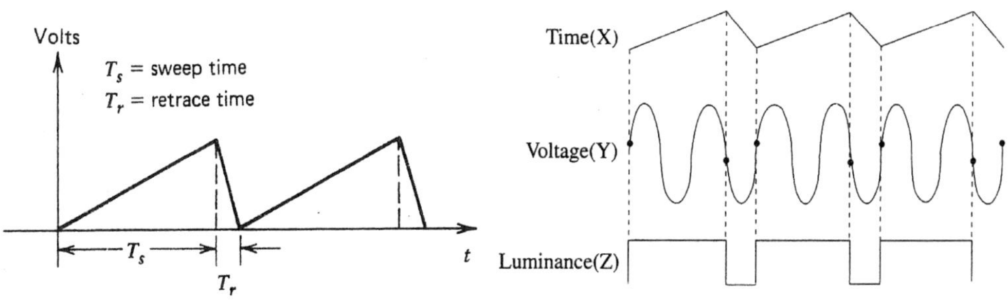

(a) 톱니파의 sweep와 복귀 시간　　(b) 파형을 구성하는 성분

[그림 10-3] 시간, 전압 및 휘도의 시간적 관계

또한, 오실로스코프는 일반 계기로는 측정할 수 없는 높은 주파수나 여러 가지 파형들을 측정할 수 있고, 파형의 일그러짐(distortion)의 정도까지 관측할 수 있으며, 오차가 매우 작기 때문에 가장 널리 이용되는 주요 계측장비중의 하나이다. 따라서 오실로스코프를 잘 이해하고 응용할 수 있다면 각종 실험들을 아주 정확하게 수행할 수 있다.

이 후의 실험에서 모든 전류 및 전압측정은 지금까지 사용한 디지털 멀티미터(DMM)를 사용하기 보다는 이 오실로스코프를 더욱 자주 활용하기 바란다.

〈1〉 단자별 기능

오실로스코프를 잘 활용하기 위해 조정패널에 있는 기본적인 제어기능을 살펴보자.

- INTENSITY: 화면의 휘도를 조절하여 트레이스 밝기 변화
- FOCUS: 파형을 선명하게 조정
- 채널선택: 측정하는 채널 CH1, CH2의 파형을 본다.
- AC-GND-DC 스위치: 입력신호가 교류-접지-직류값을 선택할 때 사용한다.

직류값을 측정할 때는 DC를 선택하고 GND는 중심을 맞추고자 할 때 사용한다. AC는 입력신호가 커패시터를 통과하도록 하여 측정한다. 특히 디지털(digital)신호는 반드시 직류결합을 사용한다.

- 수평위치(X-position) 및 수직위치(Y-position)조절
  : 표시파형을 상하 좌우로 이동시켜 눈금을 읽기 쉽게 한다.

- 수직감도(vertical sensitivity) 및 수평감도(horizontal sensitivity) 조절기
  : VOLTS/DIV- 한 칸당 수직값을 전압으로 표시한다.
  TIME/DIV - 한 칸당 수평값을 시간으로 표시한다.

- TRIG LEVEL: 신호파형의 어느 부분부터 나타낼 것인가를 정하는 스위치로서 신호파가 설정한 수준에 도착하면 트리거 펄스를 발생하여 스위프한다.

- SWEEP MODE: 스위프 발생기의 동작방식을 결정하기 위해 다음과 같은 모드들이 있다.

- AUTO: 트리거 신호의 반복율이 $50Hz$ 이상이면 NORM과 같이 동작하며 그 이하일 때는 발진기를 자동적으로 동작시켜 수평휘선을 표시하든지 또는 비동기 상태표시를 하므로 수십 Hz 대의 저주파를 측정할 때 사용한다.
- NORM: 트리거 신호만 있을 경우에만 스위프한다.
- SINGLE SWEEP: Reset 되어 있는 상태에서 가해진 최초의 트리거 신호로 1회만 스위프하므로 SINGLE TRACE의 측정에 사용된다.

- INT TRIG MODE: 시간상 서로 무관한 두 개의 신호를 동시에 안정하게 나타낼 때 사용하며 서로 관련이 있는 두 개의 신호에 대해 CH1을 기준으로 하여 CH2의 시간관계를 나타내고자 할 경우에는 CH1에, 그 반대의 경우도 마찬가지이다.

■ SOURCE의 선택 스위치 중에서 INT는 측정신호의 일부를 트리거 신호로 스위프시키며 일반적인 관측에 많이 사용한다. LINE은 상용 전원의 교류에서 트리거 신호를 추출하는 모드로서 측정신호가 사용 전원과 동기관계로 있을 경우에 사용한다. EXT는 트리거 신호를 외부 트리거 신호원에서 얻고자 할 때 사용한다.

〈2〉 오실로스코프 조정 및 준비

- 수직축, 수평축, VAR단자를 CAL 위치에 둔다.

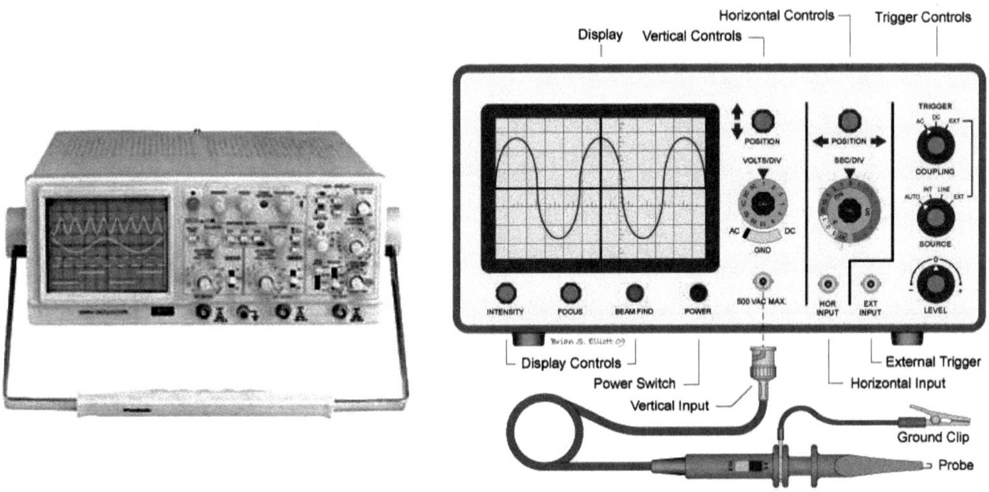

[그림 10-4] 아날로그 오실로스코프 외관 및 주요 구성

- 수직입력결합 스위치를 GND로 하여 0전압을 수직 POSITION 단자로 맞추고 DC 위치에 둔다.
- 트리거방식 선택스위치인 TRIG MODE를 AUTO 위치에 둔다.
- SOURCE 선택스위치를 INT 위치에 둔다.

이 상태에서 오실로스코프의 프로브를 보정(calibration)하기 위해 다음과 같이 수행한다.

- 수직축 선택스위치를 CH1에 둔다.
- INT TRIG 스위치를 CH1에 둔다.
- VOLT/DIV 조절기를 오실로스코프 제작사에 따른 적정한 범위에 둔다.
- TIME/DIV 조절기를 오실로스코프 제작사에 따른 적정한 범위에 둔다.
- CH1의 프로브를 연결하고 CAL $0.5V_{pp}$ 또는 $1V_{pp}$ 전압단자에 연결하면 사각파(펄스파)가 측정된다. 이 값과 파형이 일치해야 한다.
- 동기가 되지 않으면 LEVEL 단자를 조절하여 동기화한다.

〈3〉 전압 및 주기(T) 측정

오실로스코프는 2채널 혹은 4채널을 가진다. 각 채널단자마다 각각 VOLT/DIV로 표시된 수직감도 다이얼이 있다. 이것은 화면의 수직축(y축)에 그려진 한 칸에 해당하는 값이다. 또한 수평축(x축)은 시간으로 TIME/DIV로 표시되어 있으며 이것 또한 수평으로 한 칸에 해당하는 값이다. 수평축 눈금으로 파형의 주기를 측정할 수 있고 이로부터 주파수를 계산할 수 있다.

▶ 전압(voltage)값 측정

우선 간단히 전압값을 읽어보자. 채널1, 채널2에 연결된 신호전압이 화면에 표시되도록 입력신호를 탐침(probe)에 연결한다. 프로브에는 ×1, ×10 이 표시되어 있으며 ×10으로 선택하면 측정전압은 10배 축소되어 화면에 표시되므로 최종적으로 읽을 때, 10배해서 읽으면 된다. 이는 주로 고주파 전압측정시 정확도를 증가시키기 위해 사용한다. 가장 일반적으로 사용하는 프로브는 ×10이며 입력신호를 10배 감소시켜 회로의 부하효과를 감소시킨다.

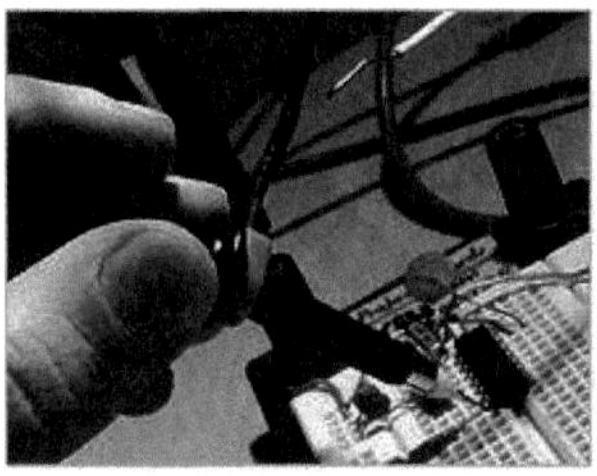

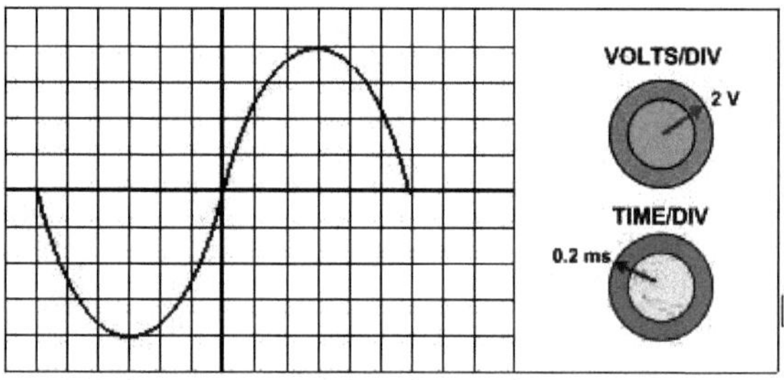

[그림 10-5] 전압값 및 주기 측정

[DC값 측정]

- 0[V]의 기준을 설정하기 위해 DC-GND-AC 스위치를 GND에 둔다.
- 직류를 측정하기 위해 DC위치로 전환하고 측정한다.
- 화면상의 수직 편향값과 수직감도(VOLTS/DIV) 단자를 이용하여 값을 읽는다.

[AC값 측정]

- 0[V]를 설정하기 위해 DC-GND-AC 스위치를 GND에 둔다.
- 교류를 측정하기 위해 AC위치로 전환하고 파형의 피크 대 피크값을 측정한다.
- 화면상의 수직 편향값과 수직감도(VOLTS/DIV) 단자를 이용하여 값을 읽는다.

• 전압[volt] = 수직편향값[DIV] × 수직감도[VOLTS/DIV]

▶ 주기(period) 측정

- AC값을 측정한 파형으로부터 1주기가 되는 수평 편향값을 구한다.
- 수평감도 단자의 값을 읽는다.

• 주기[sec] = (한 사이클의) 수평편향값[DIV] × 수평감도[TIME/DIV]

위의 파형으로부터 다음과 같이 측정값을 구할 수 있다.

■ 전 압: 1칸이 2V이고 4칸이므로 $V_p = V_m = 8V$, $V_{pp} = 16V$
■ 주 기: 1칸이 0.2msec 이고 12칸이므로 $T = 2.4msec$, $f = 416Hz$

2> 디지털 저장 오실로스코프(digital storage oscilloscope: DSO)

수직과 수평제어 영역은 **위치제어**, **메뉴버튼** 및 **눈금제어**로 구성되어 있다. 입력신호가 처리되는 방법으로 아날로그와 디지털을 구분한다. 디지털 스코프에는 자동측정, 파형 저장 등의 기능이 있다.

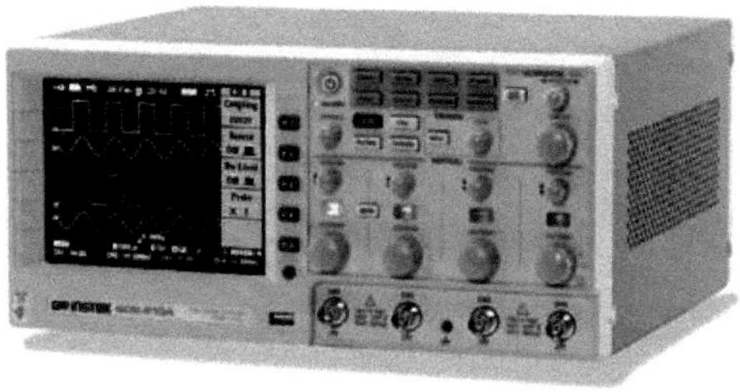

[그림 10-6] **디지털 저장 오실로스코프(DSO)**

수직제어 영역에서는 채널선택버튼으로 한 채널을 선택하여 제어한다. 위치제어는 파형을 위 또는 아래로 이동시킨다. 메뉴버튼으로 결합(직류, 교류 또는 접지)과 파형반전 등의 몇 가지 항목을 선택할 수 있다. 눈금제어는 수직측의 각 칸으로 표시되는 전압수치를 조절한다. 디지털 오실로스코프에서 전압/칸(VOLTS/DIV) 설정은 다이얼의 값을 읽는 것이 아니라 화면에 표시된다. 또한 ×1, ×10인지를 자동으로 검출하는 부분이 있어서 스코프가 자동으로 환산하여 읽는다.

수평제어 영역에서는 두 채널을 제어한다. 위치제어는 화면상에서 파형을 수평으로 이동시킨다. 메뉴버튼으로 처음 또는 지연된 스위프(sweep) 등을 선택할 수 있다. 눈금제어는 수평축의 각 칸으로 표시되는 시간을 조절한다. 여기에서 시간/칸(TIME/DIV) 설정은 다이얼의 값을 읽는 것이 아니라 화면에 표시된다.

동기영역에서 수준(level)제어는 동기가 일어나는 점을 결정한다. 메뉴버튼으로 Normal 모드, 자동모드, 비디오모드, 동기신호원, 동기기울기 등을 선택할 수 있다.

3〉 오실로스코프 프로브(oscilloscope probe)

그림 10-7(a)에서 프로브의 끝은 전압을 측정하는 뾰족한 부분(voltage tip)과 접지부분(ground tip)으로 이루어져 있으며 뾰족한 부분을 측정하고자 하는 지점에 꽂으면 그 지점의 전압파형을 관찰할 수 있다.

프로브는 그림 10-7(b)와 같이 동축케이블(coaxial cable)로 구성되어 있다. 이것은 중앙도체와 외부도체가 같은 축을 따라 길이 방향으로 연결되는 실린더 구조이다. 외부 실드(shield)선은 가는 철망구조를 갖는 조직으로서 대체로 접지로 사용되어 전기적 차폐를 수행한다. 중앙도체와 차폐도체 사이 공간은 두 도체들을 분리하는 것으로서 절연체로 채워진다. 전체 케이블은 전기적 및 기계적인 보호를 위해 또 다른 절연체로 둘러싸인다.

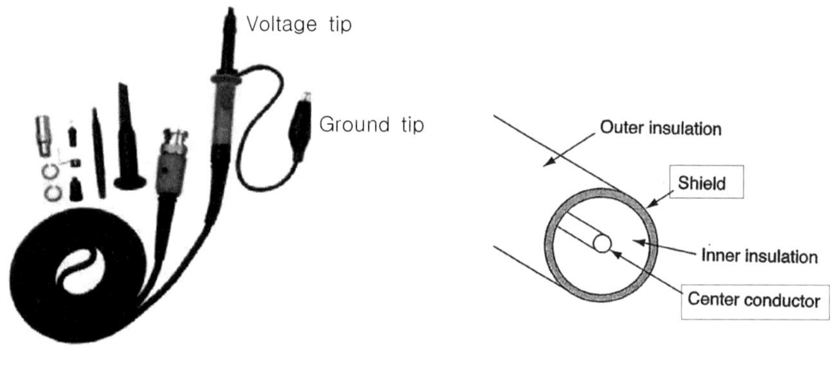

(a) Probe (b) 동축 케이블(coaxial cable) 구조

[그림 10-7] 오실로스코프 프로브 외관 및 단면구조

3. 교류파형에서 피크치($V_p = V_m$), 실효치(V_{rms}) 및 평균치의 관계

정현파에서 전압과 전류의 진폭을 표현하는 몇 가지 방법이 있다. 피크치(최대치), 피크대 피크치(첨두치), 실효치 및 평균치가 있다. 이들의 관계를 살펴보자.

1〉 각주파수: ω

우리는 주기가 주파수의 역수라는 사실은 알고 있다. 이것을 다음과 같이 변형하면 각주파수(각속도)의 의미를 알 수 있다. 다음 관계를 익혀 두자.

$$v(t) = V_m \sin\theta = V_m \sin\omega t = V_m \sin 2\pi f t$$

$$\omega = \frac{d\theta}{dt} = \frac{2\pi}{T} = 2\pi f \qquad (10-2)$$

2〉 피크치와 실효치

실효치는 rms값이라고도 한다. rms란 root-mean-square의 약자이다. 대부분의 교류 전압계는 실효치을 표시한다. 가정의 220V는 실효치이다. 이것의 정확한 의미는 다음과 같다.

> 교류전압의 rms값은 어떤 저항에 **직류전압으로 발생시키는 열에너지와 동일한 값의 열에너지를 발생시키는 교류전압이 있을 때, 그 때 교류(ac)전압을 실효치**라 한다.

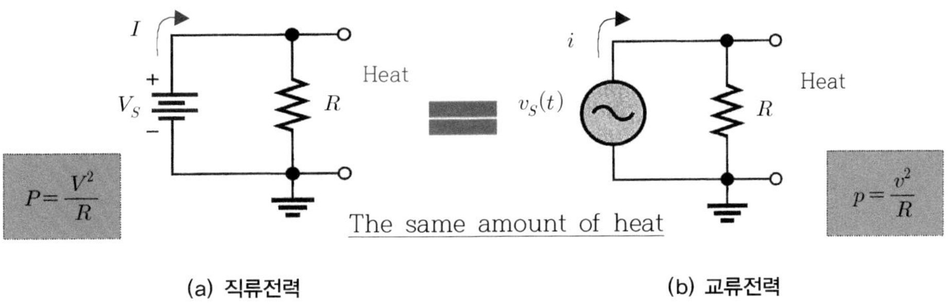

[그림 10-8] 실효치의 의미

우리는 멀티미터(DMM)를 교류모드(AC mode)에 두고 측정하면 이것이 실효치가 된다. 수학적인 계산으로 구하면 $v(t) = V_m \sin\theta = V_m \sin\omega t$ 의 정현파에서 실효치의 정의의 의해 한 주기의 직류 및 교류에 대한 열에너지 $W[J]$는 다음과 같다.

$p = vi = i^2R = v^2/R$ 에서 적용하면

$$W = pt = \int_0^T \left(\frac{v^2}{R}\right)dt \text{ 이므로 직류와 교류에 대해} \int_0^T \frac{V^2}{R}dt = \int_0^T \frac{v^2}{R}dt \text{ 이다.}$$

$$\frac{V^2}{R}T = \int_0^T \frac{v^2}{R}dt \text{ 에서 } V = V_{rms} \text{로 하면 실효치는 다음과 같다.}$$

$$\text{실효치: } V_{rms} = \sqrt{\frac{1}{T}\int_0^T v(t)^2 dt} = \frac{V_m}{\sqrt{2}} = 0.707\,V_m \qquad (10-3)$$

최대치(피크치)의 70.7%에 해당한다. 즉, 최대치가 $V_m = 14.14[V]$인 정현파는 직류 $V_{dc} = 10[V]$와 동일한 열을 발생한다.

3) 피크치($V_p = V_m$)와 평균치($V_{avg} = V_{dc}$)

하나의 완전한 사이클에 대한 정현파의 평균치(average value)는 0이다. DMM을 이용하여 직류모드로 놓고 해당전압을 측정하면 된다. 그래서 보통 반주기(T/2)에 대한 평균치를 의미한다. 수학적으로 구하면 다음과 같다.

- 1주기: $V_{avg} = \frac{1}{T}\int_0^T v(t)dt = 0$
- 1/2주기:

직류값: $V_{avg} = \frac{1}{T/2}\int_0^{T/2} v(t)dt = \frac{2}{T}\int_0^{T/2}(V_m \sin\omega t)dt$

$$= \frac{2}{T} \cdot \frac{V_m}{\omega}[-\cos\omega t]_0^{T/2}$$

$$= \frac{V_m}{\pi}[-\cos\pi - (-\cos 0^\circ)] = 2\frac{V_m}{\pi} = 0.637V_m \quad (10-4)$$

최대치(피크치)의 63.7%에 해당한다. 평균전압은 실효치과 같지 않다. 그 이유는 동일한 열을 발생시키지 않기 때문이다.

4) 피크치(V_p), 실효치(V_{rms}) 및 평균치(V_{avg})의 그래픽 비교

위의 피크치, 실효치 및 평균치라는 세 가지 값들을 반주기($T/2$)에 대해 그림으로 나타내면 다음과 같다. 위의 자료를 요약하면 상대적으로 비교하여 나타낼 수 있다.

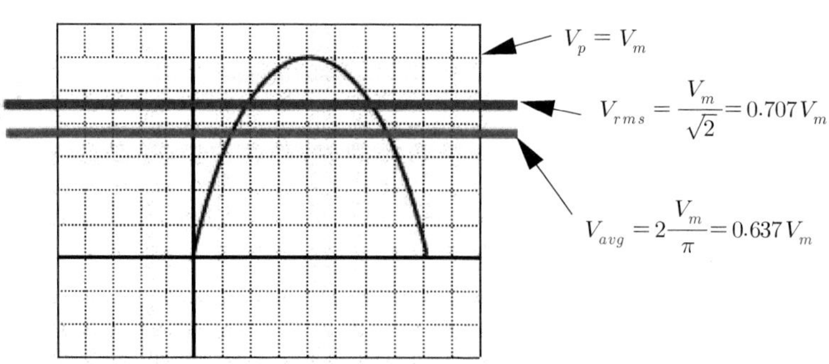

[그림 10-8] 최대치(피크치), 실효치 및 평균치의 비교

4. 교류회로에서 오실로스코프의 활용

오실로스코프는 그림과 같이 접지(ground) 단자를 가지고 있으므로 지금까지 사용해온 디지털멀티미터(DMM)를 활용할 때보다 더 주의를 기울일 필요가 있다. 우리는 실험 2장에서 전압측정은 회로가 완전히 연결된 상태에서 측정하려는 단자나 소자에 멀티미터를 병렬로 접속한다고 학습했다.

그림 10-9는 디지털멀티미터와 오실로스코프를 사용하여 저항R_1 양단전압을 측정하는 것이다. DMM를 사용하여 (a)에서와 같이 측정해도 되지만 더욱 바람직한 방법은 접지로부터 지점 A와의 전압(V_A) 및 접지와 지점 B와의 전압(V_B)을 각각 측정한 후, 그 전압들의 차를 구하여 저항R_1 양단전압을 구한다.

$$V_{AB} = V_A - V_B$$

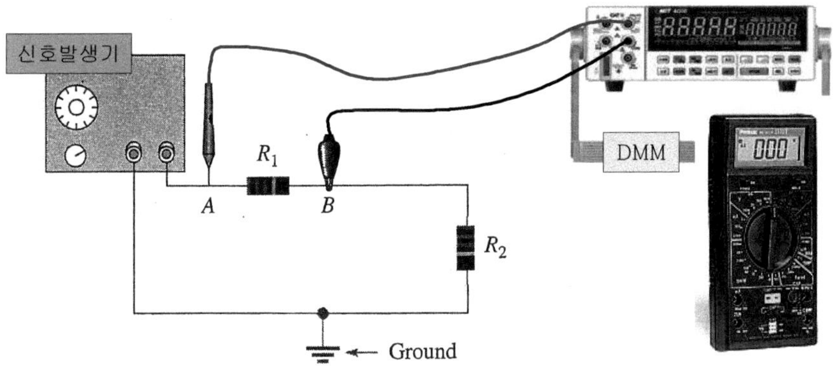

(a) DMM 사용(문제없음)

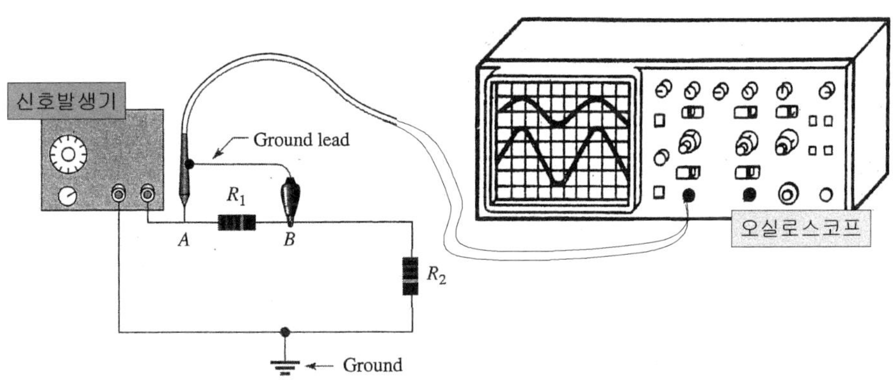

(b) 오실로스코프 사용(전력선 접지와 분리되지 않으면 문제발생)

[그림 10-9] 오실로스코프 접지문제로 전압측정시 오류가 발생한다.

그러나 오실로스코프가 전력선의 접지와 분리되어 있지 않는 경우에 (b)와 같은 방식으로 측정하면 오류가 발생한다. 그 이유는 오실로스코프의 접지선(ground lead)이 신호발생기(signal generator)의 접지(ground)와 동일하므로 저항 R_2의 기능이 상실된 효과를 나타낸다. 따라서 올바른 측정을 위해 여러 가지 방법이 있지만 오실로스코프의 접지와 함수발생기의 접지가 공통으로 되도록 구성해야 한다.

또한 위의 저항회로에서 함수발생기의 전원 파형과 어떤 저항양단의 파형은 위상변화가 없이 증가할 때 증가하고 감소할 때 감소하여 위상차가 없다고 한다. 이를 우리는 **위상 같음**(in phase)라 한다. 만약 뒤에 학습할 RC회로와 RL회로에서는 위상이 같지 않다. 우리는 이를 **위상 어긋남**(out of phase)라 한다. 이로 인해 역률(power factor)이라는 용어가 만들어지고 유효전력 및 무효전력으로 구분한다.

[실험장비 및 부품]

사용장비	품 목	규 격	소요량
Oscilloscope Function generator Multimeter Breadboard Wattmeter(if necessary)	Resistor	$1k\Omega$ $2k\Omega$ $3k\Omega$	각 1개

[예비보고서]

1. 다음 그래프에 대해 물음에 답하시오. 표시된 숫자는 해당 지점의 값이다.

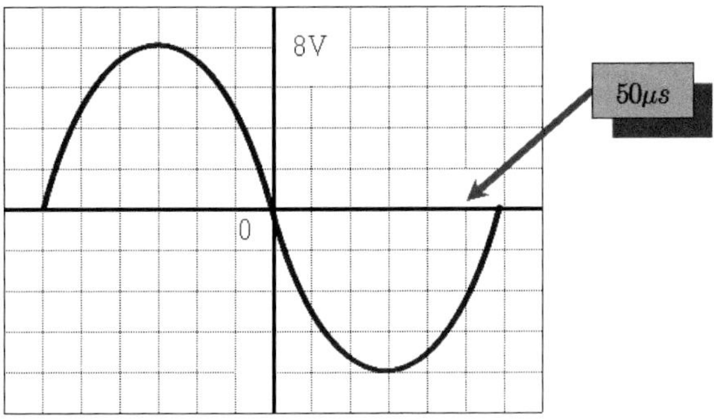

1〉 위 그래프를 참조하여 다음 표를 완성하시오.

피크치(V_p)	주기(T)	주파수(f)	실효치(V_{rms})	평균치(V_{avg})	
				$1T$에 대해	$T/2$에 대해

2〉 위 그래프를 다음과 같이 위상각을 고려하여 두 가지 수식들로 표현하시오.

〈1〉 $v(t) = V_m \sin(\omega t + \phi_1)$

〈2〉 $v(t) = V_m \cos(\omega t + \phi_2)$

2. 다음 파형으로부터 주파수(f)와 주기(T)를 구하시오.

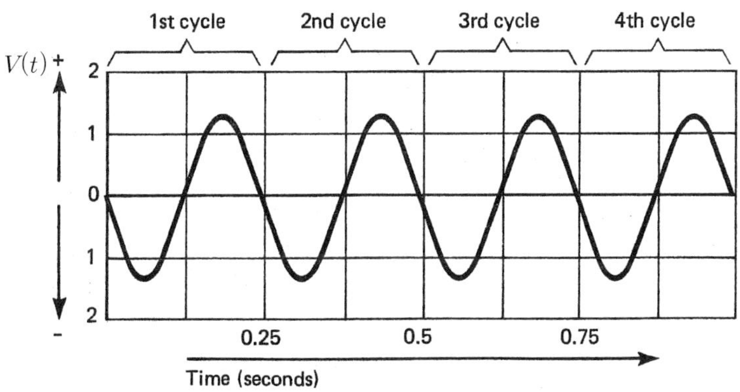

3. 오실로스코프의 각종 버튼 및 스위치 조작에 대해 물음에 답하시오.

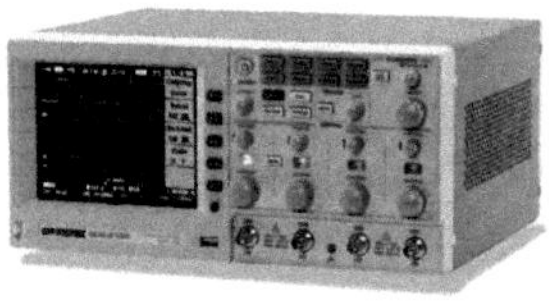

A bench DSO

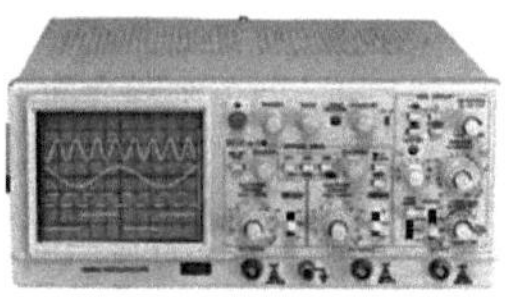

An analog oscilloscope

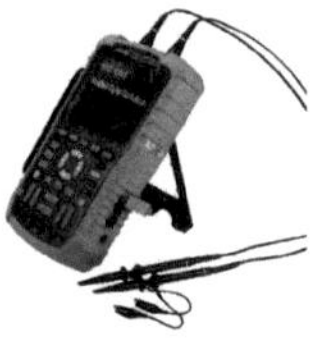

A handheld DSO

1〉 CH1과 CH2 프로브들을 오실로스코프의 보정(calibration)단자에 각각 연결하여 두 프로브들이 모두 정상적으로 작동하는 지를 점검하는 방법은?

2〉 오실로스코프 화면상에서 x축과 y축은 각각 무엇을 나타내는가?
x축을 조절하는 단자와 y축을 조절하는 단자를 각각 익히시오.

3〉 위 상태에서 각 채널의 전압조절단자와 시간조절단자를 좌우로 돌리면 어떤 현상이 일어나는가? 전압 및 주기의 변화가 있는가 아니면 없는가?

4〉 프로브(probe)에 부착되어 슬라이드 스위치방식으로 된 $\times 10$, $\times 1$로 표기된 것을 무엇을 의미하는가? 실제로 조작하여 그 기능을 익히시오.

5〉 CH1 또는 CH2에 대해 오실로스코프 화면상에 첨두치(peak to peak voltage)와 실효치(effective voltage)를 측정하는 방법은?

6〉 실험에서 파형값을 측정할 때, 교류값(AC), 직류(DC) 및 접지(ground)는 각각 어떻게 조정하여 측정하는가? 또한 중심에 맞추려면 어떻게 조절해야 하는가?

7〉 스위프(sweep) 전압과 트리거링(triggering)이란 무엇인가?

8〉 화면상의 신호파형이 멈추지 않고 움직이거나 흔들리면 어느 부분을 조정해야 하는가?

[결과보고서]

실험제목					
실험일자	년 월 일(요일)			담당교수	㊞
성 명		학 번		평 가	

1. $v(t)=8\sin(1000\pi t)$ **인 파형이 있다. 아래 물음에 따라 표를 완성하시오.**

1〉 피크치(V_m: peak voltage, 최대치)는 얼마인가?

2〉 피크 대 피크치(V_{pp}: peak to peak voltage, 첨두치)는 얼마인가?

3〉 실효치(V_{rms}: effective voltage)는 얼마인가?

4〉 주파수(f: frequency)는 얼마인가?

5〉 주기(T: period)는 얼마인가?

6〉 위상각(ϕ: phase angle)을 구하시오.

	V_m[V]	V_{pp}[V]	V_{rms}[V]	f[Hz]	T[msec]	ϕ[°]
이론치						

7〉 위의 전압파형을 아래 화면에 그리시오.

수직감도와 수평감도를 정하고 이로부터 전압과 주기(T)를 표시하시오.

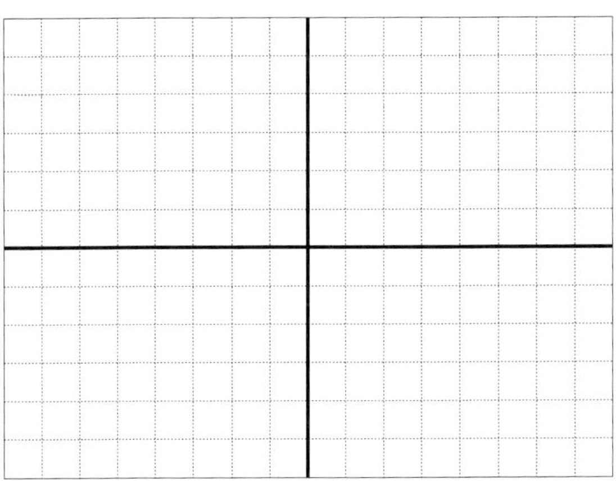

■ 수직감도[VOLT/DIV]
:
– 전압값(V_p):

■ 수평감도[TIME/DIV]
:
– 주기(T):

2. 문제 1의 파형을 오실로스코프 화면에 나타내고자 한다. 다음 그림과 같이 함수발생기(FG: function generator)를 이용하여 파형신호를 만드시오.

1〉 오실로스코프의 두 채널 CH1, CH2의 프로브들이 정상적으로 동작하는지를 그림과 같이 보정단자에 각각 연결하여 조사하고 문제가 없으면 다음 단계로 간다.

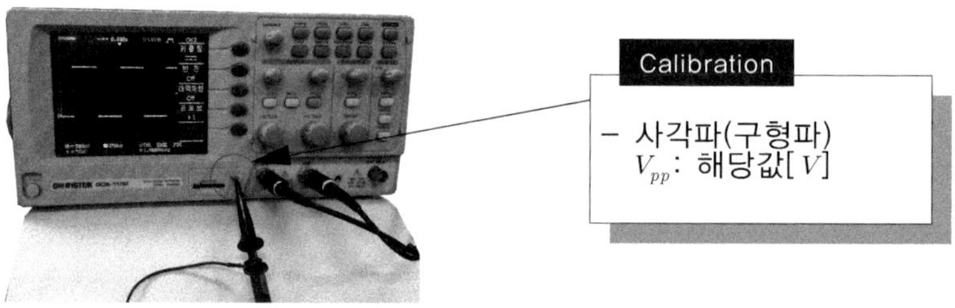

2〉 함수발생기(FG)의 출력신호를 동축 케이블 단자로 연결하시오. 오실로스코프의 프로브(probe)와 함수발생기의 단자들을 서로 연결한다.

3〉 함수발생기의 아래의 버튼들을 조절하여 원하는 파형을 만든다.

- 진폭(amplitude: AMPL) /• 주파수(frequency: FREQ) / • 범위(range: RANGE)

4〉 오실로스코프의 버튼 [autoset] 및 버튼 [measure] 를 사용하여 주어진 정현파를 화면에 표시한다. 이 후 원하는 메뉴(측정값)를 순서대로 맞추면 된다.

5〉 오실로스코프의 화면 오른쪽에 다음 순서에 따라 각 값을 나타내시오.

[표 10-1]

	이론치	측정치		오차(%)
		Oscilloscope	DMM	
V_{pp}				
V_m				
V_{rms}				
V_{avg}				

※ V_{avg}는 1주기에 대한 값이다. 측정에서 DSO와 Probe의 배율설정에 유념한다.

3. 다음 회로와 같이 교류 정현파 신호(v_S)가 인가될 때, 물음에 답하시오.

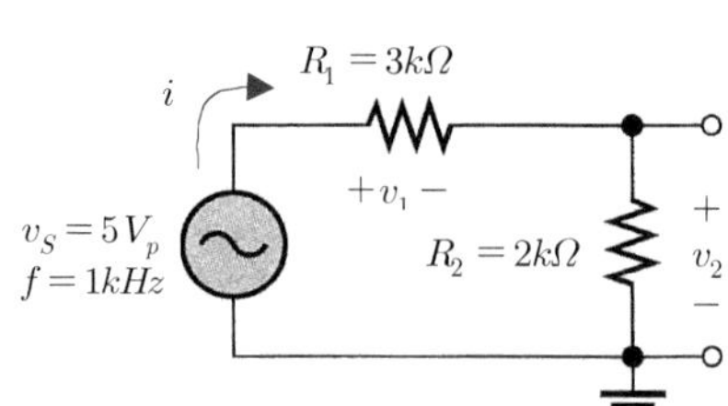

1〉 각 소자 양단전압의 첨두치(v_m: peak value)를 구하시오

- $v_1 = v_S \times \frac{R_1}{R_1 + R_2} =$
- $v_2 = v_S \times \frac{R_2}{R_1 + R_2} =$

2〉 두 파형들의 상호비교를 위해 동시에 파형을 관찰할 필요가 있다.

두 채널 $CH1$과 $CH2$를 사용하여 각 전압파형을 측정하시오.

〈1〉 v_S 및 v_2

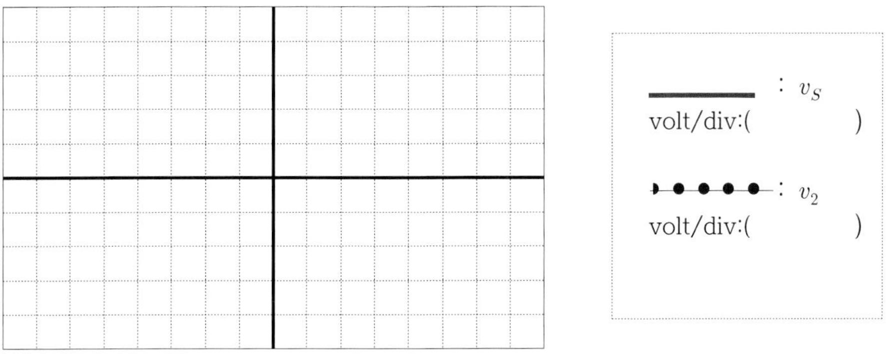

〈2〉 v_S 및 v_1

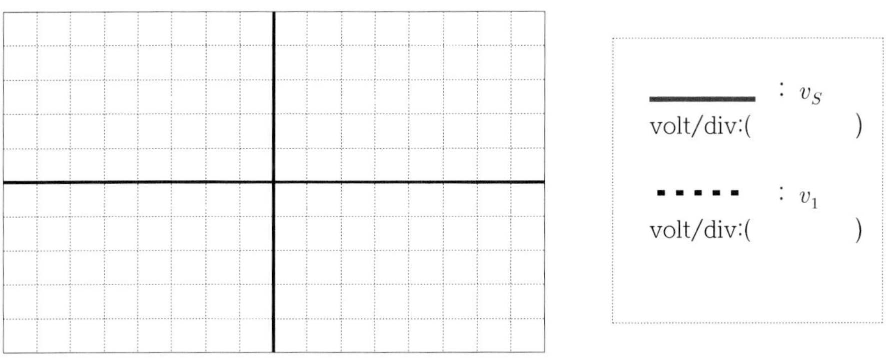

〈3〉 오실로스코프 상의 전원전압 $v_S(t)$와 저항양단 전압 $v_2(t)$의 파형은 서로 위상이 같은가(in phase) 아니면 다른가(out of phase)?

〈4〉 위의 측정에서 Kirchhoff의 전압법칙 $v_S = v_1 + v_2$이 성립하는가? 만약 위의 측정에서 KVL이 성립하지 않는다면 오실로스코프의 사용에 있어서 각 전압측정에 무슨 잘못이 있는지를 검토하고 올바르게 측정하는 방법을 나타내시오.

KVL 성립여부		
측정대상	$v_S(t)$ and $v_1(t)$	$v_S(t)$ and $v_2(t)$
잘못된 점		
올바른 측정법		

3〉 위의 측정으로부터 저항 R_2에 걸리는 전압과 소비전력을 구하고자 한다. 만약 좀 더 정확한 그래프를 그리려면 다음 표에 추가하여 계산하기 바란다. 전력측정 및 계산은 전력계를 활용하거나 다음 식을 이용하여 구하며 통상적으로 실효치로 나타낸다.

$v_2(t) = 2\sin\omega t,\qquad p_2 = v_2 i_2 = (v_2)^2/R_2$

〈1〉 전압파형의 양(+)의 반주기($T/2$)에 대한 전압 및 전력

$v_2(t)$										
$p_2(t)$										
$v_2(t)$										
$p_2(t)$										
$v_2(t)$										
$p_2(t)$										

〈2〉 전압파형의 음(−)의 반주기($T/2$)에 대한 전압 및 전력

$v_2(t)$										
$p_2(t)$										
$v_2(t)$										
$p_2(t)$										
$v_2(t)$										
$p_2(t)$										

4〉 위 자료의 최대치와 최소치를 고려하여 한 주기($1T$)에 대해 파형을 그리시오. 편의를

위해 전압파형 $v_2(t)$는 아래와 같이 제시한다.

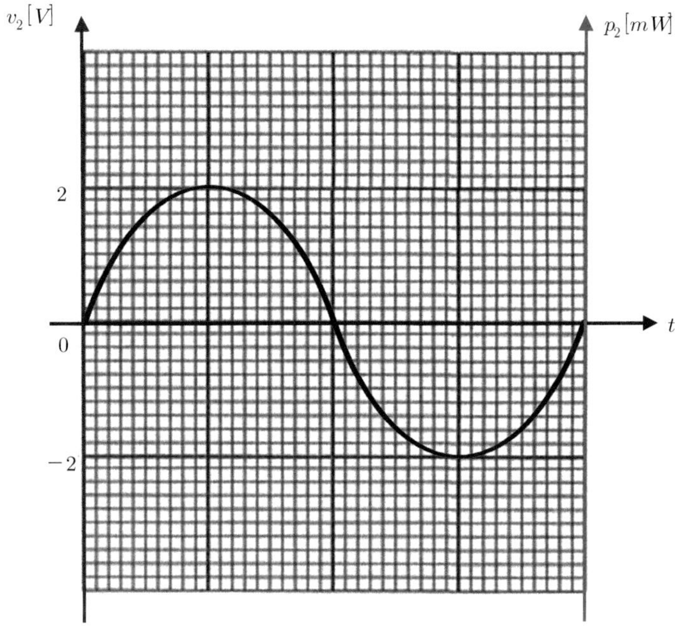

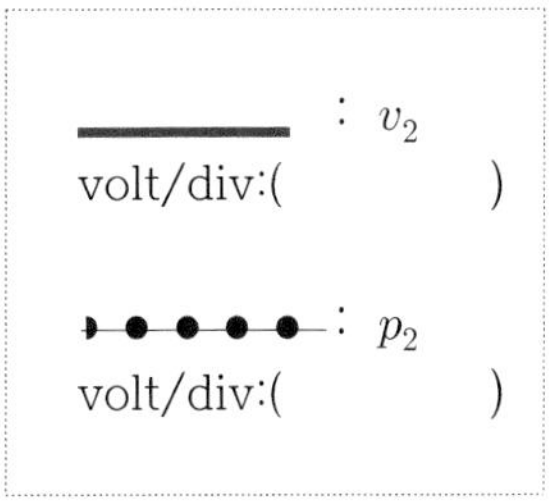

〈1〉 위 그래프로부터 각 파형의 주기(T) 및 평균값을 구하시오.

	주기		평균값	
	이론치	측정치	이론치	측정치
v_2				
p_2				

〈2〉 전력주파수(f_{power})와 전압주파수($f_{voltage}$)의 관계를 수학적으로 규명하시오.

[토의 및 심화학습]

1. 각주파수(ω)란 무엇인가? 주파수(f)와 관계는?

2. 실효치(V_{rms})의 정의는 무엇인가?
교류 정현파에서 피크치(V_m:최대치)와 실효치(V_{rms})의 관계는?

3. 디지털멀티미터(DMM)를 이용하여 실효치와 평균치는 어떻게 측정하는가?

1〉 실효치:

2〉 평균치:

4. 다음 반주기 ($T/2$) 파형에서 최대치, 실효치 및 평균치를 표시하고 구하시오.

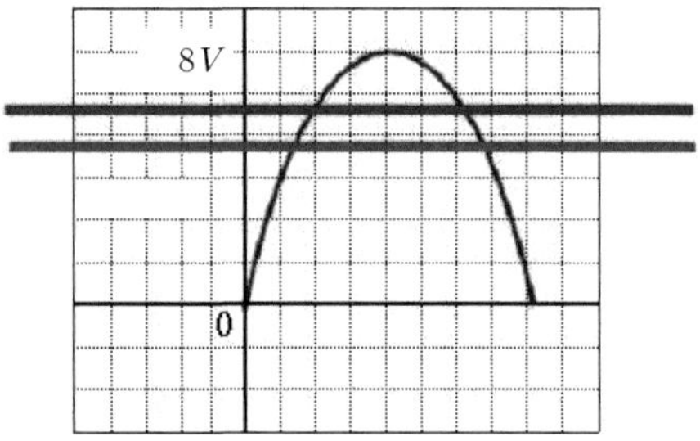

1〉 피크치(V_m)=

2〉 실효치(V_{rms})=

3〉 평균치(V_{avg})=

4〉 우리 가정에 사용하는 교류전압은 220V이다. 이 값을 무엇이라 부르나?

5〉 어떤 파형의 특성을 나타내는 두 가지 용어가 있다. 파형의 날카로움 정도를 나타내는 파고율과 평평한 정도를 나타내는 파형율이 있다. 해당 값을 구하시오.

〈1〉 파고율(peak factor)

〈2〉 파형율(form factor)

5. Oscilloscope를 사용하고자 할 때, 항상 정상적인 동작여부를 점검해야 한다.
그 보정(calibration)과정 및 방법을 설명하시오.

1〉

2〉

3〉

6. 다음 함수발생기, 오실로스코프 및 저항들로 구성된 교류신호 측정회로에 대해 파형을 정확히 분석하여 답하시오.

1〉 그림에 표시된 함수발생기에서 출력되는 파형의 최대치와 주기를 구하시오.

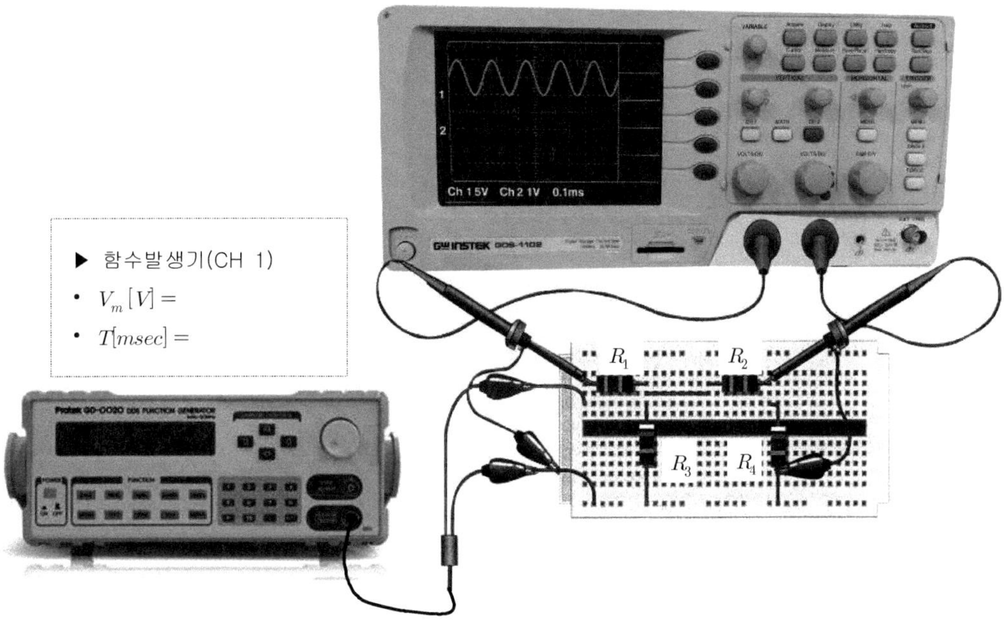

2〉 각 저항값을 구하시오. 단, 허용오차(tolerance)는 무시하시오.

Resistors	1st band	2nd band	3rd band	Tolerance	R
R_1	Yellow	Black	Brown	Gold	
R_2	Red	Black	Brown	Gold	
R_3	Red	Violet	Red	Gold	
R_4	Brown	Red	Red	Gold	

3〉 함수발생기에서 출력되는 전원전압의 실효전압 및 동작주파수는?

〈1〉 실효전압(V_{rms}):

〈2〉 동작주파수(f):

4〉 회로도를 그리시오. 저항 R_4의 양단전압의 최대치(V_m) 및 실효치(V_{rms})를 구하고 파형을 그리시오.(뒷면 이용)

답: $V_m = 3[V]$, $V_{rms} = 2.11[V]$

〈1〉 저항 R_4 양단전압의 최대치(V_m) 및 실효치(V_{rms})를 구하시오.

〈2〉 출력파형에 대해 두 주기($2T$)의 파형을 그리고 주기를 구하여 표기하시오.
단, 해당 파형들의 중심을 수평축에 맞추어 그리시오.

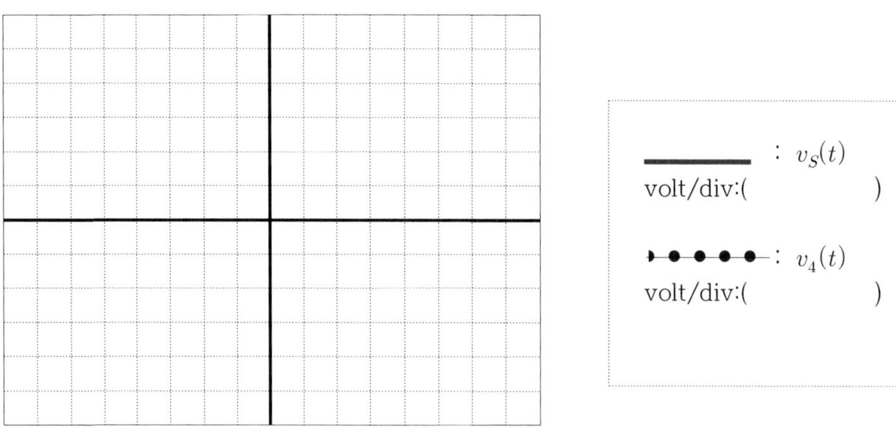

7. 다음 회로에서 오실로스코프를 이용하여 어떤 파형을 동시에 측정하고자 한다.

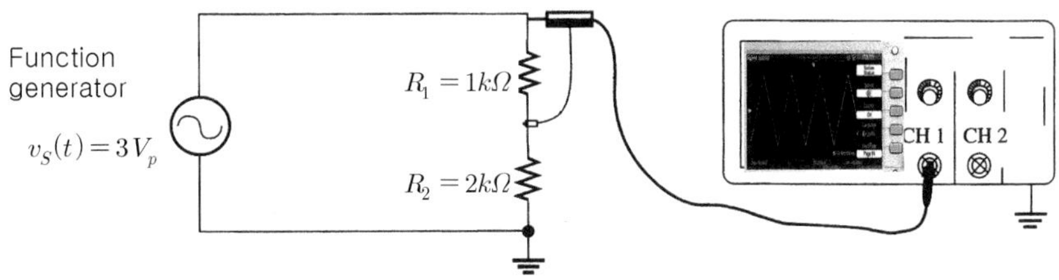

1〉 위 회로에서 저항 R_1의 양단전압의 측정에 문제점이 있다면 올바르게 다시 그리시오.

2〉 다음은 두 프로브를 이용하여 전압을 동시에 측정하는 방법을 설명한 것이다.

〈1〉 전원파형 $v_S(t)$은 $CH1$에 저항 R_1의 양단전압은 $CH2$를 사용하여 측정을 동시에 수행하고자 한다. 연결상태를 그림으로 나타내시오.

〈2〉 위의 회로에서 두 프로브들을 이용하여 전원파형, 저항 R_2의 양단전압 및 저항 R_1 양단의 전압파형인 세 전압들을 동시에 측정하는 방법에 대해 설명하시오.

8. 어떤 회로에서 한 소자에 걸리는 전압 v와 흐르는 전류 i가 각각 다음과 같다.

$$v(t) = 100\sin t + 40\sin 2t + 30\sin(3t + 60°)[V]$$
$$i(t) = 10\sin(t - 60°) + 2\sin(3t + 135°)[A]$$

1〉 위의 전압파형 $v(t)$에서 고조파(harmonic)란 무엇인가? 기본주파수와 고조파를 분리하여 나타내시오.

〈1〉 기본 주파수:

〈2〉 고조파의 주파수

2〉 실효전압 V_{rms}

답: $79.05[V]$

3〉 실효전류 I_{rms}

답: $7.21[A]$

4〉 회로에 공급되는 평균전력 P_{avg}

답: $257.76[W]$

5〉 전압, 전류 및 전력파형의 주기 T를 각각 구하시오.

답: 6π

실험 11장

RC 직렬회로

1. 커패시터(capacitor)
2. 전압과 전류의 위상관계
3. RC 직렬회로
4. 전력 삼각형(power triangle)
5. 위상차 및 역률

CHAPTER 11

RC 직렬회로

실험목적

RC 직렬회로에서 주파수 변화에 따른 리액턴스(reactance)의 변화를 이해하고 교류신호에 대한 전류와 전압의 위상관계를 익힌다.

기초이론

1. 커패시터(Capacitor)

커패시터는 전하를 저장할 수 있는 일시적인 배터리(battery)로서 우리의 일상생활에서 전압충전과 방전에 관련이 있다.

1〉 정의

C는 전하(charge)를 저장할 수 있는 커패시터의 능력의 크기로서 다음과 같이 단위 전압당 저장하는 전하량으로 정의한다.

$$C = \frac{Q}{V} = \frac{\Delta Q}{\Delta V} \tag{11-1}$$

이 C의 단위는 $[F]$로 표기하며 영국의 전기공학자 *Michael Faraday*의 업적을 기려 '패럿(farad)'이라 부른다.

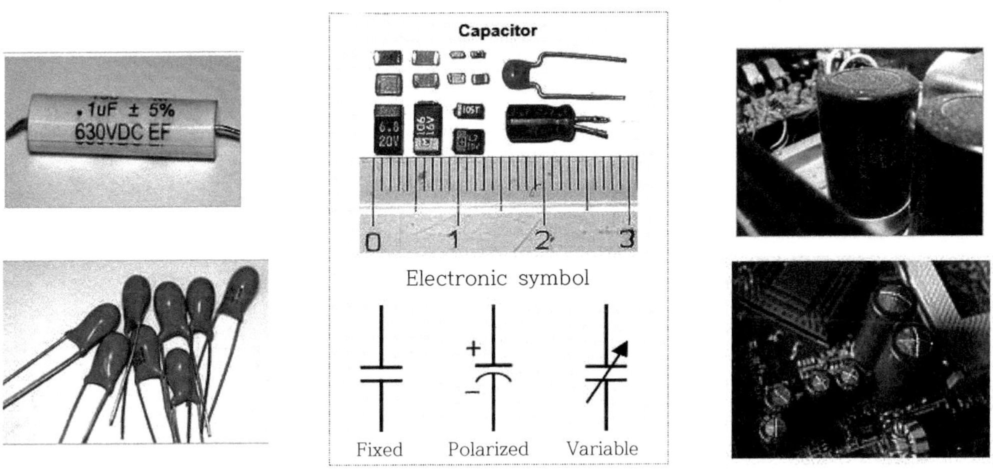

[그림 11-1] 커패시터 기호 및 형태

커패시터는 보통 양쪽 어느 방향에 대해서도 동작하는 일반 고정 커패시터와 극성(+, -)을 가지는 전해(electrolytic) 커패시터가 있다. 실험에서 전해 커패시터를 사용할 때는 반드시 극성에 유의해야 한다. 또한 커패시턴스 값을 변화시킬 수 있는 가변(variable) 커패시터도 있다. 형태로는 Mica, Ceramic 혹은 Tubular의 형으로 되어있으며 조금 변형하여 표기하기도 한다.

2) 커패시터 값 표시

커패시터들은 색상으로 표기된 값 또는 숫자로 표기된 값을 가진다. 색상으로 표기된 것은 기본적으로 저항의 컬러와 유사하며 특별한 표시가 없으면 최종 값은 pF(picofarad= $10^{-12}F$)이 된다. 특히 오차표시방법에 유념한다.

[표 11-1] 대표적인 커패시터 Color code 및 Reading

Color	Digit	Multiplier	Tolerance
Black	0	10^0	±20%
Brown	1	10^1	±1%
Red	2	10^2	±2%
Orange	3	10^3	±3%
Yellow	4	10^4	-
Green	5	10^5	±0.5%
Blue	6	10^6	-
Violet	7	10^7	-
Gray	8		-
White	9		-
Gold	-	10^{-1}	±5%
Silver	-	10^{-2}	±10%

Character	Tolerance
C	$\pm 0.25pF$
D	$\pm 0.5pF$
E	$\pm 1pF$
G	$\pm 2pF$
F	±1%
J	±5%
K	±10%
M	±20%

[Reading]
103K
: 10×10^3 [pF] ±10%
= $0.01[\mu F] \pm 10\%$

2. 전압과 전류의 위상관계

정의에 의해 전류(i)는 전하의 시간적 비율이므로 순간전류 i는 시간 t에 대한 전하 Q의 변화율이다. 식 (11-1)을 변환하면 다음과 같다.

$$i = \frac{dQ}{dt} = C\frac{dv}{dt} \tag{11-2}$$

이 식이 의미하는 것은 커패시터를 흐르는 전류는 커패시터 양단에 걸리는 전압의 시간 변화율에 커패시턴스를 곱한 것과 같다. 따라서 커패시터 양단에 걸리는 전압이 빠르게 변할수록 전류가 커진다.

우선 1차 미분(기울기)을 이용하여 전압과 전류사이의 위상관계를 알아보자. 그래프에서 전압을 기준으로 보자. $\frac{dv}{dt}=0$ 이면, $i=C\frac{dv}{dt}=0$ 이므로 이를 그래프로 그리면 다음과 같다. 순수한 용량성 회로에서 전류는 전압보다 위상이 90° 앞선다.

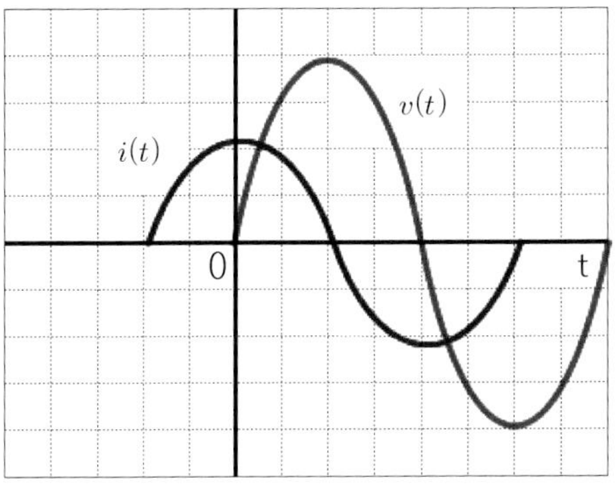

$$v(t)=V_m\sin\omega t \text{ 이면}$$
$$i=C\frac{dv}{dt} \text{ 에서}$$
$$\begin{aligned} i(t) &= CV_m\frac{d(\sin\omega t)}{dt} \\ &= \omega CV_m\cos\omega t \\ &= \omega CV_m\sin(\omega t+90^\circ) \end{aligned}$$

[그림 11-2] 커패시터에서 전압 및 전류는 위상차가 90° 이다.

알다시피 커패시터는 직류(DC)를 차단한다. 즉 직류는 흐르지 못한다. 그러나 교류(ac)에서 커패시터는 용량성 리엑턴스(capacitive reactance)라는 저항성분을 갖고 있으며, 주파수(f)와 커패시턴스(C)에 의존한다. 용량성 리엑턴스는 정현파 전류를 방해하므로 단위는 [Ω]이며 기호는 X_C이다. 주파수가 커지면 전류는 커지고 주파수가 작아지면 전류는 작아진다. 또한 C가 증가함에 따라 i가 증가하고, C가 감소함에 따라 i가 감소한다. 즉, 용량성 리엑턴스(X_C)는 f와 C 모두에 반비례한다. 이를 식으로 표현하면 다음과 같다.

$$X_C=\frac{1}{2\pi fC}[\Omega] \tag{11-3}$$

그림 11-2는 커패시터를 흐르는 전류(i)와 양단전압(v)의 관계를 나타낸 것이다.

$$i(t)=I_m\sin(\omega t+90^\circ),\quad v(t)=V_m\sin\omega t \tag{11-4}$$

위의 관계를 극좌표를 이용하여 커패시터의 리엑턴스 값을 나타내면 다음과 같다.

$$\begin{aligned} \dot{X}_C=\dot{V}/\dot{I} &= V_m\angle 0^\circ/I_m\angle 90^\circ=(V_m/I_m)\angle-90^\circ \\ &= X_C\angle-90^\circ=-jX_C[\Omega] \end{aligned} \tag{11-5}$$

여기서 허수단위 j는 90°를 나타내므로 $-j$는 -90°를 의미한다.

3. RC 직렬회로

그림 11-3은 RC 직렬회로에 흐르는 전류에 대해 각 소자양단의 전압을 시간함수로 나타낸 것이다. 그림에서 전류와 저항 양단전압($\dot{V}_R$)은 위상이 같으며 저항양단전압($\dot{V}_R$)과 커패시터 양단전압($\dot{V}_C$)의 두 위상차는 90° 이다. 또한 전원전압($\dot{V}_S$)은 저항양단전압($\dot{V}_R$)과 커패시터 양단전압($\dot{V}_C$)의 벡터합이 된다.

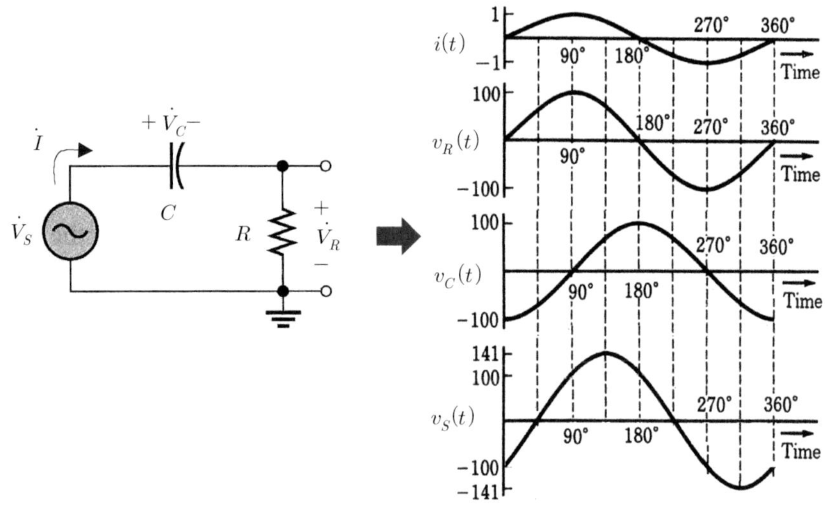

[그림 11-3] 각 소자에 대한 전압 및 전류파형

위의 시간변화에 따른 그래프는 해석하기에 번거로우므로 벡터를 이용한 페이저도를 활용하면 중요한 정보를 효과적으로 간략하게 나타낼 수 있다.

1) 임피던스

그림 11-4의 RC 직렬회로에서 임피던스(impedance: Z)는 저항과 용량성 리액턴스(capacitive reactance: X_C)가 직렬연결이므로 이를 **직각좌표 형태**로 나타내면 다음과 같다.

$$X_C = \frac{1}{2\pi f C} = \frac{1}{\omega C}[\Omega] \tag{11-6}$$

$$\dot{Z} = R - jX_C[\Omega] \tag{11-7}$$

$\dot{Z}$를 다른 방식으로 표현하자. 식 (11-7)의 벡터합성하면 크기를 구할 수 있다.

$$Z = \sqrt{R^2 + (-X_C)^2} = \sqrt{R^2 + X_C^2} \tag{11-8}$$

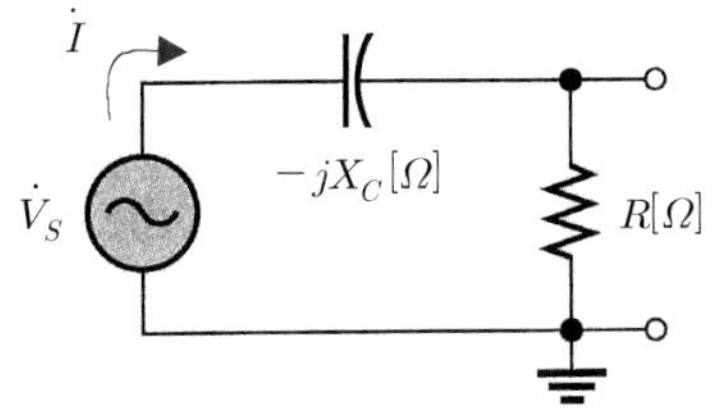

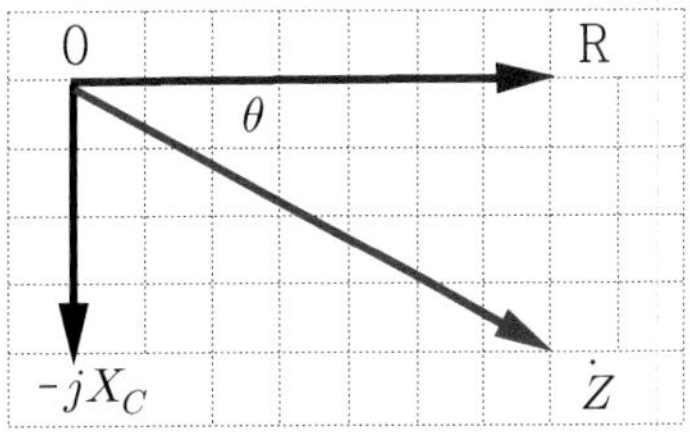

[그림 11-4] RC 직렬회로의 임피던스 삼각도

또한, 위상각 θ는 삼각함수를 이용하면 다음과 같이 표시된다. (제4사분면에 존재)

$$\theta = \tan^{-1}(\frac{-X_C}{R}) \tag{11-9}$$

식 (11-8) 및 (11-9)를 이용하여 **극좌표 형태**로 Z을 나타내면 다음과 같다.

$$\dot{Z} = \text{크기} \angle \text{위상각} = Z\angle\theta \tag{11-10}$$

2〉 전류 및 전압

Ohm법칙을 사용하여 간단히 전류를 구하고 이로부터 각 저항 및 커패시터에 걸리는 전압을 구할 수 있다.

$$\dot{I} = \frac{\dot{V}_S}{\dot{Z}}, \qquad \dot{V}_R = \dot{I}R, \qquad \dot{V}_C = \dot{I}\dot{X}_C \tag{11-11}$$

여기서 중요한 것은 전류의 위상과 저항양단전압의 위상이 동일하다는 것이다. 이는 페이저도(phasor diagram)를 그릴 때 반드시 고려하길 바란다.

그림 11-5와 같이 저항 양단전압 $\dot{V}_R$ 과 커패시터 양단전압 $\dot{V}_C$ 는 서로 90° 위상차를 가진다. 전압계로 전압을 측정하고 합성할 때 이 관계에 유념해야 한다.

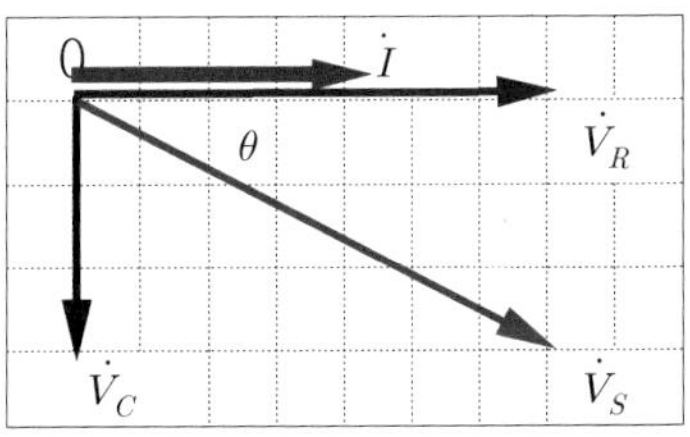

$$\dot{V}_S = \dot{V}_R + \dot{V}_C$$
$$\dot{V}_S = V_R - jV_C$$
$$V_S = \sqrt{V_R^2 + V_C^2}$$

[그림 11-5] RC 직렬회로에서 각 전압 및 전류 페이저

4. 전력 삼각형(power triangle)

어떤 교류회로가 저항(R)만으로 구성되어 있을 때, 전원에 의해 공급되는 모든 에너지는 저항에 의해 열로 소모된다. 반대로 커패시터(C)만으로 이루어진 교류회로에서는 전원의 한 사이클동안 모든 에너지가 커패시터에 저장되고, 저장된 에너지가 다시 전원으로 반환되어 에너지가 열로 변환되지 않으므로 손실이 없다.

1) 유효전력, 무효전력 및 피상전력

회로에 저항과 커패시터가 함께 들어있는 경우, 전체에너지중의 일부는 커패시터(C)에서 저장과 반환이 반복되고, 그 나머지 에너지는 저항(R)에 의해 소모된다. 저항(R)에서 소모되는 전력을 유효전력(P: true power)라고 하며 단위는 [W]이고, 커패시터(C)에 저장되는 전력을 무효전력(Q: reactive power)이라 하며 단위는 [VAR: volt-ampere reactive]이다. 통상 전력은 실효치로 표현한다. 임피던스 삼각도를 바탕으로 I^2을 고려하여 전력도를 그리면 다음과 같다.

$$P = I_{rms}^2 R \ [W]$$

$$Q = I_{rms}^2 X_C \ [VAR]$$

$$S = I_{rms}^2 Z [VA]$$

$$\dot{S} = P - jQ$$

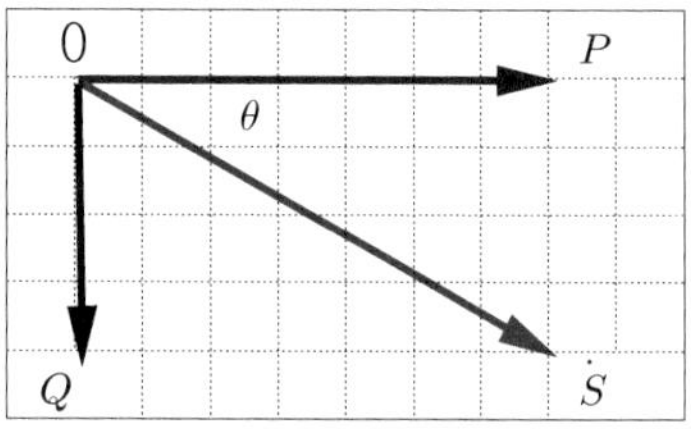

[그림 11-6] RC 직렬회로의 전력 삼각형

피상전력(S: apparent power)은 신호원과 부하사이에 전달되는 것처럼 보이는 전력으로 단위는 [VA: volt-ampere]이다. 유효전력과 무효전력 두 성분으로 구성되어 있다. 모든 전기전자시스템에서, 실제로 일을 하는데 사용되는 전력은 유효전력이다. 무효전력은 단지 신호원과 부하사이를 왕복할 따름이다.

$$S = I_{rms}^2 Z \ [VA] \tag{11-12}$$

$$P = S\cos\theta \ [W] \tag{11-13}$$

$$Q = S\sin\theta \ [VAR] \tag{11-14}$$

교류회로의 전력은 직류회로와는 달리 전압(v)×전류(i)의 실효값에 $\cos\theta$를 곱해야 한다. 저항만으로 구성된 회로는 $\theta = 0°$이므로 $P = S$이며, 커패시터로 구성된 회로는 $\theta = 90°$이므로 $P = 0$이다. 즉, 이상적 커패시터에서는 전력소모가 없다.

2〉 역률(power factor: $\cos\theta$)

이것은 무엇 때문에 생기는가? 저항에 대해 파형을 관찰하면 전압과 전류가 동시에 증가하고 감소한다. 즉 위상차가 0˚이다. 그러나 커패시터의 경우, 그림 11-2와 같이 전압 및 전류가 동시에 증가 혹은 감소를 하지 않으므로 즉 90˚ 위상차가 생겨 전력측면에서 차이가 발생한다. 따라서 저항과 커패시터가 함께 존재하면 0˚~90˚ 사이의 값을 갖는 위상차가 생기고 전력에서 차이가 발생하게 된다.

이 의미는 무엇인가? 역률(PF)은 전체 전력 중에서 얼마나 많은 양의 유용한 전력(유효전력: P)이 부하에 전달되는가를 구하고자 할 때 사용한다. 역률의 최대값은 1($\cos 0^\circ=1$)이며 이것은 부하에 흐르는 전류와 인가 전원전압사이의 위상차가 없다는 것을 나타낸다.

그림 11-7은 부하에서 역률이 0.75에서 0.95로 개선된 결과, 같은 전압에서 더 적은 전류를 사용하여 필요한 유효전력 20 W를 충족시키므로 역률개선으로 전력낭비를 줄일 수 있다.

그러면 역률은 회로에 어떤 효과를 미치며 응용시 고려해야 할 사항은 무엇인가? 아래 그림과 같이 역률이 개선되면 같은 전력(power)을 소비하는데 있어서 0.24 A에서 0.19 A로 되므로 더 적은 전류가 흘러도 된다. 즉, 전기설비조건을 충족시키는 회로를 설계함에 있어서 전선의 두께를 줄일 수 있어서 훨씬 경제적이다.

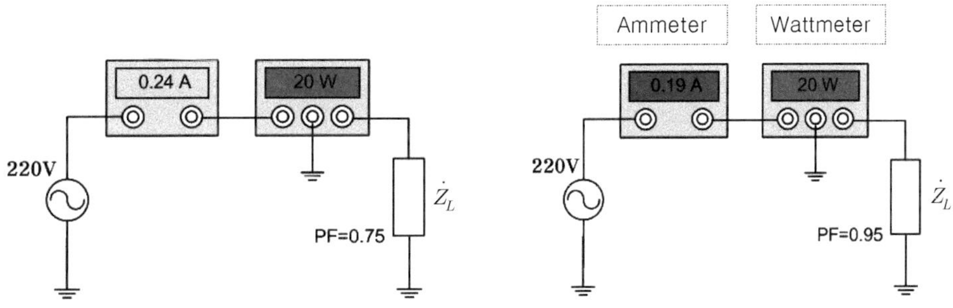

(a) 역률개선 전, $\cos\theta = 0.75$ (b) 역률개선 후, $\cos\theta = 0.95$

[그림 11-7] 역률개선으로 전력낭비를 줄인다.

5. 위상차 및 역률

Oscilloscope에서는 파형을 측정하기 위해 두 종류의 프로브(probe)가 사용된다. 전압프로브(voltage probe)와 전류프로브(current probe)가 있다. 전류프로브를 사용하면 위상각측정이 간편하지만 가격이 비싸서 전압프로브처럼 쉽게 구하기 어렵다. 여기서는 전압프로브만을 사용하여 위상각을 측정한다. 일반적으로 전압프로브에는 프로브 팁(probe tip)과 접지단자(ground lead)라고 하는 두 개의 외부접속단자가 달려 있다. 프로브에 의해 Oscilloscope로 측정되는 **모든 전압은 프로브의 접지단자(0[V])를 기준**으로 한다.

전압프로브만 사용한다면 전체전류파형은 직접 측정할 수 없다. 그러나 저항양단의 전압위상이 전체전류 위상과 같기 때문에 이를 이용하면 위상각을 측정할 수 있다. 위상측정을 시작하기 전에 저항양단전압을 측정하는데 한 가지 유의할 사항이 있다는 것을 반드시 알아야 한다.

1) 위상차 측정

전력선 접지가 분리되지 않은 경우, 그림 11-8(a)과 같이 스코프 프로브를 저항양단에 연결하면 스코프의 접지단자에 의해 점 B가 회로접지와 단락되게 되므로 저항을 통과한 선류는 더 이상 회로의 각 소자를 통해 흐르지 못하고 모두 회로접지로 흘러 버린다. 결국, 저항을 제외한 나머지 소자(커패시터:C)를 회로에서 제거한 꼴이 되는 것이다. 이와 같은 일이 일어나지 않도록 신호원 및 소자의 접지단자를 공통으로 해야 한다.

그림 (b)와 같이 두 출력단자를 서로 바꾸어 회로와 연결한다. 이렇게 하면 회로접지에 연결되고 올바른 측정이 된다.

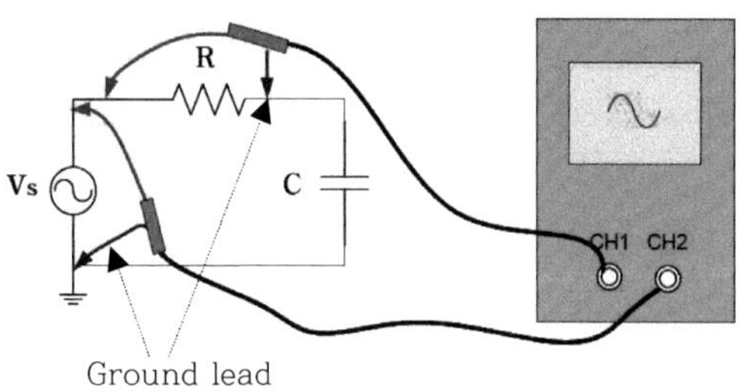

(a) 잘못된 연결

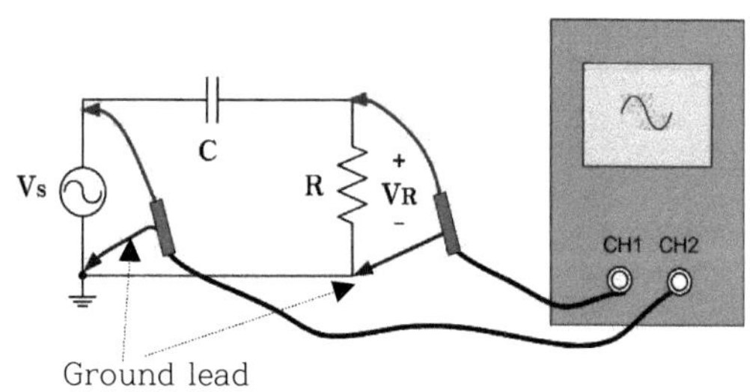

(b) 올바른 연결

[그림 11-8] 오실로스코프를 이용한 저항양단 전압 측정

2) 측정에 근거한 계산 기법

프로브를 회로에 연결하기 전에, 두 개의 trace를 스크린의 중앙에 맞추어 조정한다. 그림과 같이 1/2주기 즉, 반 사이클(180˚: one half-cycle) 만 스크린에 나타나도록 하여 위상차(phase angle)를 측정하면 된다.

반주기(180˚)에 해당하는 수평눈금의 값을 읽은 후, 위상차이가 나는 눈금을 읽어 비례

식으로 처리하면 쉽게 구할 수 있다. 그림 11-9에서 위상차를 구해 보자.

$$180^\circ : 7 = x^\circ : 2.1$$

$$\therefore x = \frac{180^\circ}{7} \times 2.1 = 54^\circ$$

RC 직렬회로에서 전류(i)와 저항양단전압(v_R)의 위상은 같으므로 이 회로에서 위상차를 구하면 전체전류(i)가 전원전압(v_s)보다 약 54° 앞선다. 이 측정법으로부터 역률을 구하면 $PF = \cos\theta = \cos 54^\circ = 0.58$가 된다.

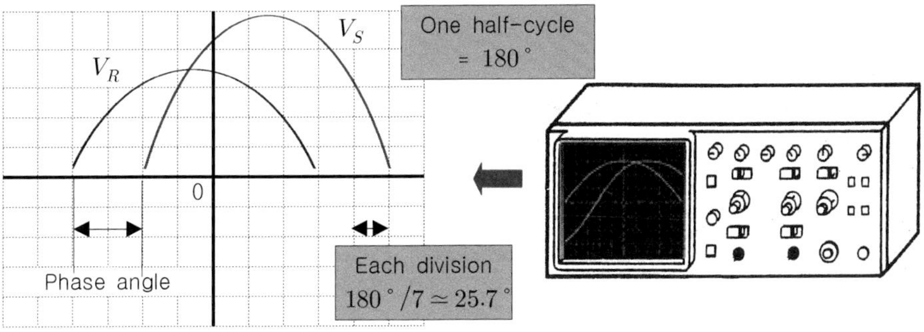

[그림 11-9] 오실로스코프를 이용한 위상각 측정

[실험장비 및 부품]

사용장비	품 목	규 격	소요량
Oscilloscope Function generator Breadboard Wattmeter(if necessary)	Resistor	$5.6k\Omega$	1개
	Capacitor	$0.01\mu F$ $0.047\mu F$ $0.47\mu F$	각 1개

[예비보고서]

1. 0.1㎌을 가진 커패시터(C)가 3개 있다. 이들로 만들 수 있는 가능한 조합구조를 그려서 그 합성값(C_T)을 구하시오.

1〉 직렬연결

2〉 병렬연결

3〉 직병렬연결

2. 다음 RC 직렬회로에 대해 답하시오. 계산은 소수 둘째 자리까지 구하시오.

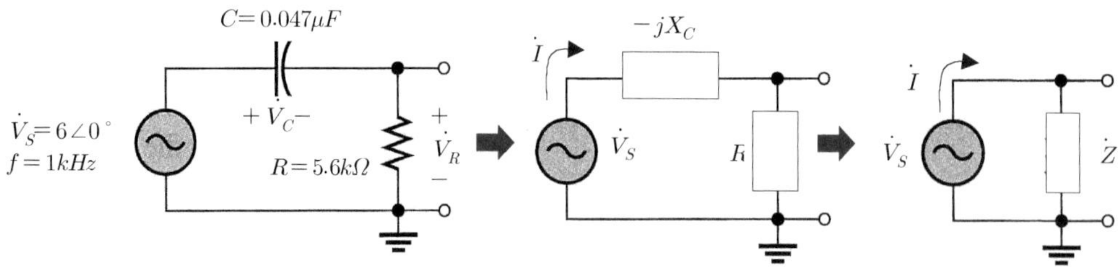

1〉 회로의 임피던스($\dot{Z}$)를 구하고 극좌표로 표현하시오.

〈1〉 $X_C =$

〈2〉 $\dot{Z}=$

〈3〉

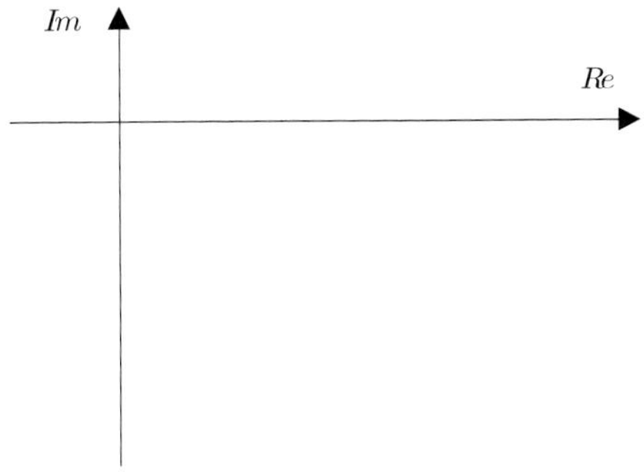

2〉 해당 전류($\dot{I}$) 및 전압($\dot{V}_C$, $\dot{V}_R$)을 구하시오. (유효숫자는 소수 둘째 자리까지)

〈1〉 $\dot{I}=$

〈2〉 $\dot{V}_R=$

〈3〉 $\dot{V}_C=$

3〉 위의 자료를 바탕으로 각 값의 페이저도 $\dot{I}$, $\dot{V}_C$, $\dot{V}_R$ 및 $\dot{V}_S$를 그리시오.
이로부터 Kirchhoff 전압법칙(KVL)이 성립하는지를 확인하시오.

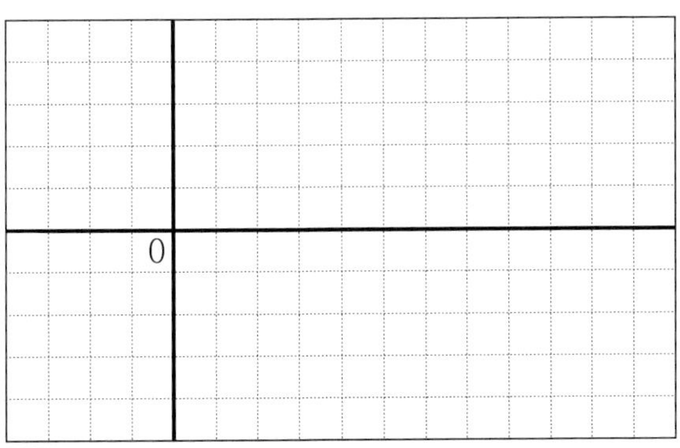

4〉 통상적으로 전력(power)은 실효치(rms)로 표기한다. 다음 값들을 구하시오.

〈1〉 역률($\cos\theta$):

〈2〉 유효전력(P):

〈3〉 무효전력(Q):

2. 다음 그림을 참조하여 X_C는 주파수(f) 및 커패시턴스(C)와 어떤 관계를 가지는가를 설명하시오.

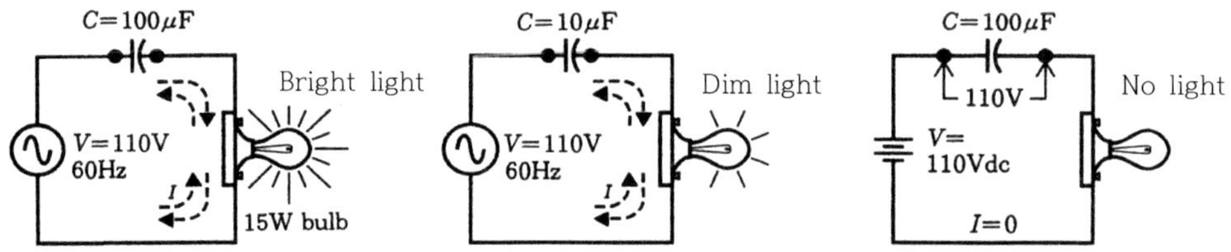

1〉 첫 번째와 두 번째 그림으로부터: $X_C[\Omega] \propto$

2〉 첫 번째와 세 번째 그림으로부터: $X_C[\Omega] \propto$

3〉 직류일 경우에 주파수는 얼마인가? 왜 세 번째 그림에서 전류가 흐르지 않는가?

[결과보고서]

실험제목					
실험일자	년 월 일(요일)			담당교수	ⓞ
성 명		학 번		평 가	

그림과 같이 RC 직렬회로를 구성하고 각 소자의 전압을 측정하시오. 단, 교류 전압원은 $V_{S(pp)} = 12[V]$, $f = 1kHz$ 이고 $R = 5.6k\Omega$, $C = 0.047\mu F$ 이다.

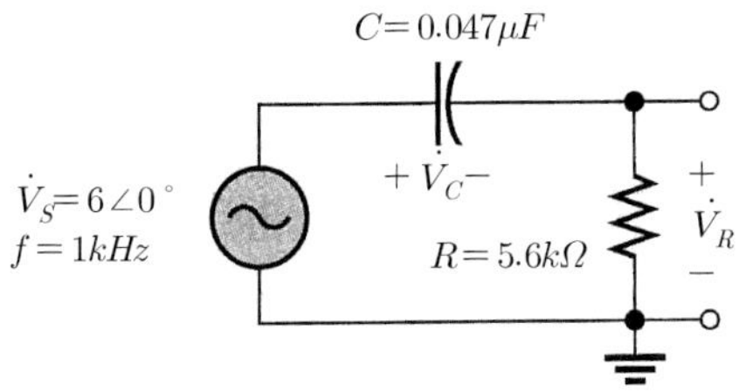

1. 전압파형 및 위상차 구하기

1〉 오실로스코프의 $CH1$ 과 $CH2$ 를 이용하여 각 전압파형을 그리시오.

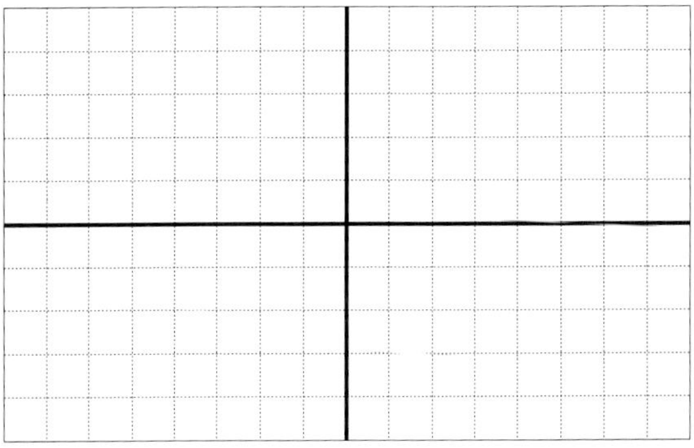

: $v_S(t)$
volt/div: ________

: $v_R(t)$
volt/div: ________

(v_S, v_R)이 앞선다

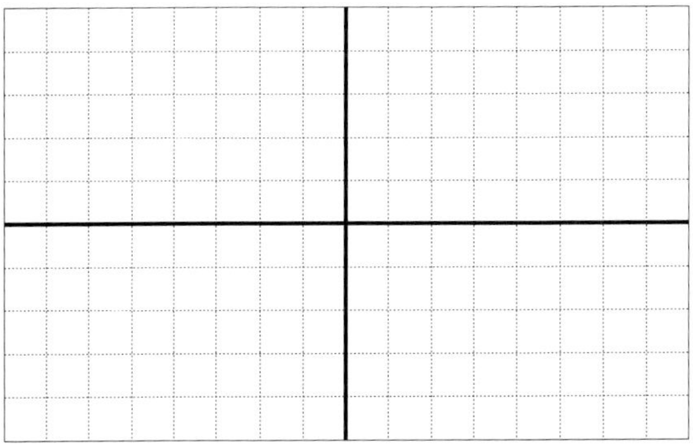

: $v_S(t)$
volt/div: ________

: $v_C(t)$
volt/div: ________

(v_S, v_C)이 앞선다

2〉 위의 그래프를 바탕으로 다음 표를 완성하시오. 전류는 Ohm 법칙을 적용한다.

[표 11-1] 전압 및 전류 측정

	피크치(최대치)			실효치		
	이론치	측정치	오차(%)	이론치	측정치	오차(%)
$v_R[V]$						
$v_C[V]$						
$v_S[V]$						
$i[mA]$						

3〉 전원전압 $v_S(t)$를 기준으로 하여 두 전압간의 위상차를 구하자.

[표 11-2] 위상차 측정

	이론치	측정치(계산과정)	오차(%)
v_S와 v_R			
v_S와 v_C			

2. 페이저도 그리기

1〉 위 자료들로부터 $\dot{V}_R$, $\dot{V}_C$ 및 $\dot{V}_S$를 페이저도에 나타내시오.

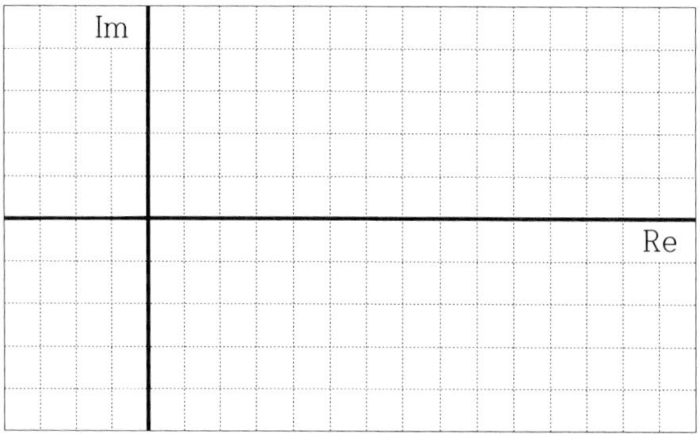

2〉 회로에서 전류 $\dot{I}$의 위상은 어느 것과 같은가? 위 페이저도에 나타내시오.

3〉 Kirchhoff 전압법칙 $V_S = V_R + V_C$이 성립하는가? 아니면 어떤 관계를 가지는가?

3. 리엑턴스(X_C) 및 임피던스(Z) 구하기

용량성 리엑턴스(capacitive reactance) X_C의 단위는 $[\Omega]$이지만 저항계를 사용하여 직접 측정할 수 없다. 그러나 RC 직렬회로에서 C를 흐르는 전류는 R을 흐르는 전류와 같으므로 커패시터 양단전압을 측정하면 간접적으로 X_C를 구할 수 있다.

임피던스(Z) 및 리엑턴스(X_C)는 DMM을 이용하여 직접 구할 수 없으므로 다음 관계를 이용하여 간접적으로 구하시오.

$$I = I_R = \frac{V_R}{R} \quad \text{및} \quad I = I_C = \frac{V_C}{X_C} \qquad \therefore Z = \frac{V_S}{I}$$

[표 11-3] 교류전류, 리엑턴스 및 임피던스(Z) 측정

	이론치	측정치	오차(%)
$V_R[V]$			
$R[k\Omega]$			
▸ $I[mA]$			
$V_C[V]$			
▸ $X_C[k\Omega]$			
$V_S[V]$			
▸ $Z[k\Omega]$			

위에서 측정된 자료들로부터 회로의 임피던스도를 그리시오.

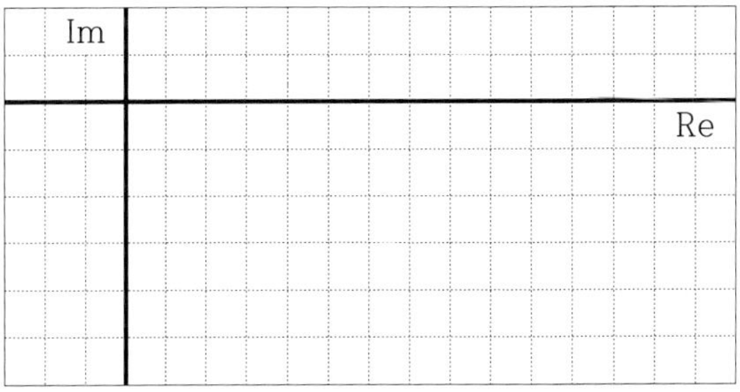

$\dot{Z} = R - jX_C$

$=$

• 위상각

$\theta =$

4. 용량성 리엑턴스에 대한 동작주파수 및 커패시턴스와의 관계

1) 다음 각 주파수에 대해 측정치를 구하시오. 전류(i) 및 용량성 리엑턴스(X_C)는 측정된 값을 이용하시오.

[표 11-4] 주파수에 따른 교류전류 및 리엑턴스 측정

f	$V_R[V]$	$I_R[mA]$	$V_C[V]$	$X_C[k\Omega]$
$500Hz$				
$1kHz$				
$2kHz$				
$3kHz$				
$5kHz$				
$8kHz$				

2〉 위의 표를 바탕으로 주파수(f)에 따른 X_C의 그래프를 그리시오. 이 그래프로부터 주파수(f)와 용량성 리엑턴스(X_C)의 관계를 식으로 나타내시오.

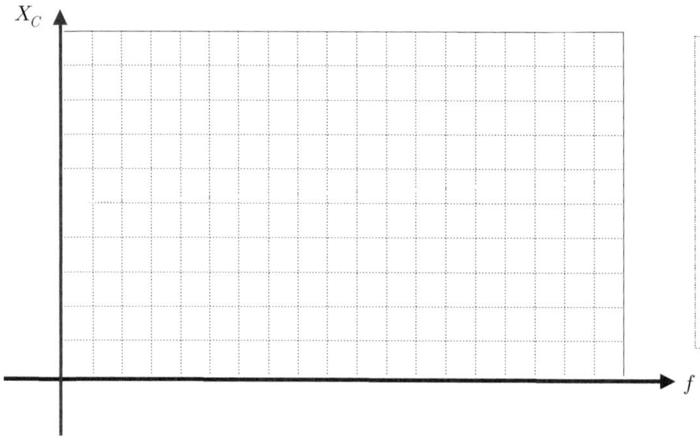

$X_C \propto$

3〉 커패시턴스가 다음과 같이 변할 때, 리엑턴스 값을 구하시오. 단, 동작주파수 $f=1kHz$로 한다.

[표 11-5] 커패시터의 값에 따른 리엑턴스 측정

C	$V_R[V]$	$I_R[mA]$	$V_C[V]$	$X_C[k\Omega]$
$0.01\mu F$				
$0.047\mu F$				
$0.47\mu F$				

4〉 위 자료로부터 용량성 리엑턴스 X_C는 주파수의 증가에 따라 (증가, 감소)하고 커패시턴스에 증가에 따라 (증가, 감소)한다.

[토의 및 심화학습]

1. 다음 RC회로 실험에서 그림과 같이 저항(R_1)양단의 전압을 측정하고자 한다.

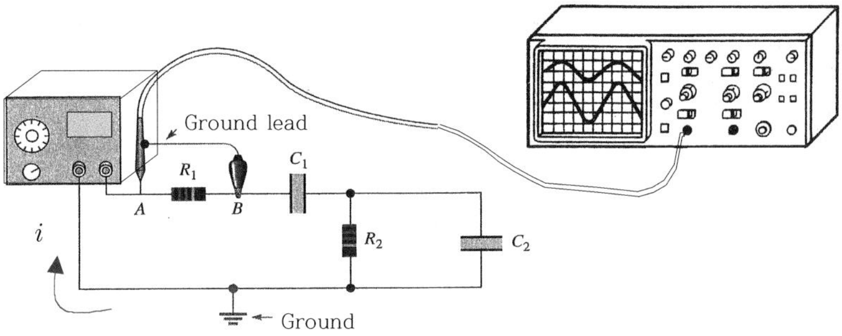

1〉 커패시터 C_1은 472, C_2는 103 라고 적혀있다. 각각 몇 [μF]인가?

〈1〉 C_1 〈2〉 C_2

2〉 아래 회로구성에서 오실로스코프의 접지와 전력선 접지가 분리되지 않았다면 잘못된 부분을 바르게 고쳐 다시 그리시오.

3〉 저항전압 $v_R(t)$과 전원을 흐르는 전류 $i(t)$은 (in phase, out of phase)이다.

4〉 위의 회로에서 저항 및 커패시터의 양단 전압파형간의 위상차는 (있으나, 없으나), 각 파형의 주파수는 변화가 (있다, 없다).

2. 커패시터의 상태를 조사하기 위해 저항계로 소자양단의 저항을 측정하니 (0, ∞)[Ω] 이다. 이는 정상임을 나타낸다.

3. 어떤 커패시터를 측정한 결과, 흐르는 전류(i)와 그 양단전압(v)의 위상차가 90° 이다. 이 소자에서 소비되는 전력(power), 즉 유효전력(P)은 얼마인가?

4. 다음 회로에 대해 물음에 답하시오.

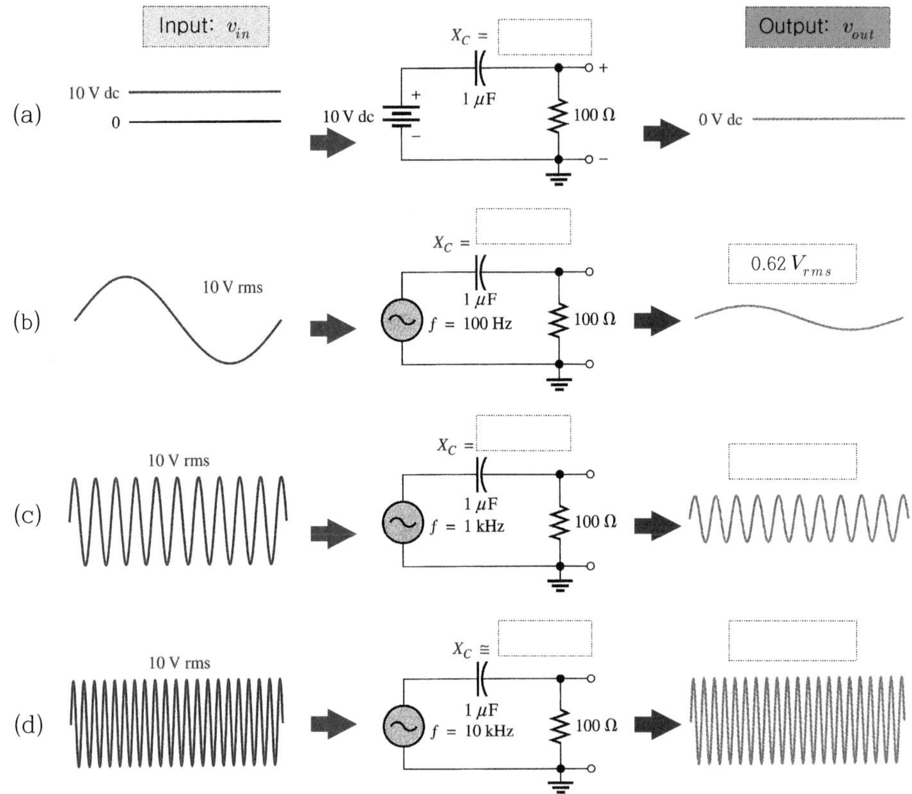

1〉 각 경우에 용량성 리엑턴스(X_C)를 구하여 그림의 빈 간에 나타내시오.

(a) (b) (c) (d)

2〉 그림 (a)의 경우, 주파수가 $0[Hz]$이면 출력전압은 $0[V]$이다. 그 이유를 설명하시오.

3〉 그림 (c)와 (d)의 경우에 대해 출력전압(v_{out})을 구하여 그림의 빈 칸에 쓰시오.

(c) (d)

4〉 주파수(f)가 증가함에 따라 출력전압 $v_R(t)$은 (증가, 감소)한다.

5. 식 (11-12)로부터 $\dot{S}=P-jQ=VIcos\theta-jVIsin\theta=I^2R-jI^2X_C$이 성립함을 증명하시오.

6. 다음 회로에서 유효전력 P가 $400[W]$이고 $\theta>0$이다. 물음에 답하시오.

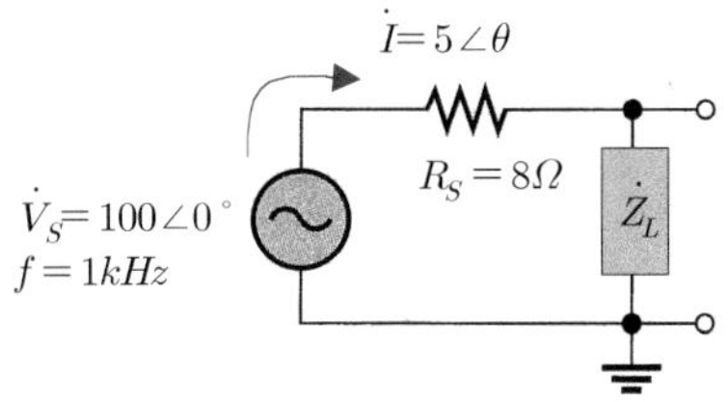

1〉 위 회로에서 전류 $i(t)$와 전압 $v_S(t)$중에서 어느 것이 더 앞서는가?

2〉 전체 복소전력 $\dot{S}$과 임피던스 $\dot{Z}$를 구하시오. 답: $\dot{S}=400-j300[VA]$, $\dot{Z}=16-j12[\Omega]$

3〉 부하 $\dot{Z}_L$의 부품명 및 값을 구하시오. 답: 저항 $R_L=8[\Omega]$, 커패시터 $C=13.27[\mu F]$

7. **다음 회로에서** $C_1 = C_2 = 0.1[\mu F]$, $C_x = 0.3[\mu F]$ **이고** $\dot{V}_1 = 220\angle 0°[V]$, $\dot{V}_2 = 110\angle 0°[V]$ **이면 전압** $\dot{V}_X$**를 구하시오.**

답: $66\angle 0°[V]$

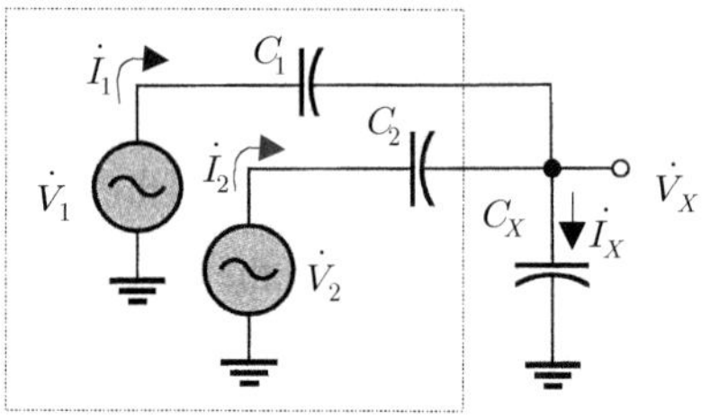

1〉 KCL과 Ohm법칙을 이용하여 구하시오.

2〉 Thevenin 또는 Norton 등가회로를 이용하여 구하시오.

8. $R = 4[\Omega]$, C**의 직렬회로에서** $f = 60[Hz]$**일 때 역률이** 0.8**이다. 이 회로에** $f = 30[Hz]$, $220[V]$**교류전압을 가하면 소비전력을 구하시오.**

답: $3,723[W]$

실험 12장

RL 직렬회로

1. 인덕터(inductor)
2. RL 직렬회로
3. 전력 삼각형(power triangle)

CHAPTER 12

RL 직렬회로

실험목적

저항(R)과 인덕터(L)로 구성된 RL 직렬회로에서 주파수 및 인덕턴스 변화에 따른 리액턴스 (X_L)변화를 익히고, 교류신호에 대한 전류 및 전압의 관계를 이해한다.

기초이론

1. 인덕터(inductor)

인덕터(inductor)는 기본적으로 전선을 감은 코일(coil)이며, 그림 12-1과 같이 이 코일은 저항과는 달리 자기장(B)의 영향이 미치는 곳에서 막대를 좌우로 이동하면 유도전압(induced voltage: v_L, ε)이 생기고 이에 따라 폐회로(closed loop)가 형성되어 전류가 흐르게 되므로 전등(lamp)이 빛을 낸다. 만약 움직이지 않으면 자속의 변화가 없으므로 유도전압이 발생하지 않는다. 관련 실험을 수행하는 입장에서 이와 같이 유도전압을 만드는 것이 대단히 불편하므로 이 대신에 시간적으로 변하는 교류전류(i)를 인덕터에 흘리면 같은 의미의 유도전압이 생성된다.

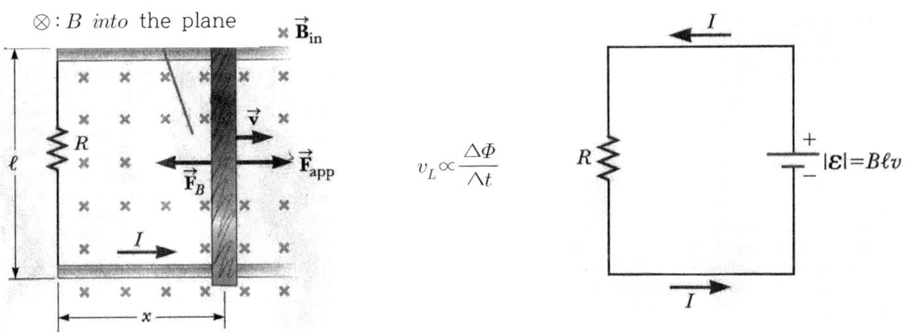

[그림 12-1] 유도전압 발생원리

직류(dc)에 대해서는 단순한 도선과 같아서 저항이 0[Ω]이다. 인덕터의 크기를 인덕턴스(inductance: 이하 'L'로 표현)라 하고, 미국의 전기공학자 *Henry*의 업적을 기려 인덕턴스의 단위는 [H]로 표기하여 '헨리(henry)'라고 부른다.

1) 인덕턴스 정의

교류전류가 흐를 때, 유도되는 전압이므로 다음과 같이 표현할 수 있다.

$$L = \frac{v_L}{di/dt} \qquad (12-1)$$

이것을 변형하면 인덕터 양단에 걸리는 유도전압(v_L)은 L과 di/dt에 비례하여 다음과 같이 표현할 수 있다.

$$v_L = L\frac{di}{dt} \qquad (12-2)$$

즉 유도전압은 전류의 시간적 변화가 없으면 유도전압은 발생하지 않는다. 이는 직류신호에 대해서는 유도전압이 없는 것이다. 이는 실험적인 현상과 일치한다.

2) 인덕턴스의 종류

한편 인덕터는 고정과 가변(variable)으로 나누어 그림 12-2와 같이 나타낼 수 있고, 고정과 가변 인덕터는 코어 물질의 형태에 따라 그림 12-3과 같이 공심코어(air core), 철심코어(iron core), 페라이트 코어(ferrite core)로 분류된다.

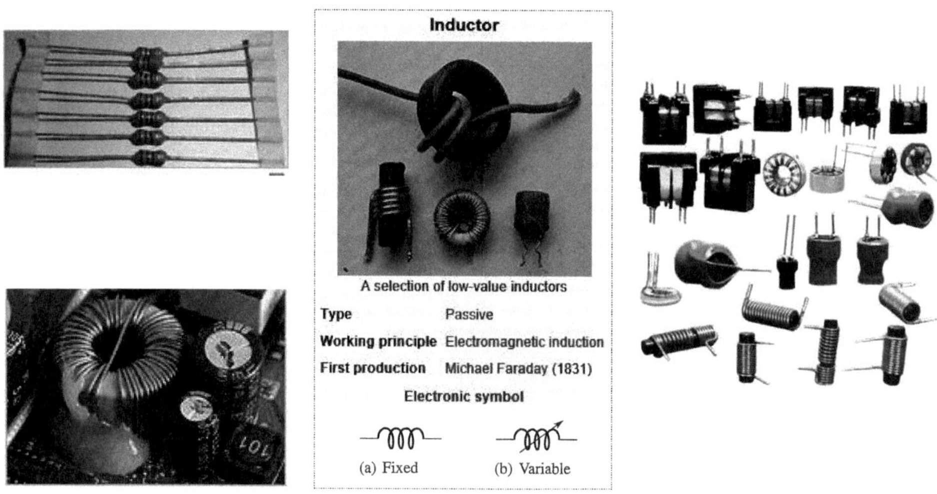

[그림 12-2] 인덕터 기호 및 종류

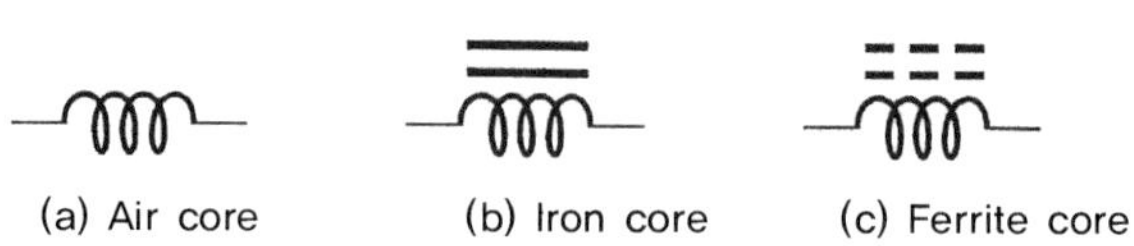

[그림 12-3] 코어물질에 따른 인덕터 기호

3〉 인덕턴스 값읽기

인덕턴스는 기본적으로 숫자 또는 색상으로 표기되어 있어 값을 읽는 방식이 저항과 같으며 기본적인 단위는 $[\mu H]$이다. 선이 단선(open)되면 저항계로 측정하였을 때 무한대가 된다. 그러나 코일이 양호하다면 저항계는 권선저항값(R_w)을 나타낸다. 권선저항값은 도선의 굵기와 길이에 따라 달라진다.

2. RL 직렬회로

그림 12-4는 RL직렬회로에 대해 시간변화에 따른 전압 및 전류파형을 나타낸 것이다. 전류의 위상은 저항양단전압의 위상과 동일하다. 인덕터 양단전압은 저항양단전압보다 위상이 90° 앞선다. 또한 전원전압의 크기는 소자전압의 $\sqrt{2}$ 배가 된다. 이를 바탕으로 뒤에 배울 페이저도를 그리면 확실한 개념을 얻을 수 있다.

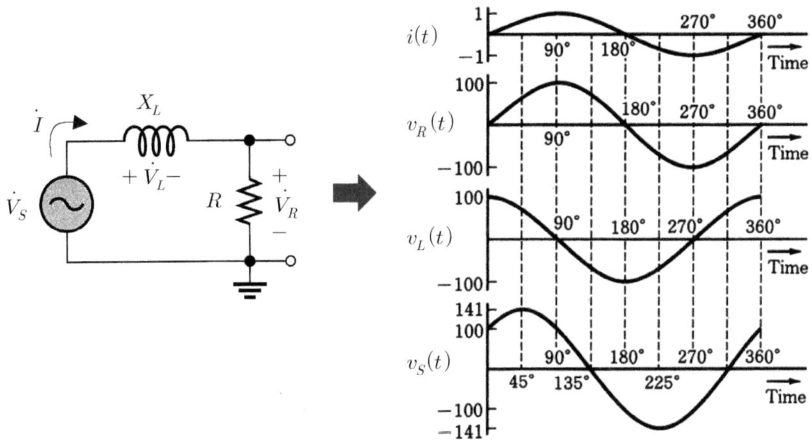

[그림 12-4] 시간에 따른 각 소자의 전압 및 전류파형

1〉 유도성 리엑턴스

1차 미분(기울기)을 이용하여 전압과 전류사이의 위상관계를 알아보자. 전류 기준으로 보면 그래프에서 $\frac{di}{dt}=0$ 이면, $v=L\frac{di}{dt}=0$ 이므로 순수한 유도성 회로에서 전압은 전류보다 위상이 90° 앞선다. 그러나 교류(ac)에서는 유도성 소자에 대해 저항성분을 갖고 있어서 이것을 유도성 리엑턴스(inductive reactance)라고 부르고 주파수(f)와 인덕턴스(L)에 의존한다. 즉, 유도성 리엑턴스는 정현파 전류를 방해하므로 단위는 $[\Omega]$이며 기호는 X_L이다. 이를 식으로 표현하면 다음과 같다.

$$X_L = 2\pi f L[\Omega] \qquad (12\text{-}3)$$

그림 12-4에서 인덕터를 흐르는 전류(i)와 양단전압(v)의 관계는 다음과 같다.

$$i(t) = I_m \sin\omega t, \quad v_L(t) = V_m \sin(\omega t + 90^\circ) \tag{12-4}$$

위의 관계를 극좌표를 이용하여 인덕터의 리엑턴스 값을 나타내면 다음과 같다.

$$\dot{X_L} = \dot{V_L}/\dot{I} = V_m \angle 90^\circ / I_m \angle 0^\circ = (V_m/I_m)\angle 90^\circ$$

$$= X_L \angle 90^\circ = jX_L[\Omega] \tag{12-5}$$

2〉 임피던스

그림 12-4는 RL 직렬회로에서 임피던스(impedance: Z)는 저항과 유도성 리액턴스(reactance: X_L)에 의해 구해지며 이를 **직각좌표 형태**로 나타낸다. 여기서 모든 값은 교류신호에 대한 것이다.

$$X_L = \omega L = 2\pi f L[\Omega] \tag{12-6}$$

$$\dot{Z} = R + jX_L[\Omega] \tag{12-7}$$

로 되며, 여기서 Z 및 X_L의 단위는 [Ω]이다. 이것을 극좌표로 표시해보자. Z의 크기는 식 (12-7)과 같이 벡터의 합성으로 구할 수 있다.

$$Z = \sqrt{R^2 + X_L^2} \tag{12-8}$$

또한, 위상각 θ는 삼각함수를 이용하면 다음과 같이 표시된다. (제1사분면에 존재)

$$\theta = \tan^{-1}\left(\frac{X_L}{R}\right) \tag{12-9}$$

식 (12-8) 및 (12-9)를 이용하여 **극좌표 형태**로 $\dot{Z}$을 나타내면 다음과 같다.

$$\dot{Z} = Z \angle \theta \tag{12-10}$$

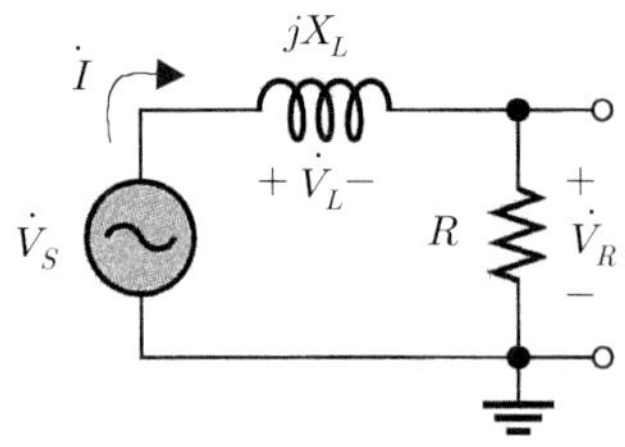

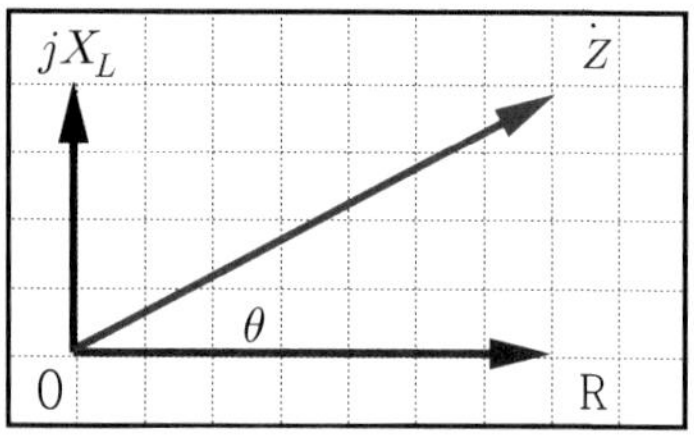

[그림 12-5] RL 직렬회로의 임피던스 삼각도

2〉 전류 및 전압

Ohm법칙을 사용하여 간단히 전류를 구하고 이로부터 각 저항 및 커패시터에 걸리는 전압을 구할 수 있다.

$$\dot{I} = \frac{\dot{V}_S}{\dot{Z}}, \qquad \dot{V}_R = \dot{I}R, \qquad \dot{V}_L = \dot{I}\dot{X}_L \tag{12-11}$$

어떤 전류를 기준으로 페이저도(phasor diagram)를 그려보자. KVL을 적용하면 $-\dot{V}_S + \dot{V}_R + \dot{V}_L = 0$이고 저항 양단전압 $\dot{V}_R$과 인덕터 양단전압 $\dot{V}_L$은 90° 의 위상차를 가진다. 벡터를 합성하면 전원전압을 구할 수 있다.

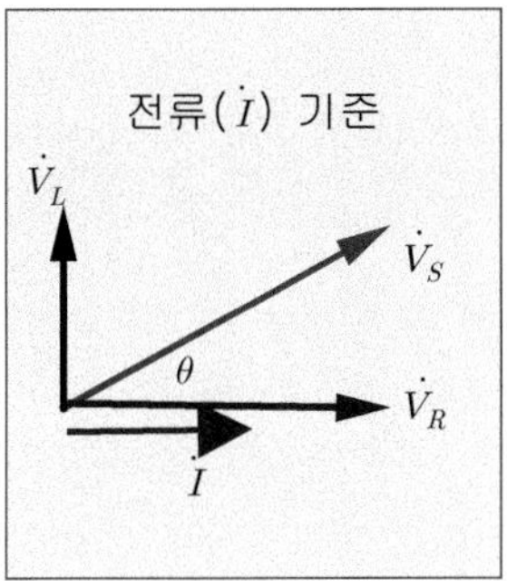

$$\dot{V}_S = \dot{V}_R + \dot{V}_L$$
$$\dot{V}_S = V_R + jV_L$$
$$V_S = \sqrt{V_R^2 + V_L^2}$$
$$\theta = \tan^{-1}\left(\frac{V_L}{V_R}\right)$$

[그림 12-6] RL 직렬회로의 전압 및 전류 페이저도

여기서 중요한 것은 전류($\dot{I}$)의 위상과 저항양단전압($\dot{V}_R$)의 위상이 동일하다는 것이다. 이는 페이저도를 그릴 때 염두하길 바란다.

3. 전력 삼각형(power triangle)

어떤 교류회로가 저항(R)만으로 구성되어 있을 때, 전원에 의해 공급되는 모든 에너지는 저항에 의해 열로 소모된다. 반대로 인덕터(L)만으로 이루어진 교류회로에서는 전원전압의 한 사이클 내의 1/2사이클에서는 전원에 의해 공급되는 모든 에너지가 인덕터에 저장되고, 나머지 1/2사이클 동안은 인덕터에 저장된 에너지가 다시 전원으로 반환된다. 따라서 오직 인덕터로 이루어진 회로에서는 에너지가 열로 변환되지 않으므로 손실이 없다.

회로에 저항과 인덕터가 함께 들어있는 경우, 전체 에너지중의 일부는 인덕터에서 저장과 반환이 반복되고, 그 나머지 에너지는 저항에 의해 소모된다.

1〉 유효전력, 무효전력 및 피상전력

저항에서 소모되는 전력을 유효전력(P:true power)라고 하며 단위는 $[W]$이고, 인덕터에 저장되는 전력을 무효전력(Q:reactive power)이라 하며 단위는 $[VAR$: volt-ampere reactive$]$이다. 보통 전력은 실효치로 나타낸다.

$$P = I_{rms}^2 R \; [W]$$

$$Q = I_{rms}^2 X_L \; [VAR]$$

$$S = I_{rms}^2 Z \; [VA]$$

$$\dot{S} = P + jQ$$

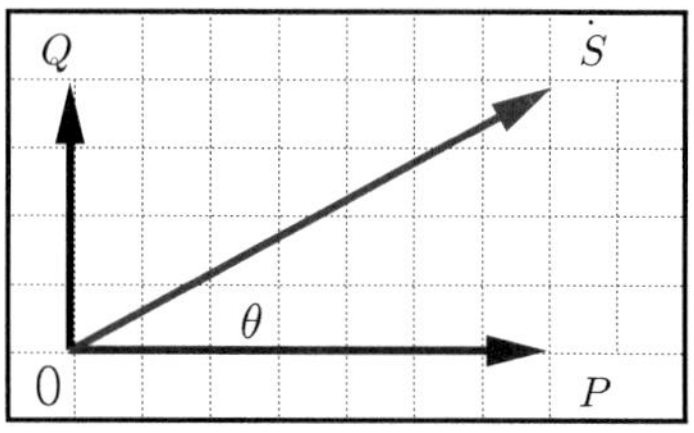

[그림12-7] RL 직렬회로의 전력삼각도

피상전력(apparent power)은 신호원과 부하사이에 전달되는 것처럼 보이는 전력으로 단위는 $[VA$: volt-ampere$]$이다. 유효전력과 무효전력 두 성분으로 구성되어 있다.

모든 전기전자시스템에서, 실제로 일을 하는데 사용되는 전력은 유효전력이다. 무효전력은 단지 신호원과 부하사이를 에너지의 소비없이 왕복할 따름이다.

$$S = I_{rms}^2 Z \; [VA] \tag{12-12}$$

$$P = S\cos\theta \; [W] \tag{12-13}$$

$$Q = S\sin\theta \; [VAR] \tag{12-14}$$

저항만으로 구성된 회로는 $\theta = 0°$이므로 $P = S$이며, 인덕터만으로 구성된 회로는 $\theta = 90°$이므로 $P = 0$이다. 즉, 이상적 인덕터에서는 전력소모가 없다.

2〉 위상차 측정

우리가 사용하는 오실로스코프는 전압프로브만 사용하므로 전원을 흐르는 전체전류를 직접 측정할 수 없다. 그러나 저항양단의 전압위상이 전체전류 위상과 같기 때문에 이를 이용하면 위상각을 측정할 수 있다. 위상측정을 시작하기 전에 저항양단전압을 측정하는데 한 가지 유의할 사항이 있다는 것을 반드시 알아야 한다.

〈1〉 저항양단전압(v_R) 측정

오실로스코프가 전력선 접지와 분리되어 있지 않으면 위상차 측정을 수행할 때, 저항양단전압을 측정하는데 한 가지 문제점이 있다는 것을 반드시 알아야 한다. 그림 12-8(a)에서와 같이 스코프 프로브를 저항양단에 연결하면 스코프의 접지단자에 의해 지점 Ⓑ가 회로접지와 단락되게 되므로 저항을 통과한 전류는 더 이상 회로의 각 소자를 통해 흐르지 못하고 모두 회로접지로 흘러 버린다. 결국, 저항을 제외한 나머지 소자를 회로가 단락된 형태가 된다. 따라서 그림 12-8(a)에서 저항(R)과 인덕터(L)를 바꾸고 접지를 공통으로 하고 저항양단 전압을 측정해야 한다.

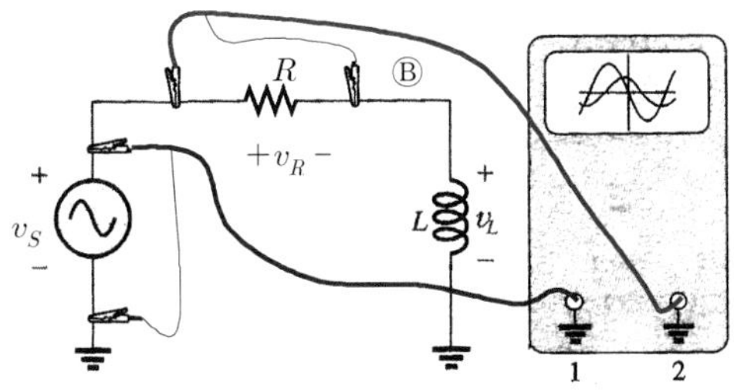

(a) 잘못된 측정

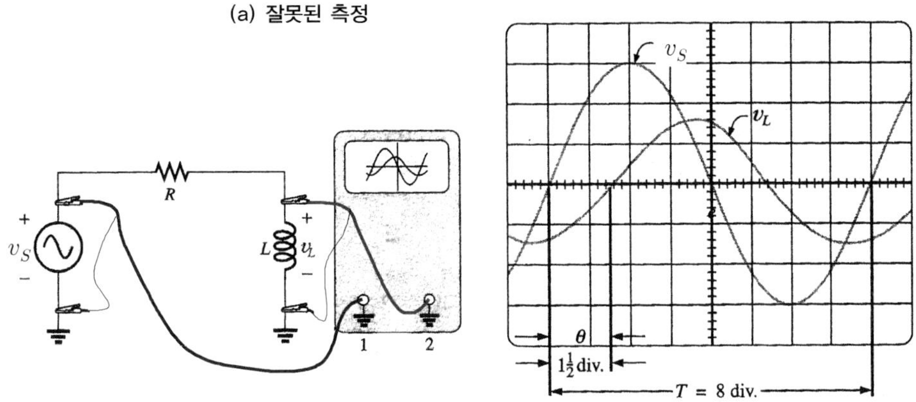

(b) 올바른 측정

[그림 12-8] 전원과 해당부품의 전압 위상차를 구하기 위한 올바른 측정

〈2〉 인덕터(inductor: L) 양단전압(v_L) 측정

그림 12-8(b)와 같이 연결하면 접지문제가 해결되고 올바른 측정을 할 수 있다.

〈3〉 위상차 측정

프로브를 회로에 연결하기 전에, 두 개의 trace들을 스크린의 중앙에 맞추어 조정한다. 1/2주기 즉, 반 사이클(180° : one half-cycle) 또는 한 사이클만 스크린에 나타나도록 하여 위상각(phase angle)을 측정하면 된다. 이는 앞장의 RC 회로에서와 같은 방식이다.

3) 역률(cos θ)

역률(PF: $power\ factor$)은 소비전력 대 공급전력의 비를 나타낸다. 통상적으로 전력은 다음과 같이 실효치로 나타낸다.

$$\cos\theta = \frac{Consumed\ power}{Supplied\ power} = \frac{P[W]}{VI[VA]} \qquad (12-15)$$

위 식은 $P = VIcos\theta = VI(R/Z) = (V/Z)IR = I^2R[W]$으로 다양하게 변형할 수 있다. 역률의 중요성을 경제적인 면에서 학습해 보자.

어떤 부하에 정해진 전력을 공급해야 할 때, $I = P/Vcos\theta[A]$의 관계식에서 부하의 역률이 낮으면 동일 전압의 상황에서 큰 전류를 흘려야 한다. 전류가 크면 발전기, 송전선, 변압기 등을 포함한 송전계통에서 열손실이 커지고 용량이 큰 것이 요구된다. 뿐만 아니라 송전선에서 전압강하가 증가하여 전압 변동률도 나빠진다. 그러므로 부하의 역률을 개선하여 이 값을 1에 가깝게 하는 것이 경제적으로 필요하다. 즉, 같은 전력효과를 가지는 데 있어서 더 적은 전류를 사용할 수 있으므로 전선의 굵기를 줄일 수 있다는 것이다.

그렇다면 어떻게 역률을 개선하는가? 통상 전동기 등과 같은 공업용 부하는 전압 v이 전류 i보다 앞서므로 이 경우 해당부하와 병렬로 커패시터를 연결함으로써 역률을 개선할 수 있다. 역률을 개선하다고 해서 부하자신의 역률이 개선되는 것이 아니고 커패시터를 포함한 수전단 부하의 합성역률이 개선되는 것이다. 즉 부하가 취하는 무효전력은 같으나 그 일부를 병렬 커패시터에서 발생되는 무효전력으로부터 얻음으로써 계통에 공급해야할 무효전력($Q = VIsin\theta$)이 감소되고 송전선에 흐르는 무효전력성분이 감소되므로 전체 전류가 적어도 되는 것이다.

이와 같이 역류개선의 효과는 전압강하 감소, 전력손실 감소, 설비용량의 여유증가 및 전력요금 절약과 같은 장점을 가진다.

[실험장비 및 부품]

사용장비	품 목	규 격	소요량
Oscilloscope Function generator Breadboard Wattmeter(if necessary)	Resistor Inductor	$1k\Omega$ $1mH$, $10mH$, $40mH$	1개 각 1개

[예비보고서]

1. 10mH를 가진 인덕터(L)가 3개 있다. 이들로 만들 수 있는 가능한 조합구조를 그려서 그 합성값을 구하시오.

1〉 직렬연결

2〉 병렬연결

3〉 직병렬연결

2. 다음 회로에 대해 답하시오. 단 표시된 전원전압은 피크전압(V_m)을 나타낸다.

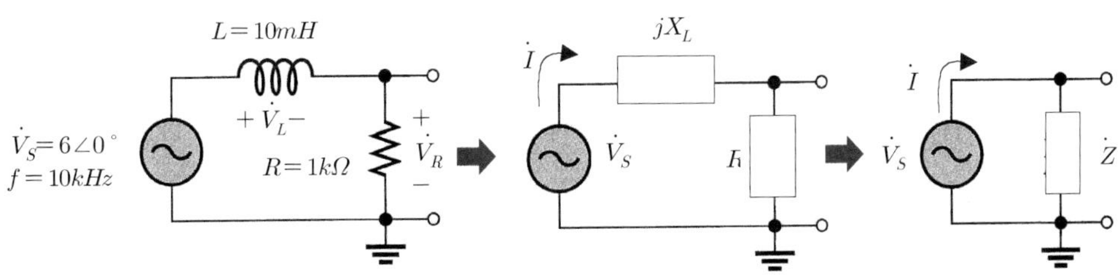

1〉 임피던스($\dot{Z}$) 삼각형(impedance triangle)을 그리시오.(소수 3째 자리에서 반올림)

〈1〉 $X_L =$

〈2〉 $\dot{Z}=$

〈3〉

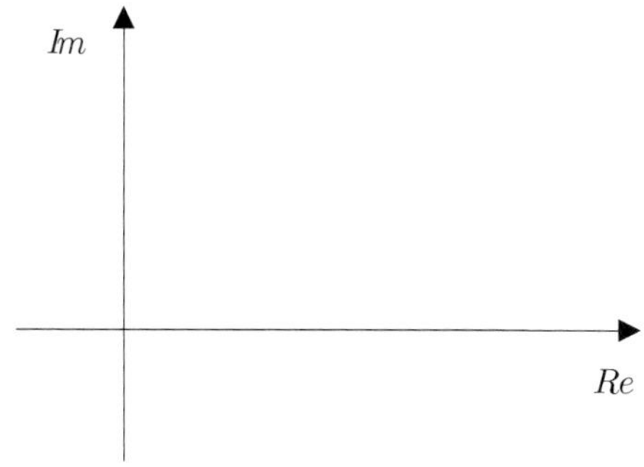

2〉 해당 전류($\dot{I}$)과 전압($\dot{V}_L$, $\dot{V}_R$)을 구하시오.

〈1〉 $\dot{I}=$

〈2〉 $\dot{V}_L=$

〈3〉 $\dot{V}_R=$

3〉 위의 자료로부터 $\dot{I}$, $\dot{V}_L$, $\dot{V}_R$ 및 $\dot{V}_S$의 페이저도를 그리시오.

이로부터 Kirchhoff 전압법칙(KVL)이 성립하는지를 확인하시오.

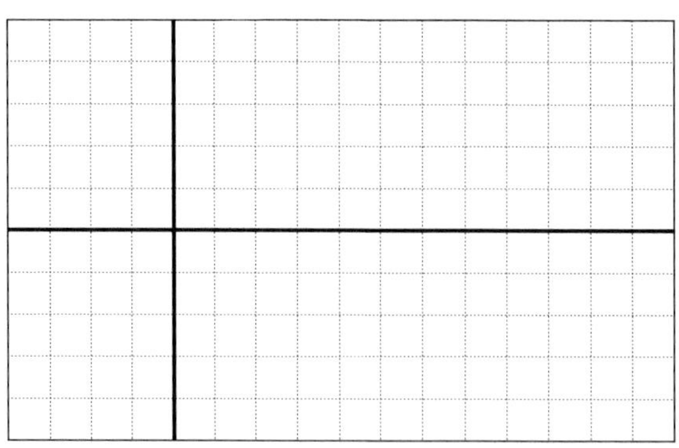

4〉 통상적으로 전력은 실효치로 표기한다. 다음 값들을 구하시오.

〈1〉 역률($\cos\theta$):

〈2〉 유효전력(P):

〈3〉 무효전력(Q):

3. 그림을 참조하여 X_L는 주파수(f) 및 인덕턴스(L)와 어떤 관계를 가지는지를 설명하시오.

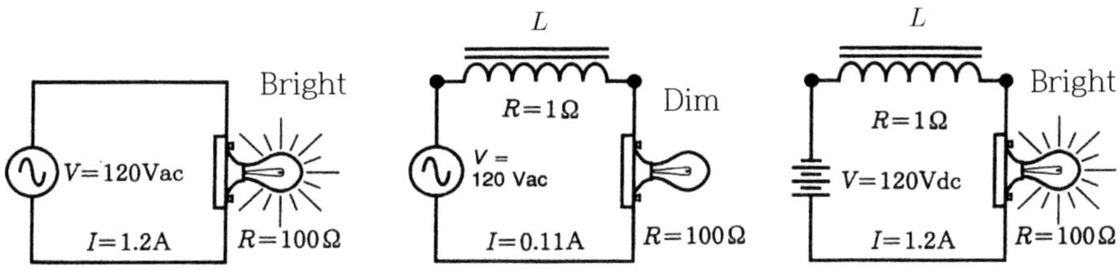

1〉 첫 번째와 두 번째 그림으로부터: $X_L[\Omega] \propto$

2〉 두 번째와 세 번째 그림으로부터: $X_L[\Omega] \propto$

3〉 첫 번째와 세 번째 그림으로부터:

4〉 위의 결과로부터 유도성 리엑턴스 $X_L[\Omega]$을 나타내시오.

4. 모든 선은 저항을 가지고 있으며 인덕터는 도선을 감아서 만들었기 때문에 인덕터에는 항상 저항이 존재한다. 도선을 여러 번 감아서 코일을 만들면 총 저항이 커질 수도 있다. 이 저항을 직류 저항 또는 권선 저항(winding resistance, R_W)이라고 한다. 이상적 인덕터는 저항이 $0[\Omega]$이지만, 실제 인덕터는 길이를 따라 분포된 저항값 R_W를 가진다.

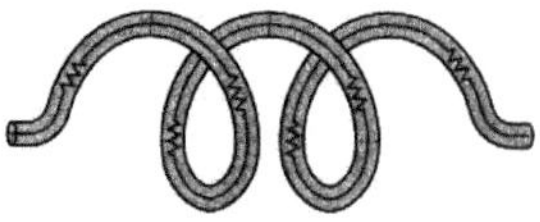

(a) 실제 인덕터

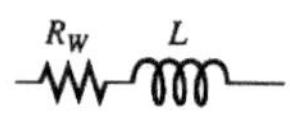

(b) 저주파 등가회로

1〉 실험에 사용되는 인덕터 $L=10[mH]$에 대해권선저항 R_W를 측정하시오.

2〉 실험에서 R_W의 영향을 줄이기 위해 동작주파수는 (크게, 적게) 하는 것이 좋다.
그 이유를 설명하시오.

3〉 인덕턴스 L을 측정하는 방법을 설명하시오.

[결과보고서]

실험제목					
실험일자	년　　월　　일(　　요일)			담당교수	㉤
성　　명		학 번		평 가	

RL 직렬회로를 다음과 같이 구성한다. 교류 전원전압은 $V_{S(pp)} = 12[V]$, 동작주파수는 $f = 10kHz$ 이고 소자값은 각각 $R = 1k\Omega$, $L = 10mH$이다.

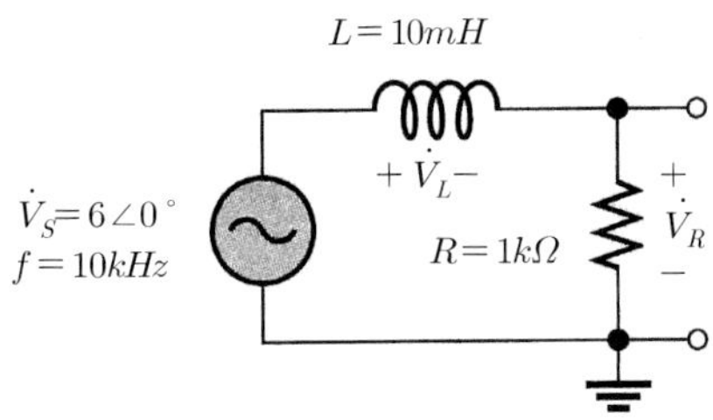

1. 전압파형 및 위상차 구하기

1〉 오실로스코프의 $CH1$과 $CH2$를 이용하여 각 전압파형을 그리시오.

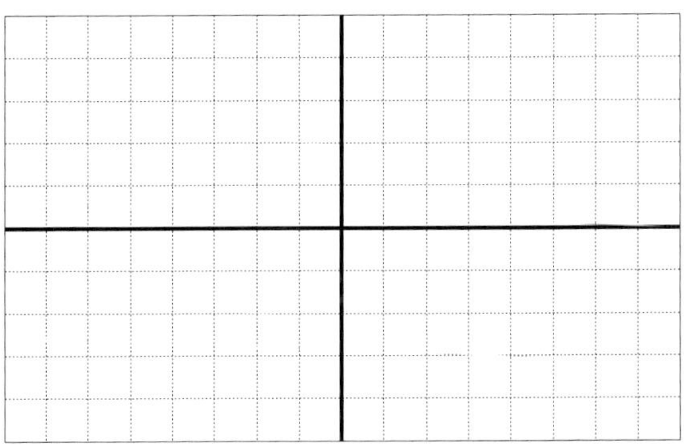

(실선) : $v_S(t)$
volt/div: ________

(점선) : $v_R(t)$
volt/div: ________

(v_S, v_R)이 앞선다

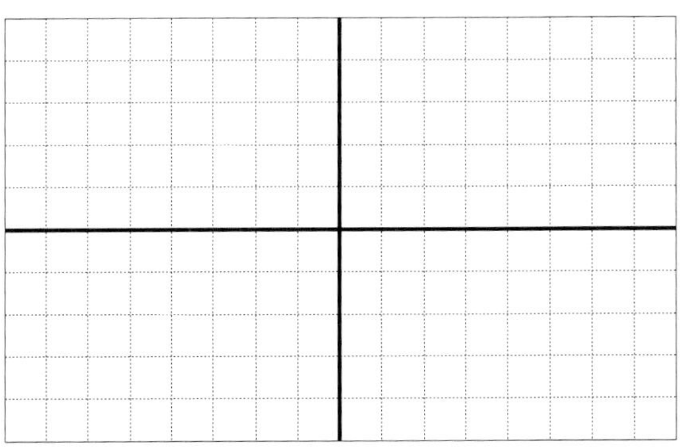

(실선) : $v_S(t)$
volt/div: ________

(점선) : $v_L(t)$
volt/div: ________

(v_S, v_L)이 앞선다

2〉 위의 그래프를 바탕으로 다음 표를 완성하시오. 전류는 Ohm 법칙을 적용한다.

[표 12-1] 전압 및 전류 측정

	피크치(최대치)			실효치		
	이론치	측정치	오차(%)	이론치	측정치	오차(%)
$v_R[V]$						
$v_L[V]$						
$v_S[V]$						
$i[mA]$						

3〉 전원전압 $v_S(t)$를 기준으로 하여 두 전압간의 위상차를 구하자.

[표 12-2] 위상차 측정

	이론치	측정치(계산과정)	오차(%)
v_S와 v_R			
v_S와 v_L			

2. 페이저도 구하기

1〉 위 자료들로부터 $\dot{V}_R$, $\dot{V}_L$ 및 $\dot{V}_S$를 페이저도에 나타내시오.

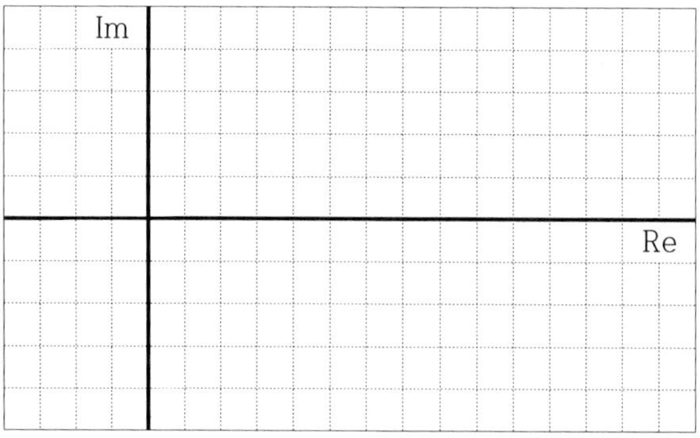

2〉 회로에서 전류 $\dot{I}$의 위상은 어느 것과 같은가? 위 페이저도에 나타내시오.

3〉 Kirchhoff 전압법칙 $V_S = V_R + V_L$이 성립하는가? 아니면 어떤 관계를 가지는가?

3. 리엑턴스(X_L) 및 임피던스(Z) 구하기

X_L의 단위는 [Ω]이지만 저항계를 사용하여 직접 측정할 수 없다. 그러나 RL직렬회로에서 L을 흐르는 전류는 R을 흐르는 전류와 같으므로 인덕터 양단전압을 측정하면 간접적으로 X_L를 구할 수 있다.

임피던스(Z) 및 리엑턴스(X_L)는 DMM을 이용하여 직접 구할 수 없으므로 다음 관계를 이용하여 간접적으로 구하시오.

$$I = I_R = \frac{V_R}{R} \quad 및 \quad I = I_L = \frac{V_L}{X_L} \qquad \therefore \ Z = \frac{V_S}{I}$$

[표 12-3] 교류전류, 리엑턴스 및 임피던스(Z) 측정

	이론치	측정치	오차(%)
$V_R[V]$			
$R[k\Omega]$			
▶ I[mA]			
$V_L[V]$			
▶ $X_L[k\Omega]$			
$V_S[V]$			
▶ $Z[k\Omega]$			

위에서 측정된 자료들로부터 회로의 임피던스도를 그리시오.

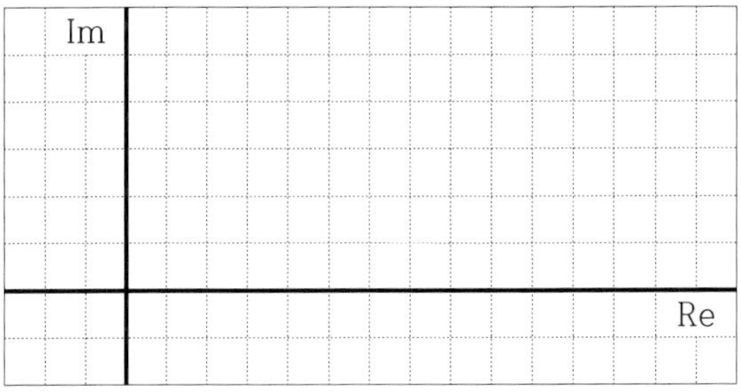

$\dot{Z} = R + jX_L$

$=$

• 위상각

$\theta =$

4. 유도성 리엑턴스에 대한 동작주파수 및 인덕턴스와의 관계

1〉 다음 각 주파수에 대해 측정치를 구하시오. 전류(i) 및 유도성 리엑턴스(X_L)는 측정된 값을 이용하시오.

[표 12-4] 주파수에 따른 교류전류 및 리엑턴스 측정

f	$V_R[V]$	$I_R[mA]$	$V_L[V]$	$X_L[k\Omega]$
$500Hz$				
$1kHz$				
$2kHz$				
$3kHz$				
$5kHz$				
$8kHz$				

2) 위의 표를 바탕으로 주파수(f)에 따른 X_L의 그래프를 그리시오. 이 그래프로부터 주파수(f)와 유도성 리엑턴스(X_L)의 관계를 식으로 나타내시오.

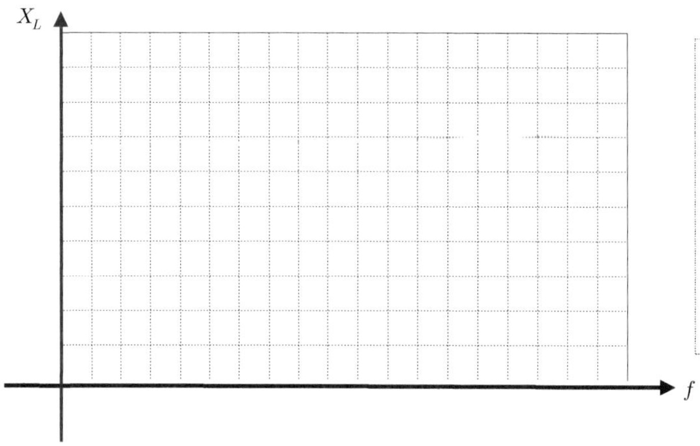

$X_L \propto$

3) 인덕턴스가 다음과 같이 변할 때, 유도성 리엑턴스 값을 구하시오. 단, 동작주파수 $f = 10kHz$로 한다.

[표 11-5] 인덕터의 값에 따른 리엑턴스 측정

L	$V_R[V]$	$I_R[mA]$	$V_L[V]$	$X_L[k\Omega]$
$1mH$				
$10mH$				
$40mH$				

4) 위 자료로부터 유도성 리엑턴스 X_L는 주파수의 증가에 따라 (증가, 감소)하고 인덕턴스에 증가에 따라 (증가, 감소)한다.

[토의 및 심화학습]

1. 다음 RL 직렬회로에서 측정된 오실로스코프 파형에 대해 답하시오.

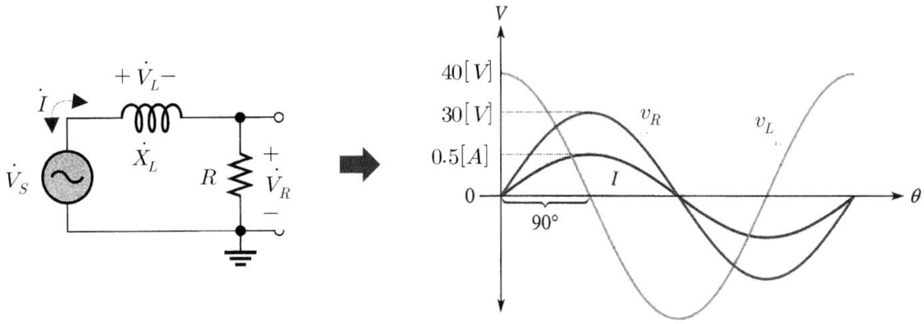

1〉 각 오실로스코프 파형으로부터 페이저도(크기 및 위상각)를 각각 그리시오.

- $\dot{I}$
- $\dot{V}_R$
- $\dot{V}_L$
- $\dot{V}_S$

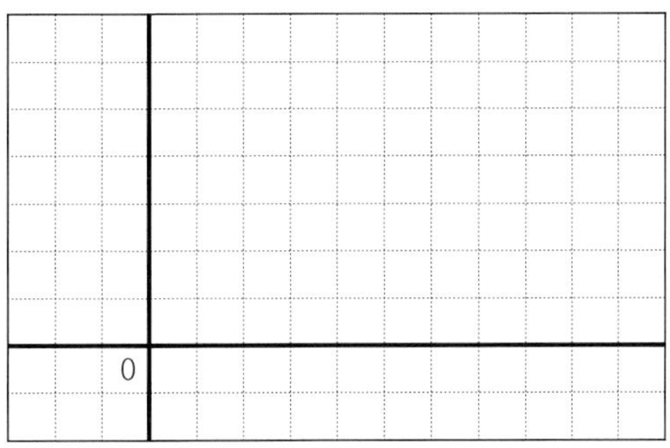

2〉 저항전압 $v_R(t)$과 전원을 흐르는 전류 $i(t)$은 (in phase, out of phase)이다.

3〉 저항 R을 구하시오.

4〉 $v_R(t)$과 $v_L(t)$에서 위상이 앞서는 것은 (　　　　)이고 위상차는 (　　　　)이다.

5〉 유도성 리엑턴스 X_L을 구하시오.

6〉 이 회로의 임피던스 $\dot{Z}$를 극좌표로 나타내시오.

7〉 이 회로의 역률(PF: power factor)은 얼마인가?

2. 어떤 인덕터를 저항계로 측정하니 얼마의 저항값을 나타내었다. 이 인덕터의 상태는 (정상, 고장)이란 것을 의미한다.

3. 다음 회로에 대해 물음에 답하시오.

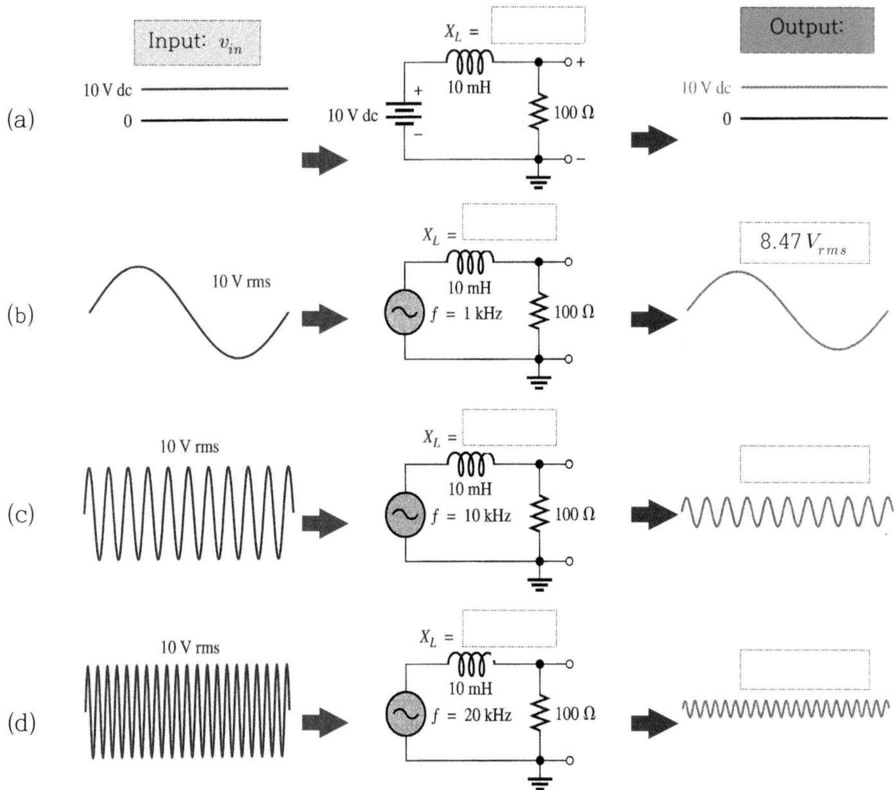

1) 각 경우에 유도성 리엑턴스(X_L)를 구하여 그림의 빈 간에 나타내시오.

(a) (b) (c) (d)

2) 그림 (a)의 경우, 입력이 직류(dc)이면 출력전압은 $10\,V$이다. 그 이유를 설명하시오.

3) 그림 (c)와 (d)의 경우에 대해 출력전압(v_{out})을 구하여 그림의 빈 간에 나타내시오.

(c) (d)

4) 주파수(f)가 증가함에 따라 출력전압 $v_R(t)$은 (증가, 감소)한다.

4. 의의 회로에서 전원전압($\dot{V}_S$), 저항전압($\dot{V}_R$) 및 인덕터전압($\dot{V}_L$)의 관계를 반원을 이용하면 아주 편리할 경우가 있다. 지름(diameter)을 전원전압으로 하고 원주상의 임의의 한 점을 선택하면 직각삼각형이 형성된다.

1〉 각 소자에 걸리는 전압의 상호관계를 설명하시오.

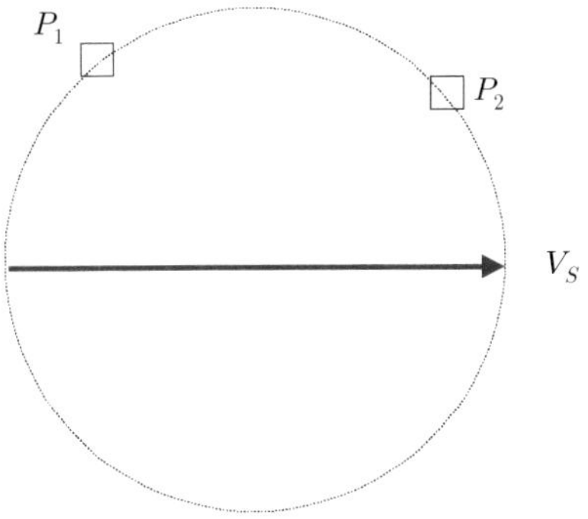

[설명]

2〉 토의사항 3에서 위의 관계가 성립하는 지를 (b)와 (c)에 대해 확인하시오.

(b) (c)

5. 다음 교류회로에 대해 물음에 답하시오.

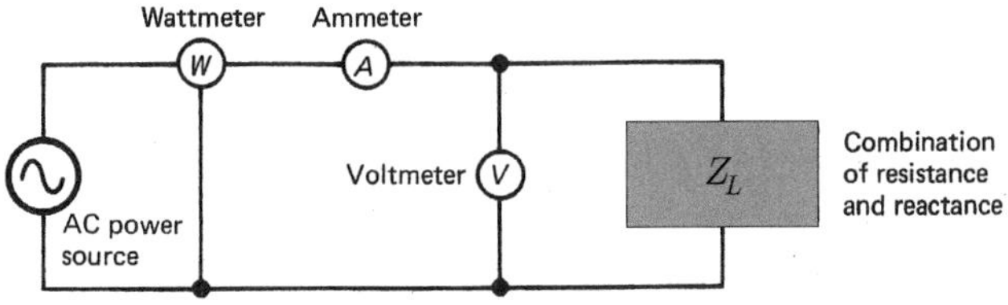

1〉 전류계와 전압계가 나타내는 값은 최대치인가 아니면 실효치인가?

2〉 전력계(wattmeter)가 나타내는 값은 최대치인가 아니면 실효치인가?

3〉 위 회로에서 역률(PF : power factor)은 어떻게 측정할 수 있나?

6. 그림과 같이 부하에 전류검출용 저항 R_2을 직렬로 연결하여 전압계로 전원전압(V_3), 저항양단전압(V_2) 및 부하전압(V_1)을 각각 측정한 후, 이를 바탕으로 역률 및 부하전력을 구하고자 한다. 단 부하(Z)는 통상 모터와 같이 지상(lag)이라고 한다.

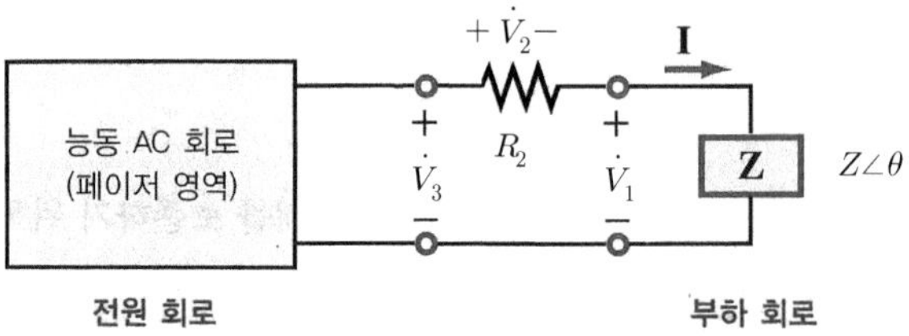

1) 각 전압 및 전류의 페이저도(phasor diagram)를 그리시오.

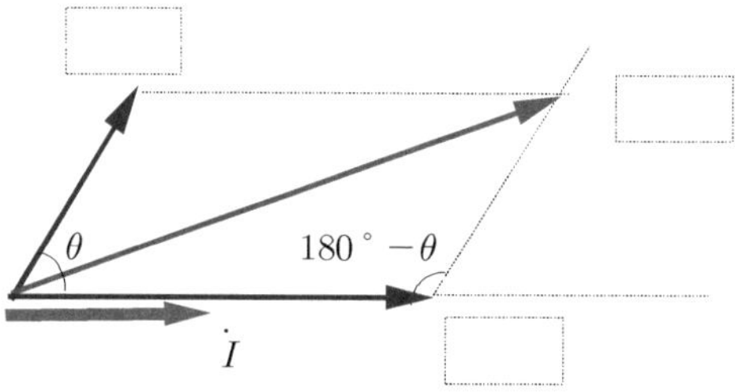

2) 부하역률 및 부하전력을 구하시오. 답: $\cos\theta = \dfrac{V_3^2 - V_1^2 - V_2^2}{2V_1V_2}$, $P = \dfrac{V_3^2 - V_1^2 - V_2^2}{2R_2}$

3) 역률을 개선하는 방법을 설명하시오. 개선하면 어떤 효과를 가지는가?

실험 13장

RC 병렬회로

1. 회로개요
2. 회로해석

CHAPTER 13

RC 병렬회로

실험목적

저항(R)과 커패시터(C)로 구성된 RC 병렬회로에서 주파수 변화에 따른 리액턴스 변화를 익히고, Ohm 법칙과 Kirchhoff 법칙을 이용하여 교류신호에 대한 전류 및 전압의 위상관계를 이해한다.

기초이론

회로에서 인가전압 $v_S(t)$는 저항과 커패시터에 병렬로 연결되어 있으므로 각 소자(저항과 커패시터)의 양단전압은 크기와 위상(phase)이 서로 동일하다. 그러나, 임피던스(impedance)를 해석하기보다는 병렬이므로 어드미턴스(admittance)를 활용한 전류(i)를 해석하는 것이 더욱 효율적이라고 할 수 있다.

1. 회로개요

그림 13-1은 가장 단순한 RC병렬회로를 나타낸 것이다. 병렬회로에서 중요한 요소는 각 소자에 흐르는 전류이다. 병렬회로의 합성은 어드미턴스($\dot{Y}$)를 구하면 간략히 나타낼 수 있다.

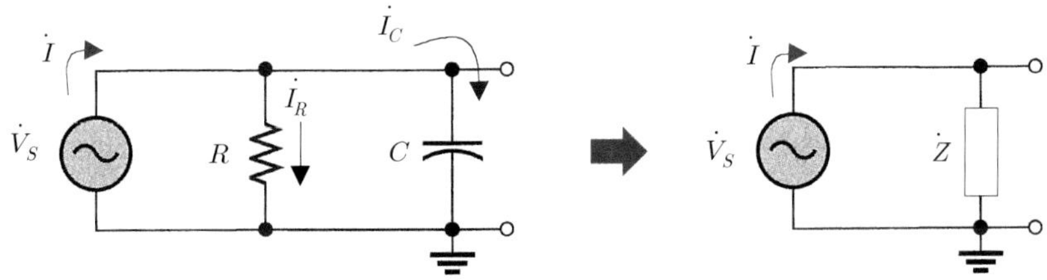

[그림 13-1] 간단한 RC 병렬회로

먼저 커패시터에 대해 용량성 리액턴스 $\dot{X}_C$를 구하고 어드미턴스를 구한다.

$$\frac{1}{\dot{Z}} = \frac{1}{R} + \frac{1}{\dot{X}_C}, \qquad \dot{Y} = \frac{1}{\dot{Z}} \tag{13-1}$$

따라서 회로를 흐르는 전체전류는 다음과 같이 표현할 수 있다.

$$\dot{I} = \frac{\dot{V}}{\dot{Z}} = \dot{Y}\dot{V} \tag{13-2}$$

2. 회로해석

1〉 RC 병렬회로에서 전류해석

전체 전류 $\dot{I}$는 저항에 흐르는 전류 $\dot{I}_R$과 커패시터에 흐르는 전류 $\dot{I}_C$로 나누어진다. 또한, 저항의 양단전압 $\dot{V}_R$과 저항에 흐르는 전류 $\dot{I}_R$의 위상은 서로 같다.

우리가 실험 11장에서 익힌 것처럼 커패시터에 흐르는 전류 $\dot{I}_C$는 커패시터의 양단전압 $\dot{V}_C$보다 90° 앞선다. 따라서 커패시터에 흐르는 전류 $\dot{I}_C$는 저항에 흐르는 전류 $\dot{I}_R$ 보다 90° 앞서게 된다.

전체 전류 $\dot{I}$는 Kirchhoff 전류법칙(KCL)에 의해 두 전류의 페이저 합이 된다. 이를 수식으로 표현해 보자.

$$\dot{I}=\dot{I}_R+\dot{I}_C=\frac{\dot{V}_R}{R}+\frac{\dot{V}_R}{\dot{X}_C}$$ 으로부터

$$\dot{I}=\frac{\dot{V}_R}{R}+\frac{\dot{V}_R}{-jX_C}=\frac{\dot{V}_R}{R}+j\frac{\dot{V}_R}{X_C} \tag{13-3}$$

$\dot{V}_R=V_R\angle 0°$ 라고 하면 위 식은 다음과 같이 바꿀 수 있다.

$$\dot{I}=\frac{V_R\angle 0°}{R\angle 0°}+\frac{V_R\angle 0°}{X_C\angle -90°} \tag{13-4}$$

$$\dot{I}=I_R\angle 0°+I_C\angle 90° \tag{13-5}$$

저항을 흐르는 전류를 기준으로 좌표를 정하면 다음과 같이 표현할 수 있다.

$$\dot{I}=I_R+jI_C \tag{13-6}$$

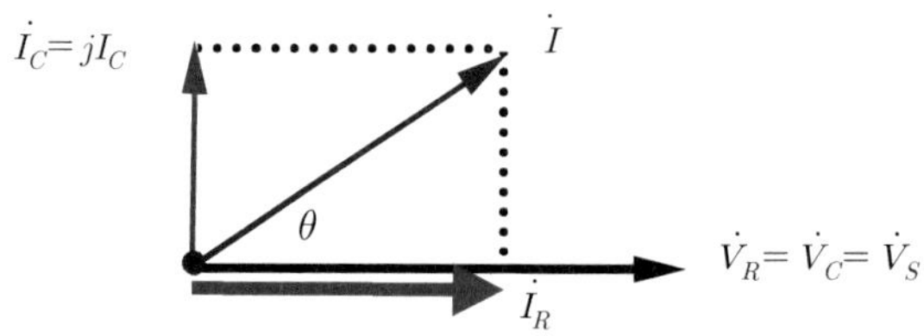

[그림 13-2] RC 병렬회로의 전류 페이저도

이를 극좌표 형식으로 나타내면,

$$\dot{I}=I\angle\theta=\sqrt{I_R^2+I_C^2}\angle\tan^{-1}\left(\frac{I_C}{I_R}\right) \tag{13-7}$$

이 된다. 여기서 전체 전류의 크기는

$$I = \sqrt{I_R^2 + I_C^2} = \sqrt{(\frac{V_R}{R})^2 + (\frac{V_R}{X_C})^2} = V_R\sqrt{(\frac{1}{R})^2 + (\frac{1}{X_C})^2} \tag{13-8}$$

이고, I_R과 I 사이의 위상차는 다음과 같으며 제1사분면에 존재한다.

$$\theta = \tan^{-1}(\frac{I_C}{I_R}) \tag{13-9}$$

다음으로 주파수(f, ω)의 변화에 따라 전류로부터 어드미턴스 궤적을 살펴보자. 식 (13-8)을 변형하면 전류 궤적과 어드미턴스 궤적은 동일하다.

$$I = \sqrt{I_R^2 + I_C^2} = V_R\sqrt{(\frac{1}{R})^2 + (\omega C)^2} \tag{13-10}$$

$$\dot{Y} = \frac{\dot{I}}{\dot{V}_R} = \frac{1}{R} + j\omega C$$

$$\theta = \tan^{-1}(\frac{I_C}{I_R}) = \tan^{-1} wRC \tag{13-11}$$

따라서 어드미턴스 궤적은 I_C축(가변축)에 평행한 반직선 궤적을 가진다.

2) RC 병렬회로의 임피던스와 위상각

그림 13-3은 저항과 커패시터로 이루어진 RC 병렬회로를 나타낸 것이다.

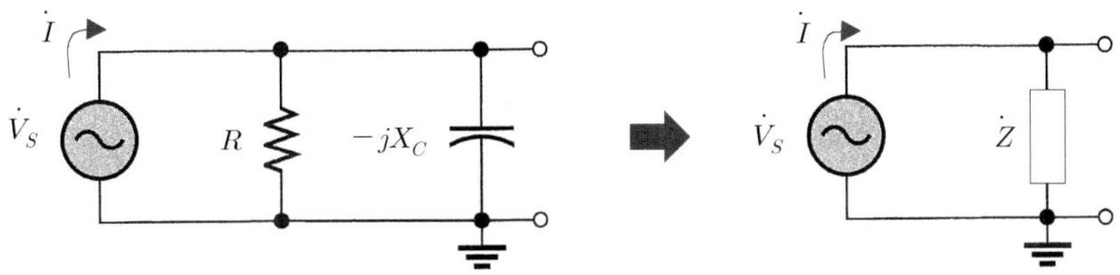

[그림 13-3] RC 병렬회로의 임피던스

우선 커패시터(C)에 의한 용량성 리엑턴스(X_C)는 다음과 같다.

$$X_C = \frac{1}{\omega C} = \frac{1}{2\pi f C}[\Omega] \tag{13-12}$$

그림에서 임피던스(impedance: Z)는 저항(R)과 용량성 리엑턴스(X_C)의 병렬연결이므로 이를 직각좌표 형태로 나타내면 다음과 같다.

$$\dot{Z} = R // (-jX_C)[\Omega] \tag{13-13}$$

그림 13-3에서 임피던스(Z)를 계산하면,

$$\dot{Z} = (\frac{1}{R} + \frac{1}{-jX_C})^{-1} = \frac{(R)(-jX_C)}{R + (-jX_C)} \tag{13-14}$$

로 되며, 이를 극좌표 형식으로 바꾸면 다음과 같이 나타낼 수 있다.

$$\dot{Z} = \frac{(R\angle 0^\circ)(X_C\angle -90^\circ)}{\sqrt{R^2+X_C^2}\angle \tan^{-1}(\frac{-X_C}{R})} = \frac{RX_C\angle(0^\circ - 90^\circ)}{\sqrt{R^2+X_C^2}\angle -\tan^{-1}(\frac{X_C}{R})} \tag{13-15}$$

$$\dot{Z} = \frac{RX_C}{\sqrt{R^2+X_C^2}}\angle(-90^\circ + \tan^{-1}(\frac{X_C}{R})) \tag{13-16}$$

따라서, 극좌표 $\dot{Z} = Z\angle\theta$ 에서 $\dot{Z}$의 크기(Z)는 다음과 같다.

$$Z = \frac{RX_C}{\sqrt{R^2+X_C^2}} = \frac{R}{\sqrt{(\omega RC)^2 + 1^2}} \tag{13-17}$$

또한 인가전압과 회로전체 전류와의 위상각 θ는 다음과 같이 제4사분면에 표시된다.

$$\theta = -90^\circ + \tan^{-1}(\frac{X_C}{R}) = -90^\circ + \tan^{-1}(\frac{1}{\omega RC}) \tag{13-18}$$

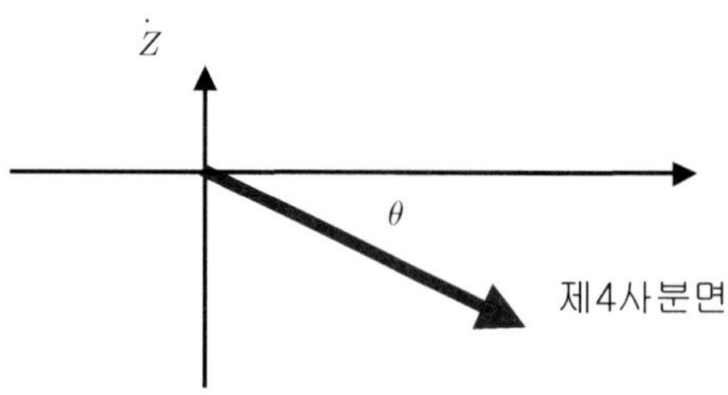

[그림 13-4] RC 병렬회로의 임피던스 다이어그램

식 (13-17)과 식 (13-18)에 의하면 주파수가 증가함에 따라 임피던스의 크기는 감소하며 위상각은 -90°에 가까워진다. 따라서 RC 병렬회로에서 임피던스 $\dot{Z}$궤적은 4상한에서 주파수가 증가함에 따라 가변하지 않는 축에 중심을 가지는 반원의 형태를 나타낸다.

이와 더불어 이 RC 병렬회로의 역률($\cos\theta$)을 구해 보자. 그림 13-3의 페이저도로부터 역률의 정의에 의해 전원전압 $\dot{V}_S$와 전류 $\dot{I}$의 위상차는 $\theta=\theta_v-\theta_i$이고, $\cos\theta$은 우함수 $\cos\theta=\cos(-\theta)$이므로 정리하면 다음과 같다.

$$\cos\theta=\frac{I_R}{I}=\frac{V/R}{VY}=\frac{V/R}{V/Z}=\frac{Z}{R}$$

여기서 $\dot{V}_S$는 $\dot{I}_R$과 위상이 동일하다. 종종 직렬회로와 달리 오류를 범하기 쉬우므로 그림을 그려가면서 학습하길 바란다.

3〉 등가 직렬회로

주어진 병렬회로에 대해 해석한 임피던스를 바탕으로 등가의 직렬회로로 변환할 수 있다. 어떤 회로의 단자에서 측정한 임피던스가 또 하나의 다른 회로에서 측정한 임피던스가 같다면 이들 두 회로들은 등가(equivalent)라고 부른다. 즉, 단자에서 임피던스의 크기(magnitude)와 위상각(phase angle)이 동일한 두 회로들은 등가회로가 된다.

어떤 회로에 대해 임피던스를 극좌표형식으로 구하고 이를 바탕으로 임피던스 삼각형을 그린다. 삼각형의 수평성분이 등가 직렬회로의 등가저항(R_{eq})이 되며 수직성분이 등가 직렬회로의 등가 용량성 리엑턴스($X_{C(eq)}$)가 된다.

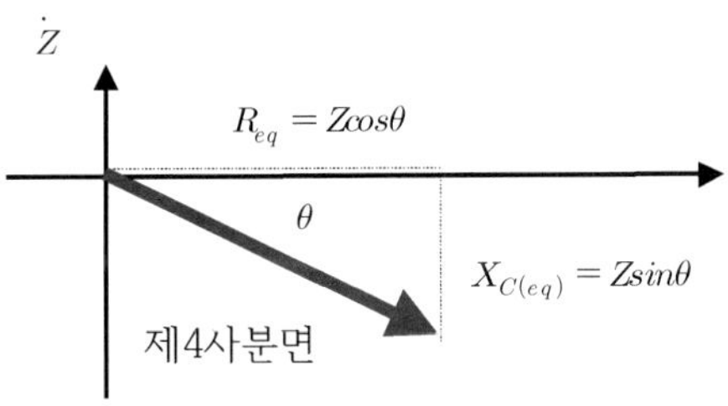

[그림 13-5] RC 병렬회로의 등가 직렬회로를 구하기 위한 임피던스도

임피던스 $\dot{Z}=\frac{RX_C}{\sqrt{R^2+X_C^2}}\angle\left(-90^\circ+\tan^{-1}\left(\frac{X_C}{R}\right)\right)$를 간략히 정리하면 다음과 같다.

$$\dot{Z}=Z\angle\theta=Z(\cos\theta+j\sin\theta) \tag{13-19}$$

그림 13-5와 식 (13-17)로부터 실수부와 허수부로 다음과 같이 간략화되며 그림 13-6과 같이 직렬성분의 등가저항과 등가 커패시턴스를 구할 수 있다.

$$\dot{Z}=R_{eq}-jX_{eq}=R_{eq}-j\frac{1}{2\pi fC_{eq}} \tag{13-20}$$

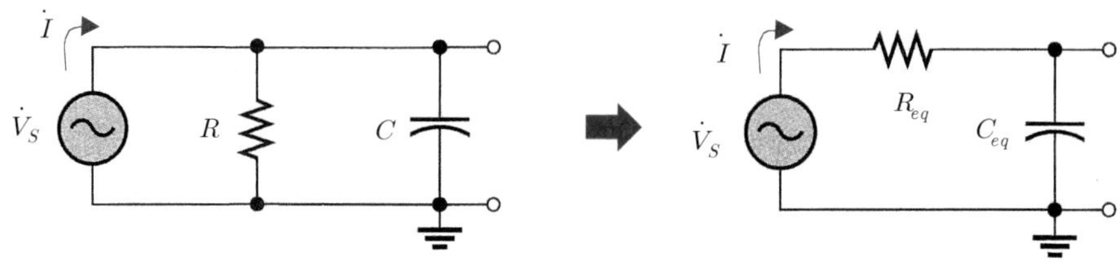

[그림 13-6] RC 병렬회로의 등가회로

RC 병렬회로에서 전류가 전압보다 앞서는 진상역률을 가진다.

[실험장비 및 부품]

사용장비	품 목	규 격	소요량
Function generator Oscilloscope Breadboard	Resistor Capacitor	100Ω, $22k\Omega$ $0.01\mu F$	각 1개 1개

[예비보고서]

1. 다음 회로에 대해 답하시오.

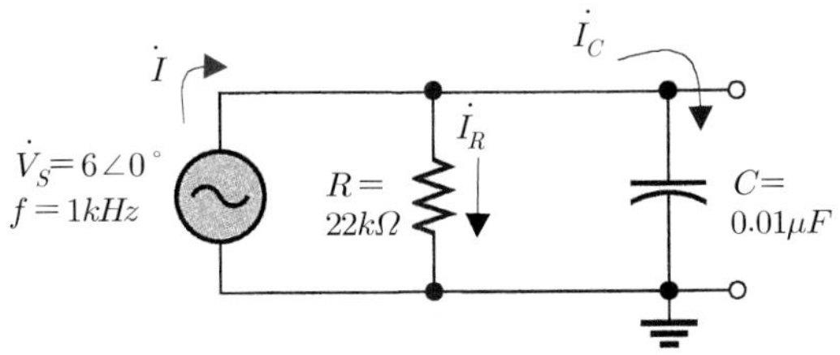

1〉 전류 $\dot{I}_R$, $\dot{I}_C$ 및 $\dot{I}$ 를 구하시오.(소수 둘째자리까지)

〈1〉 $\dot{I}_R$

〈2〉 $\dot{X}_C$ 및 $\dot{I}_C$

〈3〉 $\dot{I}$

2〉 위에서 구한 각 전류의 페이저 도를 그리시오. 이로부터 Kirchhoff 전류법칙이 성립하는지를 확인하시오.

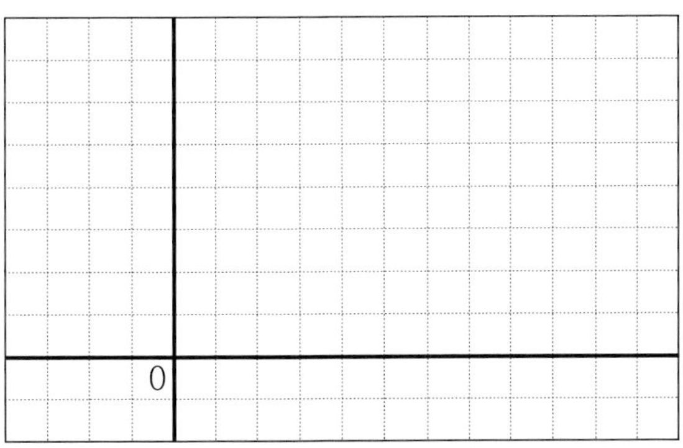

3) 위의 자료로부터 회로역률, 유효전력, 무효전력 및 피상전력을 구하시오.

〈1〉 역률($\cos\theta$)

〈2〉 유효전력(P)

〈3〉 무효전력(Q)

〈4〉 피상전력(S)

4) 위의 자료를 바탕으로 RC 병렬회로의 합성임피던스($\dot{Z}$)를 구하시오.

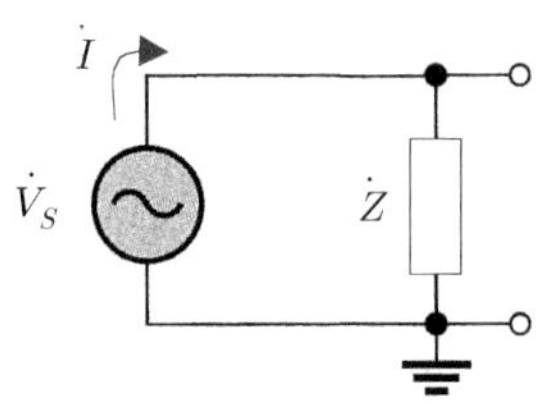

2. RC 병렬회로에서 주파수 ω가 변할 경우, 임피던스 궤적과 어드미턴스 궤적을 그린다면 각각에 대해 그 궤적을 그리시오.

	Z 궤적	Y 궤적
RC 병렬회로		

[결과보고서]

실험제목					
실험일자	년 월 일(요일)			담당교수	㉿
성 명		학 번		평 가	

1. 다음 그림과 같이 회로를 구성하시오.

교류전원과 직렬로 연결된 저항 R_S는 원래 회로에 영향을 끼치지 않는 가능한 한 적은 값으로 하여 $i(t)$, $i_R(t)$ 및 $i_C(t)$를 측정하시오.

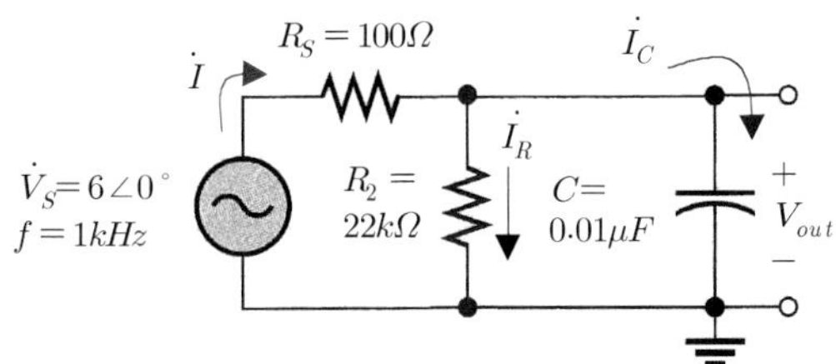

1〉 오실로스코프 CH1과 CH2를 이용하여 각 전압 및 전류파형을 그리시오.

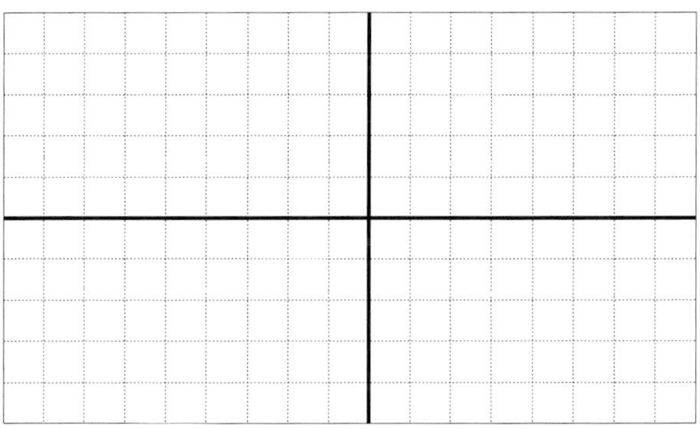

———— : $v_S(t)$
volt/div: ______

●●●●● : $i(t)$
mA /div: ______

(v_S, i)가 앞선다

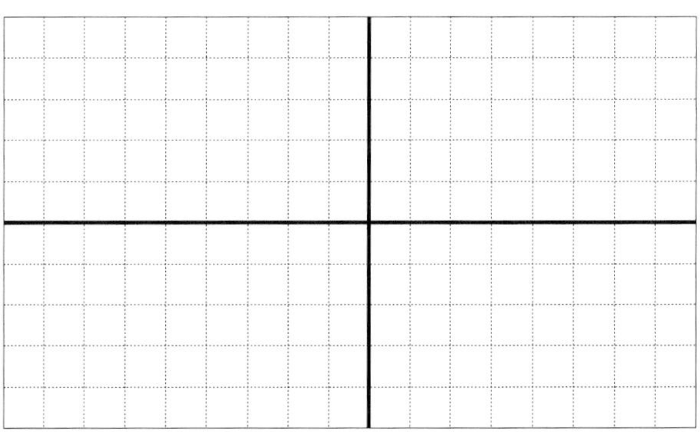

———— : $i_R(t)$
mA/div: ______

●●●●● : $i_C(t)$
mA/div: ______

(i_R, i_C)이 앞선다

2〉 위에서 $i(t)$와 $i_C(t)$를 측정하기 위해 배치한 회로를 각각 그리시오.

〈1〉 $i(t)$

〈2〉 $i_C(t)$

〈3〉 위와 같이 적용할 수 있는 이유를 각 회로에 대해 설명하시오.

3〉 위 그래프를 바탕으로 표 13-1을 완성하시오.

[표 13-1] 전압 및 전류 측정

	피크치(최대치)			실효치		
	이론치	측정치	오차(%)	이론치	측정치	오차(%)
$i_R[mA]$						
$i_C[mA]$						
$v_S[V]$						
$i[mA]$						

4〉 전원전압 $v_S(t)$를 기준으로 하여 각 전류간의 위상차를 구하자.

[표 13-2] 위상차 측정

	이론치	측정치	오차(%)
v_S와 i			

	이론치	측정치	오차(%)
i_R와 i_C			

2. 페이저도 구하기

1〉 위의 자료들로부터 $\dot{I}_R$, $\dot{I}_C$ 및 $\dot{I}$를 페이저도에 나타내시오.

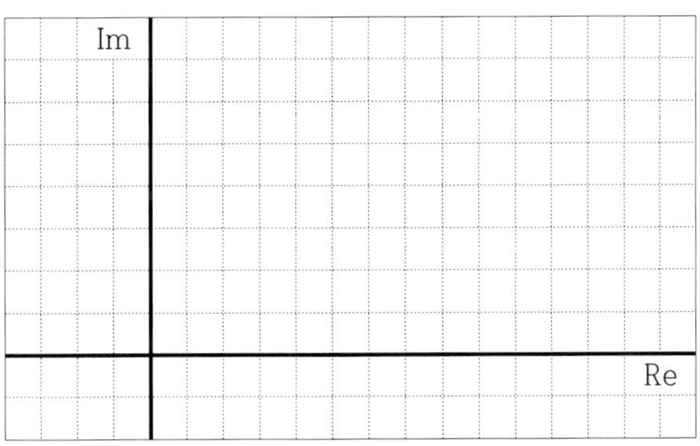

2〉 회로에서 전원 $\dot{V}_S$의 위상은 어느 것과 같은가? 위 페이저도에 나타내시오.

3〉 Kirchhoff 전류법칙 $I = I_R + I_C$이 성립하는가? 아니면 어떤 관계를 가지는가?

3. 임피던스(Z) 구하기

X_C의 단위는 $[\Omega]$이지만 저항계를 사용하여 직접 측정할 수 없다. 그러나 RC 병렬회로에서 V_C와 V_R 전압이 같으므로 간접적으로 X_C와 임피던스를 구할 수 있다.

1〉 임피던스 측정

임피던스(Z) 및 리엑턴스(X_C)는 DMM을 이용하여 직접 구할 수 없으므로 다음 관계를 이용하여 측정값을 바탕으로 간접적으로 구하시오.

- $V_R = I_R R = I_C X_C$ 에서
- $I = \dfrac{V_S - V_R}{R_S}$, $\quad Z = \dfrac{V_S}{I}$

[표 13-3] 교류전류, 리엑턴스 및 임피던스(Z) 측정

	이론치	측정치	오차(%)
$V_R[V]$			
$R[k\Omega]$			
$I[\mathrm{mA}]$			
$V_C[V]$			
$X_C[k\Omega]$			
$V_S[V]$			
$Z[k\Omega]$			

2〉 위에서 측정된 자료들로부터 회로의 임피던스도를 그리시오.

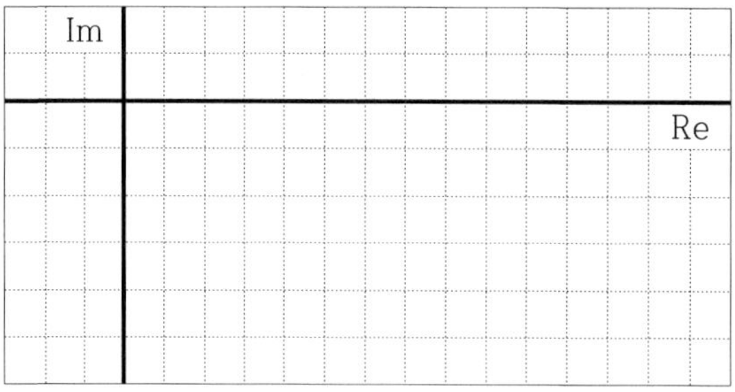

$\dot{Z} = R \pm jX$

$=$

- 위상각

$\theta =$

[토의 및 심화학습]

1. RC 병렬회로에서

1〉 합성전류($\dot{I}$)는 몇 사분면에 존재하는가?

2〉 커패시터를 흐르는 전류를 측정코자 한다. 전압 프로브(voltage probe)를 사용한다고 한다. 어떻게 하면 측정가능한 지를 회로도를 그려서 설명하시오.

2. 다음 RC 병렬회로에 대해 답하시오.

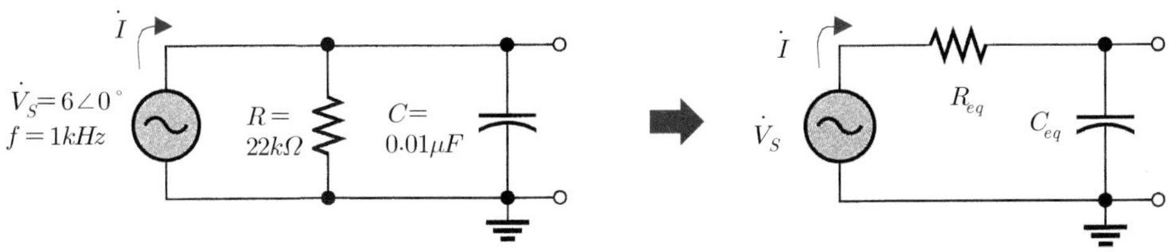

1〉 부하를 직렬 등가회로로 바꾸면 등가저항과 등가 커패시턴스를 각각 구하시오.

2〉 회로의 부하 임피던스($\dot{Z}$)는 몇 사분면에 있는가?

3〉 회로의 역률($\cos\theta$)을 구하시오.

3. 다음 RC 직병렬회로에 대한 측정실험을 수행한다. 물음에 답하시오.

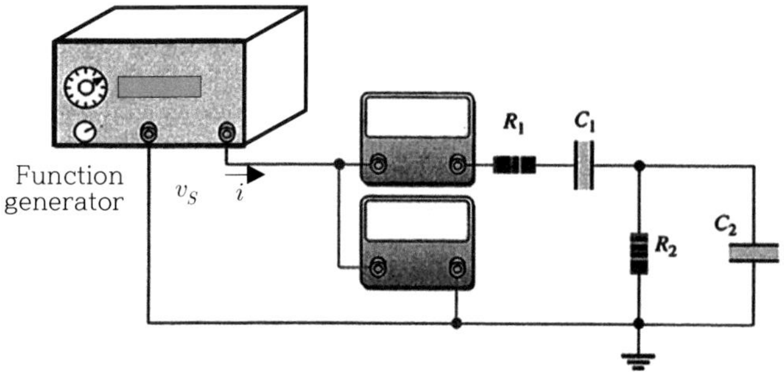

- 전원전압
  $v_S(t) = 12\cos 10000\pi t$
- $R_1 = 1k\Omega$, $C_1 = 0.1\mu F$
  $R_2 = 680\Omega$, $C_2 = 0.05\mu F$

1〉 위 그림을 바탕으로 회로도를 그리시오.

2〉 다음 값들을 바탕으로 총 임피던스($\dot{Z}$)를 구하시오.

〈1〉 $f=$

〈2〉 $X_{C1}=$

〈3〉 $X_{C2}=$

〈4〉 $\dot{Z}_1=$

〈5〉 $\dot{Z}_2=$

〈6〉 $\dot{Z}=$

답: $1.47\angle -26.5^\circ$ $[k\Omega]$

3〉 전압계(voltmeter)와 전류계(ammeter)를 구분하여 구하고 각 지시값을 그림에 나타내시오.

답: Ⓥ$: 12/\sqrt{2}\,[V]$, Ⓐ$: 8.2/\sqrt{2}\,[mA]$

4〉 각 전력을 구하고자 한다. 해당값을 구하시오.

〈1〉 공급전력 P_S

〈2〉 $\dot{Z}_1$에서 소비되는 전력 P_1

〈3〉 $\dot{Z}_2$에서 소비되는 전력 P_2

4. 다음과 같은 직병렬회로에서 인가전압이 $v_S(t) = 100\sin\omega t[V]$ 일 때, 두 전류가 각각 $i_1(t) = 5\sin(\omega t + 60°)[A]$, $i_2(t) = 2\cos(\omega t + 120°)[A]$ 라고 한다. 물음에 답하시오.

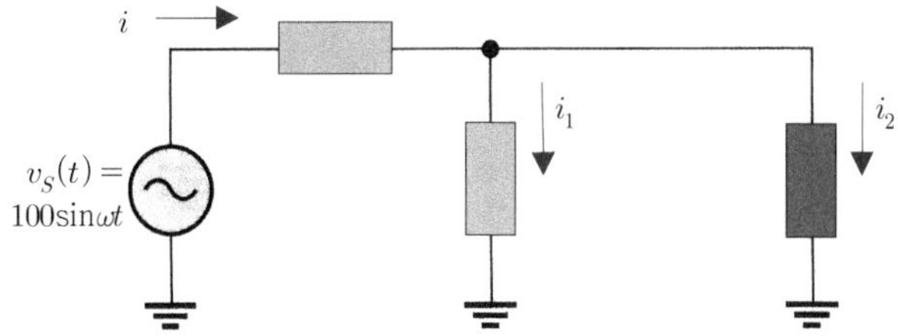

1) 전류 $i(t)$를 구하시오.

답: $i(t) = 3.4\sin(\omega t + 76.7°)[A]$

2) 인가전압을 기준으로 전류 $\dot{I}_1$, $\dot{I}_2$ 및 $\dot{I}$ 의 페이저도를 그리시오.

3) 이 회로의 복소전력 $\dot{S}$ 과 역률($\cos\theta$)을 구하시오.

4) 이 회로의 부하는 용량성(capacitive)인가 유도성(inductive)인가?

실험 14장

RC 필터회로

1. 저주파통과 필터(LPF: Low-Pass Filter)
2. 고주파통과 필터(HPF: High-Pass Filter)

CHAPTER 14

RC 필터회로

실험목적

저항(R)과 커패시터(C)로 구성된 RC 필터를 구현하여 입력신호 파형의 주파수 변화에 따른 출력전압과 위상관계를 이해하고, 이를 바탕으로 Bode 선도(Bode plot)를 그려 차단 주파수 및 대역폭의 관계를 학습한다.

기초이론

필터(filter)는 특정범위의 주파수(f)를 갖는 입력신호는 출력쪽으로 잘 통과시키고, 이를 제외한 나머지 범위의 주파수를 갖는 신호는 통과되지 못하도록 막아주는 회로이다.

1. 저주파통과 필터(LPF: Low-Pass Filter)

낮은 주파수(low frequency)들은 통과시키고 높은 주파수(high frequency)들은 차단하는 기능을 가진 회로로서 저역통과 필터라고도 한다.

1) 동작원리

RC 직렬회로는 커패시터 양단전압 v_C을 출력신호 v_{out}으로 취한다. 입력신호를 걸러내는 필터의 동작을 이해하기 위해서는 출력신호전압이 입력신호전압의 주파수에 따라 어떻게 변하는지를 알아보자. 그림 14-1은 낮은 주파수를 통과시키는 회로 동작에 대해 몇 가지 입력신호의 주파수에 대해 해당 출력을 나타낸 것이다.

그림 (a)에서 입력신호는 직류(dc)이므로 주파수는 $0Hz$이다. 직류는 커패시터를 통과하지 못하므로 저항양단의 전압은 $0V$가 된다. 따라서 출력전압은 입력신호의 전압과 동일하다. 그림 (b)에서는 입력전압의 주파수가 $1kHz$로 증가하면, 용량성 리액턴스 $X_C = 1/2\pi fC$는 160Ω으로 감소한다. 입력전압의 실효값이 $10V_{rms}$일 때, 출력전압은 $v_{out} \simeq 8.47V_{rms}$가 된다. 그림 (c)와 같이 입력전압의 주파수가 $10kHz$로 증가하면 $X_C \simeq 16\Omega$으로 더욱 감소한다. 따라서 실효값은 $v_{out} \simeq 1.58V_{rms}$가 된다.

마지막으로 그림 (d)와 같이 $f = 20kHz$로 증가시키면 출력전압은 더욱 감소하여 $0.8V_{rms}$를 가진다. 주파수를 더욱 증가시키면 주파수의 증가에 따라 용량성 리액턴스가 감소하므로 점점 $0V$에 가까워진다.

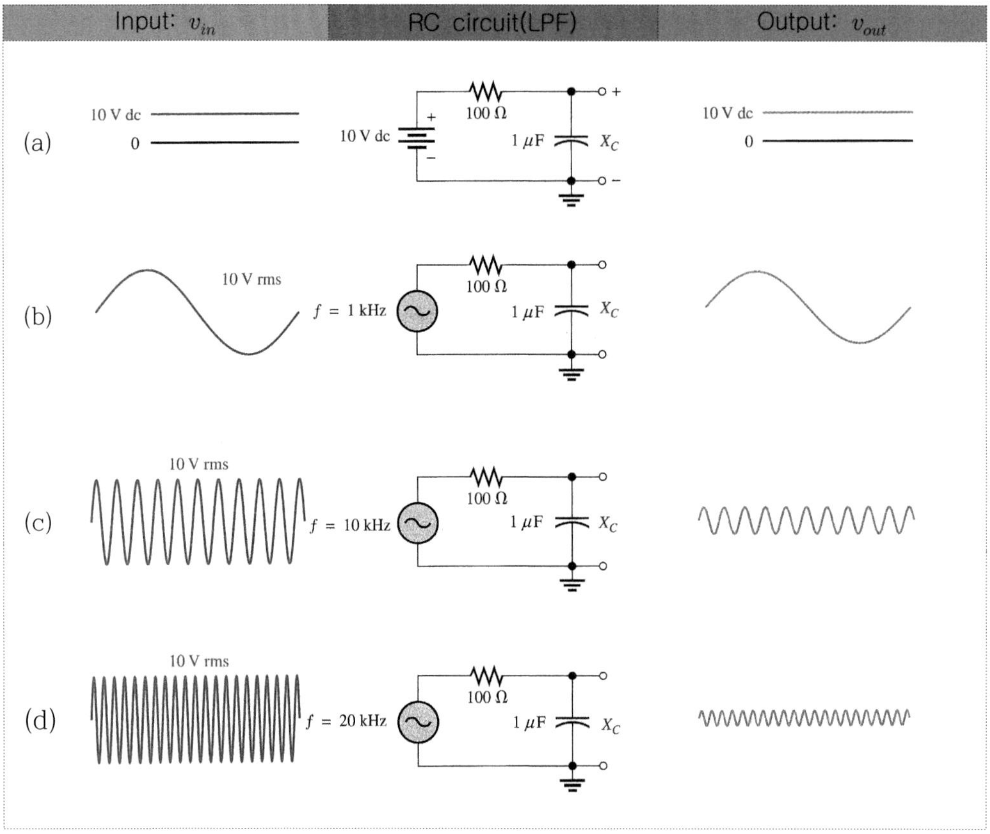

[그림 14-1] RC 저주파통과 필터의 개념

주파수의 증가에 따라 출력전압이 감소하는 저역통과 기능을 수행한다는 것을 알 수 있다. 즉 저주파수 신호만 통과시킨다.

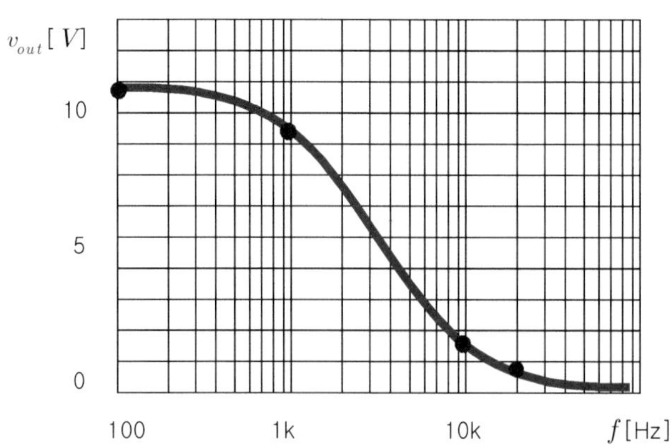

[그림 14-2] 저주파통과 필터의 실제적 응답곡선

2〉 회로해석

〈1〉 출력전압(v_{out}) 및 위상각(ϕ)

그림 14-1에 나타낸 RC 직렬회로에 대해 주파수에 따른 출력전압과 위상각 변화를 살펴보자. RC 직렬회로에서 출력전압과 입력전압의 관계를 구하면 전압분배법칙으로부터 다음과 같다.

$$\frac{\dot{V}_{out}}{\dot{V}_{in}} = \frac{-jX_C}{R-jX_C} = \frac{X_C\angle -90^\circ}{\sqrt{R^2+X_C^2}\angle \tan^{-1}(\frac{-X_C}{R})}$$

$$= \frac{X_C}{\sqrt{R^2+X_C^2}}\angle(-90^\circ + \tan^{-1}(\frac{X_C}{R}))$$

극좌표에서 크기와 위상각으로 분리하면 각각 다음과 같다.

$$\frac{V_{out}}{V_{in}} = \frac{X_C}{\sqrt{R^2+X_C^2}} = \frac{1}{\sqrt{(2\pi fRC)^2+1}} \qquad (14-1)$$

$$\phi(f) = -90^\circ + \tan^{-1}(\frac{1}{2\pi fRC}) \qquad (14-2)$$

식 14-1과 14-2에서 주파수가 증가함에 따라 크기는 감소함을 나타내고 있으며 위상각(ϕ)은 주파수의 증가에 따라 변하며 $f=1/2\pi RC$에서 -45°를 나타낸다.

〈2〉 임계주파수(차단주파수) 혹은 $3dB$주파수

필터의 원리는 원하는 주파수는 통과시키고 나머지는 차단시키는 것이다. 저역통과 필터(LPF: Low Pass Filter)는 이론적으로는 그림 14-3(a)와 같은 특성곡선을 가진다.

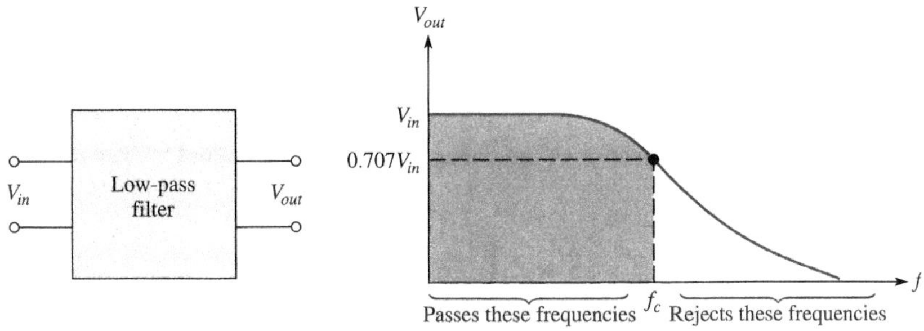

(a) 이상적 필터 (b) 실제적 필터

[그림 14-3] 이상적인 저주파통과 필터와 실제적 응답곡선

그러나 실제적으로는 이러한 날카로운 특성을 가질 수 없다. 따라서 그림 (b)와 같이 어떤 주파수의 통과와 차단을 구분하는 경계 주파수를 정하는 것이 필요하며 우리는 이 주파수를 임계주파수(f_c: critical frequency) 또는 차단주파수라 부른다.

입력주파수가 증가함에 따라 X_C는 감소하고 그 결과 출력전압 V_{out}은 $X_C=R$ 이 되는 주파수까지 서서히 전압값이 감소한다. 따라서 임계주파수(또는 차단주파수)는 $\frac{1}{2\pi fC}=R$ 로부터 $f_c=\frac{1}{2\pi RC}$가 된다. 또한 이 주파수에서 전압비(voltage ratio) 또는 전압이득(voltage gain)은 다음과 같다.

$$\frac{V_{out}}{V_{in}}=\frac{X_C}{\sqrt{R^2+X_C^2}}=\frac{R}{\sqrt{R^2+R^2}}=\frac{1}{\sqrt{2}}=0.707 \qquad (14\text{-}3)$$

즉 최대값의 0.707배가 되는 주파수를 칭한다.

또한 대역폭(BW: bandwidth)이란 필터에서 어떤 주파수가 출력으로 나오는지를 나타내는 주파수폭을 나타내는 것으로서 그림 14-3에서 대역폭을 구하는 것은 쉽게 이해할 수 있다.

$$BW=f_c-0=f_c \qquad (14\text{-}4)$$

우리는 소음을 측정할 때 데시벨(dB: decibel) 단위를 사용한다. 데시벨(dB: decibel) 단위는 인간의 귀가 소리의 세기에 대해 응답하는 정도를 로그(log)적으로 표현한 것이다. 원래 한 전력에 대한 다른 전력의 비로 정의한다.

$$dB=10\log\left(\frac{P_{out}}{P_{in}}\right) \qquad (14\text{-}5)$$

또는 전력이 $P=V^2/R$ 이므로 전압으로 바꾸면 다음과 같다. 즉 한 전압에 대한 다른 전압의 비로 정의한다.

$$dB=20\log\left(\frac{V_{out}}{V_{in}}\right) \qquad (14\text{-}6)$$

임계주파수를 dB로 표현해 보자. 이 주파수에서 $V_{out}=0.707V_{in}$을 대입하면

$dB=20\log\left(\frac{0.707V_{in}}{V_{in}}\right)=-3dB$가 된다.

이와 같이 우리는 차단주파수와 $-3dB$ 주파수는 같은 의미이다. 경우에 따라 반 전력 주파수(half power frequency)라고도 불린다. 그 이유는 $P\propto V^2$이므로 다음 관계가 성립

하기 때문이다.

$$\frac{P_{out}}{P_{in}} = \frac{1}{2}$$

〈3〉 Bode 선도(Bode plot)

미국의 공학자 Bode는 주파수특성 해석을 통해 시간영역 해석에서보다 간편하고 강력한 해석방법을 도입하였다. 그림 14-4를 Bode 선도라고 부르며 제어공학을 공부하는 학생들에게 너무나 잘 알려져 있는 주파수에 따른 전압이득(gain)과 위상(phase)의 조합으로 이루어져 있다.

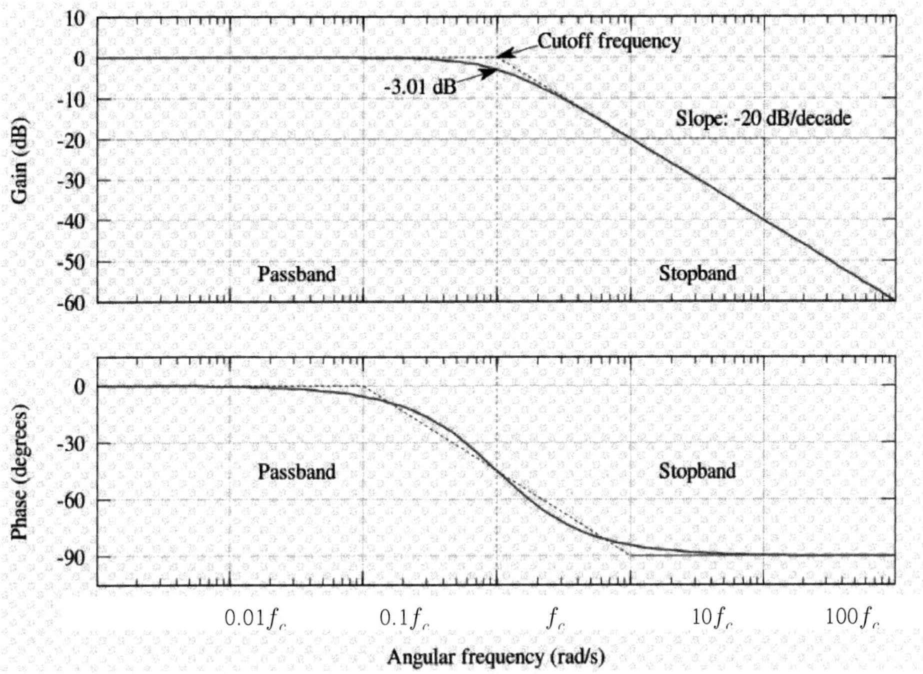

[그림 14-4] 저주파통과 필터의 Bode plot

이 Bode 선도는 x축은 주파수로 하고 y축은 전압비 혹은 전압이득(V_{out}/V_{in})으로 나타내며 최대출력은 $0dB$를 기준으로 한다. 그 이유는 출력이 최대로 되면 $V_{out} = V_{in}$이므로 $20\log(V_{out}/V_{in}) = 20\log(1) = 0dB$ 가 된다.

임계주파수에서 출력은 $0dB$에서 $-3dB$로 감소하며 이후에는 일정한 비율로 계속하여 감소한다. 이렇게 감소하는 형태를 주파수응답의 roll-off라고 부른다. 실제로 임계주파수(f_c) 이후, 주파수가 10배 증가할 때마다, 출력은 $20dB$씩 감소한다.

$$\frac{V_{out}}{V_{in}} = \frac{X_C}{\sqrt{R^2 + X_C^2}} = \frac{X_C}{\sqrt{(10X_C)^2 + X_C^2}}$$

$$= \frac{X_C}{\sqrt{X_C^2(100+1)}} = \frac{1}{\sqrt{101}} \simeq \frac{1}{10} = 0.1$$

$$20\log(\frac{V_{out}}{V_{in}}) = 20\log(0.1) = -20dB \quad (14-7)$$

2. 고주파 통과필터(HPF: High-Pass Filter)

높은 주파수는 통과시키고 낮은 주파수는 차단하는 기능을 가진 회로로서 고역통과 필터라고도 한다.

1〉 동작원리

이 회로에서 저항 양단전압 v_R을 출력신호 v_{out}으로 취한다. 출력전압(v_{out})의 크기 및 위상각(ϕ)에 대해 알아보자. 먼저 입력신호를 걸러내는 필터의 동작을 이해하기 위해서는 출력신호전압이 입력신호전압의 주파수에 따라 어떻게 변하는지를 알아보아야 한다. 그림 14-5는 회로 동작을 이해할 수 있도록 몇 가지 입력신호들의 주파수에 대해 해당 출력을 나타낸 것이다.

그림 (a)에서 입력신호는 직류(DC)이므로 주파수는 $0Hz$이다. 직류는 커패시터를 통과하지 못하므로 저항양단의 전압은 $0V$가 된다. 따라서 출력전압은 0이다. 그림 (b)에서는 입력전압의 주파수가 $100Hz$로 증가하면, $X_C = 1/2\pi fC$는 $1.59k\Omega$으로 감소한다. 이로부터 전압분배법칙이나 Ohm법칙을 사용하여 출력전압을 구하면 입력전압의 실효값이 $10V_{rms}$일 때, 출력전압은 $v_{out} \simeq 0.62V_{rms}$가 된다. 그림 (c)와 같이 입력전압의 주파수가 $1kHz$로 증가하면 $X_C \simeq 160\Omega$으로 더욱 감소한다. 따라서 실효값은 $v_{out} \simeq 5.3V_{rms}$가 된다. 마지막으로 그림 (d)와 같이 $f = 10kHz$로 증가시키면 출력전압은 더욱 증가하여 $9.87V_{rms}$를 가진다. 주파수를 더욱 증가시키면 주파수의 증가에 따라 용량성 리엑턴스가 감소하므로 점점 $0V$에 가까워지며 반면 저항 양단의 전압은 입력전압과 거의 같은 전압값을 가지게 된다.

위의 경향을 추론하면 입력신호의 주파수가 증가함에 따라 출력신호가 그대로 나타난다는 것을 알 수 있다. 이와 같이 고주파를 통과시키는 시스템회로이므로 우리는 이를 고주파통과 필터(high-pass filter)라고 부른다.

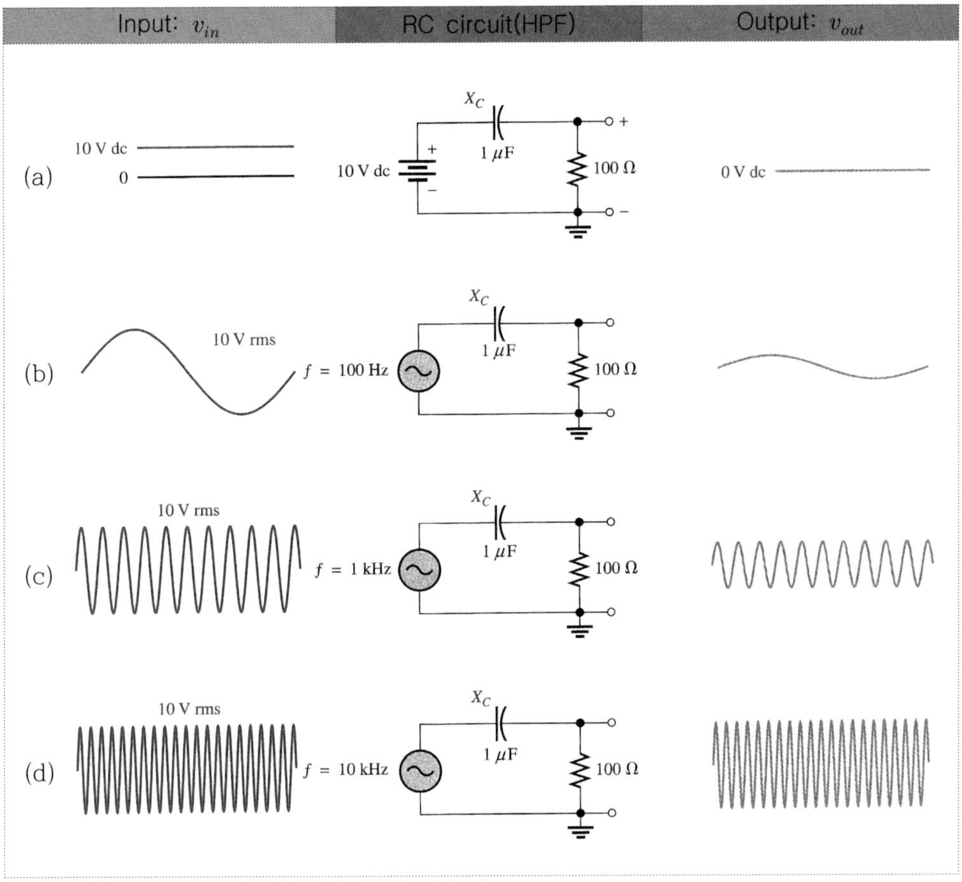

[그림 14-5] RC 고주파통과 필터 개념

2〉 회로해석

〈1〉 출력전압(v_{out}) 및 위상각

그림 14-5와 같은 RC 직렬회로에 대해 주파수에 따른 출력전압과 위상각 변화를 살펴보자. RC 직렬회로에서 출력전압과 입력전압의 관계를 구하면 다음과 같다. 여기서 출력전압은 저항양단전압으로 한다.

$$\frac{\dot{V}_{out}}{\dot{V}_{in}} = \frac{R}{R - jX_C}$$

$$= \frac{R\angle 0^\circ}{\sqrt{R^2 + X_C^2}\angle \tan^{-1}(\frac{-X_C}{R})} = \frac{R}{\sqrt{R^2 + X_C^2}}\angle \tan^{-1}(\frac{X_C}{R})$$

극좌표에서 크기와 위상각으로 분리하면 각각 다음과 같다.

$$\frac{V_{out}}{V_{in}} = \frac{R}{\sqrt{R^2 + X_C^2}} = \frac{2\pi fRC}{\sqrt{(2\pi fRC)^2 + 1}} \tag{14-8}$$

$$\phi(f) = \tan^{-1}(\frac{1}{2\pi fRC}) \tag{14-9}$$

위의 고주파통과 필터를 그래프로 그리면 그림 14-6과 같으며 이 통과필터의 임계주파수는 저주파통과 필터와 같다.

$$f_c = \frac{1}{2\pi RC}[Hz] \tag{14-10}$$

이 필터의 $-3dB$ 주파수는 $1.6kHz$이며 대역폭은 이 주파수보다 큰 신호는 모두 통과시킨다.

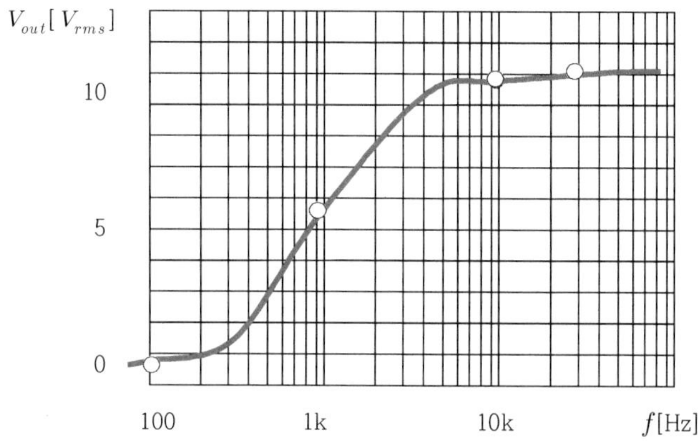

[그림 14-6] RC 고주파통과 필터의 실제적 응답곡선

〈2〉 고주파통과 필터의 Bode 선도

그림 14-6과 14-7에서 주파수가 증가함에 따라 출력전압의 크기는 증가함을 나타내고 있다. 통과대역의 아래쪽 끝지점의 주파수를 임계주파수라 한다. 저주파 통과필터에서와 같이 출력이 최대값의 70.7%가 되는 주파수이다. 또한 위상각은 주파수에 따라 $\tan\theta$의 그래프를 참조하면, 임계주파수 $f = 1/2\pi RC$ 에서 위상각은 45° 를 나타낸다.

입력주파수가 임계값을 가질 때, 저주파통과 필터에서처럼 $R = X_C$이고, 출력전압은 $0.707V_{in}$이다. 입력주파수가 f_c이상으로 증가하면 X_C는 감소하고 출력전압은 증가한다.

그림 14-7은 고주파통과 필터의 실제적 및 이상적인 응답곡선을 나타낸다. f_c 이하에서 출력전압은 $-20dB/decade$의 비율로 감소한다.

임계주파수에서 출력은 $0dB$에서 $-3dB$로 감소하며 이보다 작은 주파수에서는 일정한 비율로 계속하여 감소한다. 이렇게 굴러 내려가면서 벗어나는 형태를 주파수응답의 roll-off라고 부른다. 실제로 임계주파수(f_c)보다 주파수가 10배 감소할 때마다, 출력은 $20dB$씩 감소한다.

$$\frac{V_{out}}{V_{in}}=\frac{X_C}{\sqrt{R^2+X_C^2}}=\frac{X_C}{\sqrt{(10X_C)^2+X_C^2}}$$

$$=\frac{X_C}{\sqrt{X_C^2(100+1)}}=\frac{1}{\sqrt{101}}\simeq\frac{1}{10}=0.1 \tag{14-11}$$

$$20\log(\frac{V_{out}}{V_{in}})=20\log(0.1)=-20dB \tag{14-12}$$

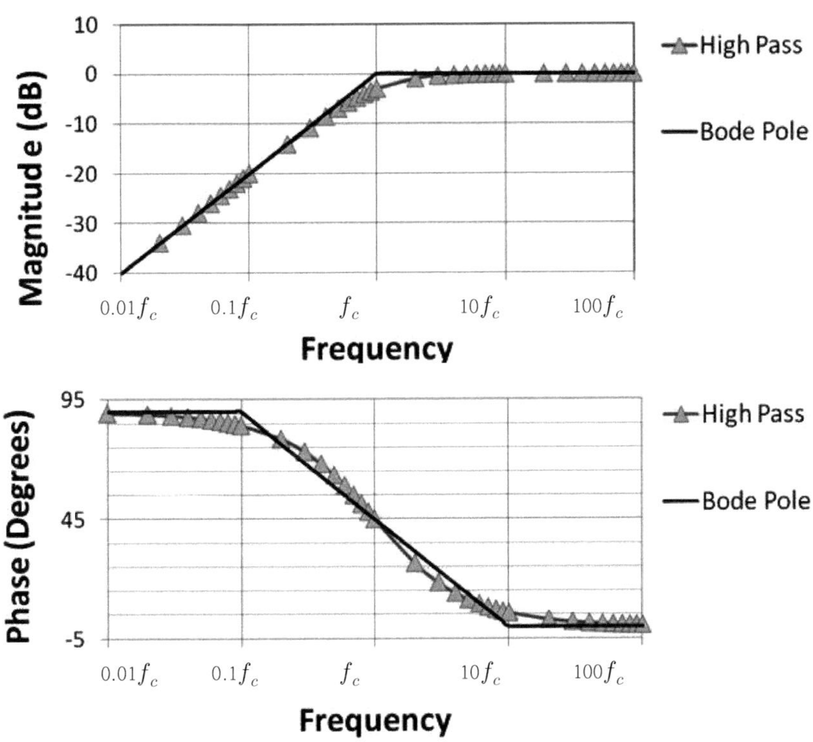

[그림 14-7] RC 고주파통과 필터의 Bode plot

Bode 선도는 이득여유(gain margin)와 위상여유(phase margin)를 구하여 여러분이 고학년에 배우게 될 부귀환 증폭시스템의 안정도(stability)를 평가하는데 사용된다.

이 실험에서 학습한 HPF와 LPF는 디지털 영상처리에 사용되어 이미지 수정, 보강(enhancement), 잡음감소(noise reduction) 등을 주파수영역에서 수행한다. 예리하게 하는(sharpen) 작업은 HPF를 사용한다.

추후 회로적인 분석을 통해 이득여유(noise margin) 및 위상여유(phase margin)를 바탕으로 시스템의 안정도(stability)를 판별한다. 이것은 학생들이 이 RC 회로를 충분히 익혀 이를 기반으로 범위를 확대해나가길 바란다.

또한 이 외에도 중간대역 주파수통과 필터(band–pass filter)와 중간대역 주파수 차단 필터(band–stop filter)도 있다. 특히 제어공학분야에서 Bode plot과 Nyquist 정리 등을 학습하여 더욱 광범위한 학습을 할 수 있을 것이다.

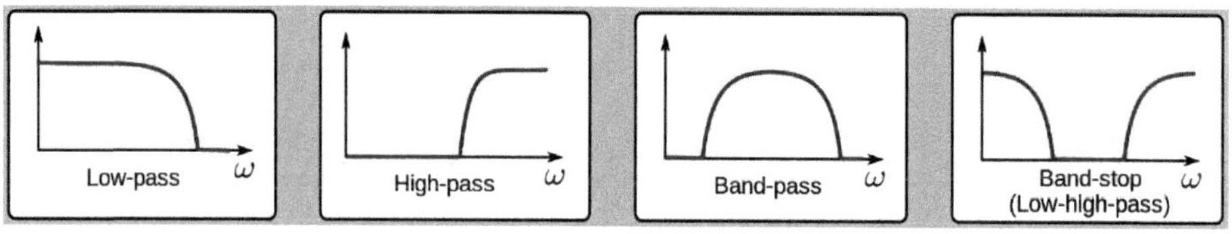

[그림 14–8] 주파수를 선별하는 여러 종류의 필터

[실험장비 및 부품]

사용장비	품 목	규 격	소요량
Oscilloscope Breadboard Function generator	Capacitor	$0.047\mu F$ $4700pF$	각 1개
	Resistor	$10k\Omega$, $15k\Omega$	각 1개

[예비보고서]

1. 다음 RC회로에 대해 각 값을 구하시오.

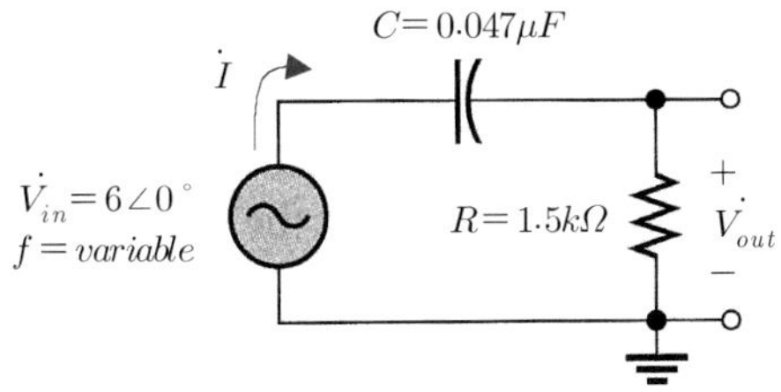

$\frac{V_{out}}{V_{in}} =$

1〉 $f = 100Hz$ 일 때, V_{out}을 구하시오.

2〉 $f = 1kHz$ 일 때, V_{out}을 구하시오.

3〉 $f = 3kHz$ 일 때, V_{out}을 구하시오.

4〉 $f = 8kHz$ 일 때, V_{out}을 구하시오.

5〉 이 회로로부터 차단주파수($-3dB$ 주파수)를 구하시오.

6〉 주파수에 따른 출력전압특성을 반대수(semilog) 그래프에 그리시오.

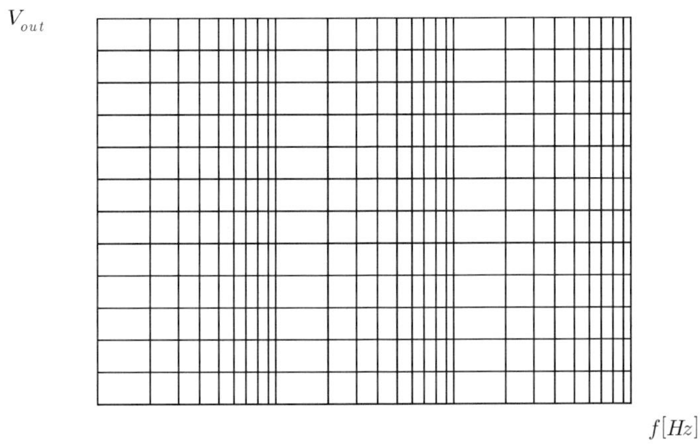

2. 다음 회로에 대해 답하시오.

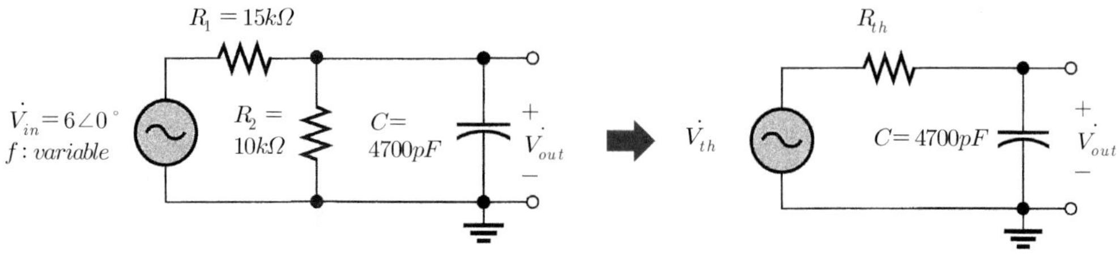

1〉 왼쪽 회로를 오른쪽 회로(등가회로)로 간략화하시오.

〈1〉 $\dot{V}_{th}$

〈2〉 R_{th}

2〉 출력전압($\dot{V}_{out}$)과 입력전압($\dot{V}_{th}$)사이의 관계식을 구하시오.

3〉 위의 자료를 바탕으로 각 주파수에 따른 출력전압을 구하시오.

〈1〉 $f = 100Hz$

〈2〉 $f = 1kHz$

〈3〉 $f = 2kHz$

〈4〉 $f = 5kHz$

〈5〉 $f = 10kHz$

〈6〉 $f = 30kHz$

4〉 위의 결과로부터 주파수에 따른 출력전압특성을 개략적으로 그리시오. 단, 그래프는 반대수(semilog) 그래프를 사용하시오.

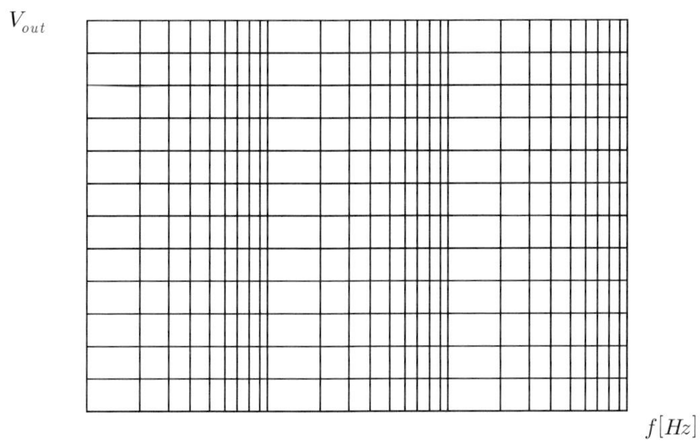

5〉 등가회로로부터 차단주파수(f_c, f_{-3dB})를 구하시오.

[결과보고서]

실험제목					
실험일자	년 월 일(요일)			담당교수	㊞
성 명		학 번		평 가	

1. 저주파통과 필터

다음 저주파통과 필터회로를 구성하고 물음에 답하시오.

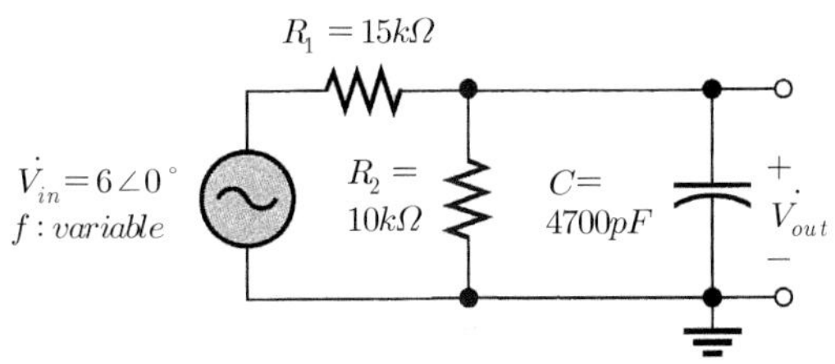

1〉 전원전압(V_S)을 $12V_{pp}$로 하고 함수발생기의 주파수를 $100Hz \sim 30kHz$까지 변화시키면서 출력전압을 측정하여 표 14–1에 기록한다.

[표 14–1] 주파수변화에 따른 출력전압

주파수(f)	전압	주파수(f)	전압	주파수(f)	전압
$100Hz$		$800Hz$		$6kHz$	
$200Hz$		$900Hz$		$7kHz$	
$300Hz$		$1kHz$		$8kHz$	
$400Hz$		$2kHz$		$9kHz$	
$500Hz$		$3kHz$		$10kHz$	
$600Hz$		$4kHz$		$20kHz$	
$700Hz$		$5kHz$		$30kHz$	

2〉 함수발생기를 정확히 조절하여 주파수변화에 따른 출력전압인 커패시터양단전압이 최대값의 $1/\sqrt{2}$이 되는 주파수를 구하시오.

[표 14–2] 최대 출력전압 및 차단주파수

	이론치	측정치	오차(%)
$V_{out} = V_{max}/\sqrt{2}$			
f_c[Hz]			

3〉 앞 자료를 이용하여 각 주파수에 따른 출력전압 그래프를 그리시오.

반대수(semilog) 그래프에 x축(log)은 주파수, y축은 출력전압으로 하시오.

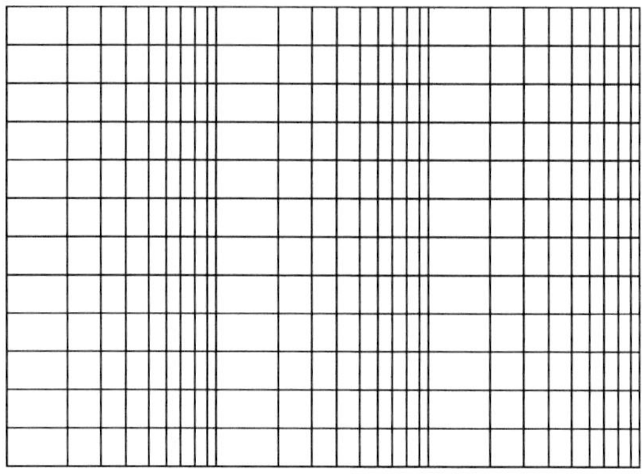

4〉 위 그래프로부터 다음 값을 구하시오.

[표 14-3] 반전력 주파수 및 대역폭

	이론치	측정치	오차(%)
반전력 주파수(f_c)			
대역폭(bandwidth)			

2. 고주파통과 필터

다음 회로를 구성하고 순차적으로 실험을 수행하시오. 참고로 우리는 이 회로에 대해 실험 11장 RC 직렬회로에서 학습하였다.

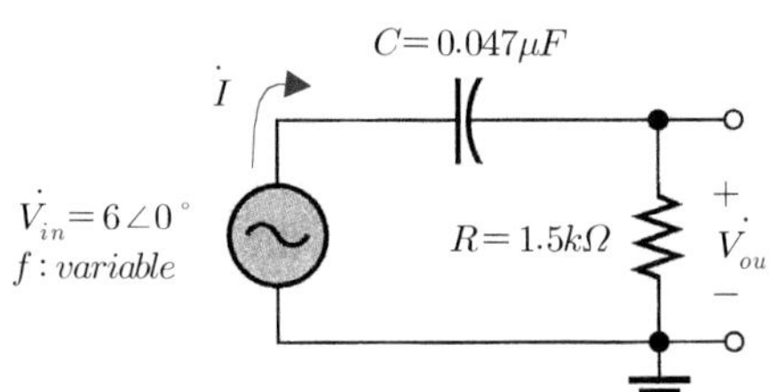

1〉 함수발생기의 주파수를 아래범위로 변화시키면서 출력전압(V_{out})인 부하저항 양단전압을 측정하고 해당값을 표 14-4에 기록한다.

[표 14-4] 주파수변화에 따른 출력전압

주파수(f)	전압	주파수(f)	전압	주파수(f)	전압
$100Hz$		$800Hz$		$6kHz$	
$200Hz$		$900Hz$		$7kHz$	
$300Hz$		$1kHz$		$8kHz$	
$400Hz$		$2kHz$		$9kHz$	
$500Hz$		$3kHz$		$10kHz$	
$600Hz$		$4kHz$		$20kHz$	
$700Hz$		$5kHz$		$30kHz$	

2) 함수발생기를 정확히 조절하여 주파수변화에 따른 출력전압인 저항양단전압이 최대값의 $1/\sqrt{2}$ 이 되는 주파수를 구하시오.

[표 14-5] 최대 출력전압 및 차단주파수

	이론치	측정치	오차(%)
$V_{out} = V_{\max}/\sqrt{2}$			
f_c[Hz]			

3) 위 자료를 이용하여 각 주파수에 따른 출력전압 V_{out}의 그래프를 그리시오.

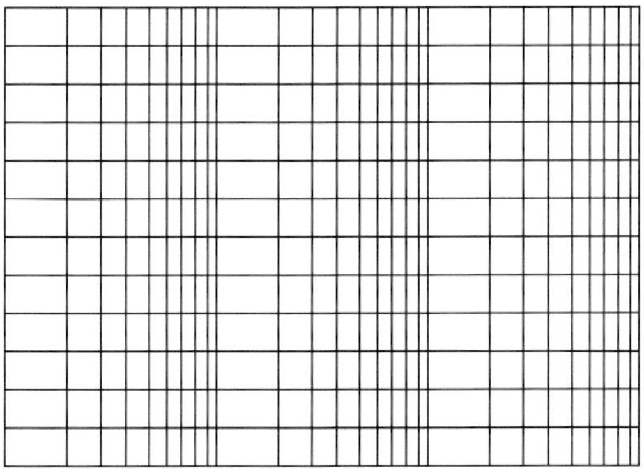

4) 위 그래프로부터 다음 값을 구하시오.

[표 14-6] 차단주파수 및 대역폭

	이론치	측정치	오차(%)
반전력 주파수(f_c)			
대역폭(bandwidth)			

[토의 및 심화학습]

1. 다음 RC 회로에 대해 물음에 답하시오.

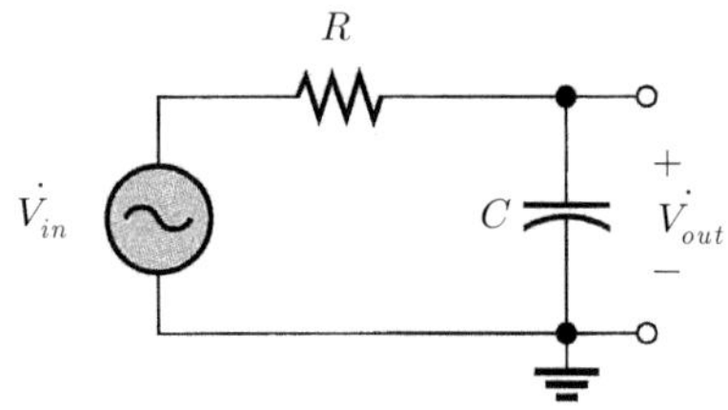

1〉 차단주파수($-3dB$ 주파수)와 대역폭(BW: bandwidth)을 구하시오.

답: $f_{3dB} = 1/2\pi RC$

2〉 페이저도(벡터도)를 참고하여 차단주파수에서 위상각을 구하시오. 답: $\theta_{3dB} = -45^\circ$

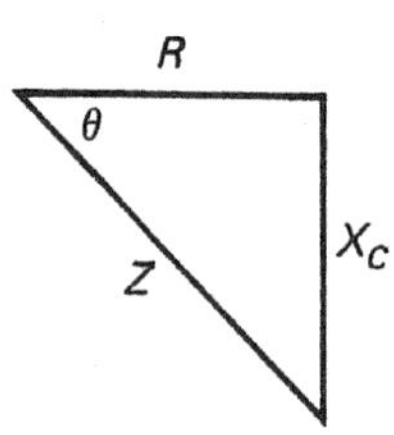

3〉 Bode plot에서 해당 값들을 그래프에 표시하시오.

〈1〉 주파수에 대한 이득을 dB로 나타내시오.

〈2〉 주파수에 대한 위상각을 구하시오

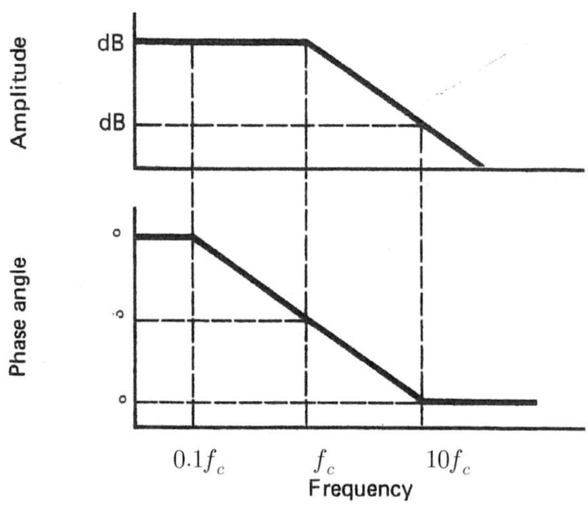

2. 다음 RC 직렬회로에 대해 답하시오. 오른쪽 두 파형들은 전원전압 $v_S(t)$와 커패시터 양단전압 $v_o(t)$를 오실로스코프의 교류모드(AC mode)에서 측정된 것이다.

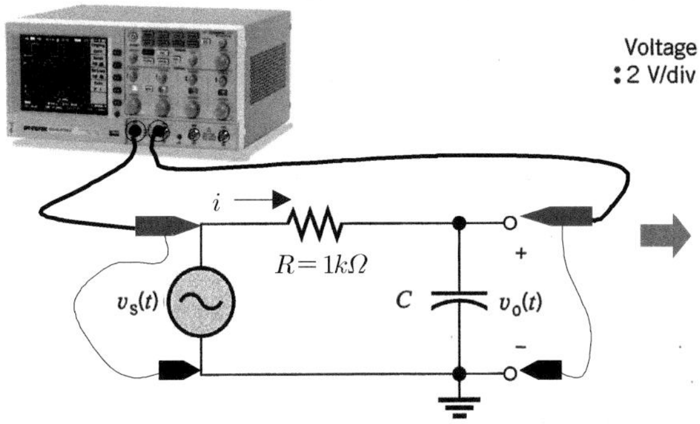

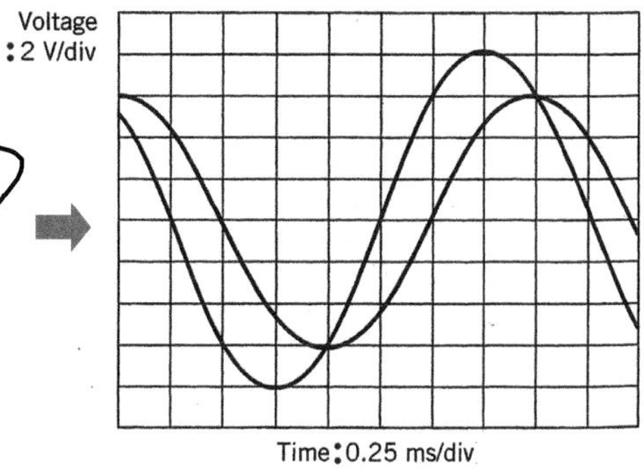

1〉 전원 $v_S(t)$의 동작 주파수(f)를 구하시오. 답: $f = 500Hz$

2〉 $v_S(t)$와 $v_o(t)$를 구분하여 표시하고, $v_S(t)$와 $v_o(t)$의 최대치(V_m: 진폭)를 구하시오.

〈1〉 입력 $v_S(t)$

〈2〉 출력 $v_o(t)$

3〉 그래프에서 $v_S(t)$과 $v_o(t)$의 관계로부터 용량성 리엑턴스 $X_C[\Omega]$를 구하시오.

답: $X_C \simeq 1134\Omega$

4〉 커패시턴스 C 값은 몇 $[\mu F]$인가? 답: $C = 0.28\mu F$

5〉 위 주파수에서 출력/입력비로 표시된 전압이득($= V_o / V_S$)과 이들의 위상차를 구하시오.

〈1〉 전압이득:

〈2〉 위상차:

6〉 전원전압 $v_S(t)$와 전원전류(i)의 위상차 및 회로역률을 구하시오.

답: $\theta = 48.6^\circ$, $PF = \cos\theta = 0.66$

7〉 위 회로로부터 그림을 참고하여 임의의 네 개의 주파수들에 대해 출력 전압값을 구하고 대략적인 파형을 그리시오. 이로부터 $-3dB$ 주파수(차단주파수)를 구하시오.

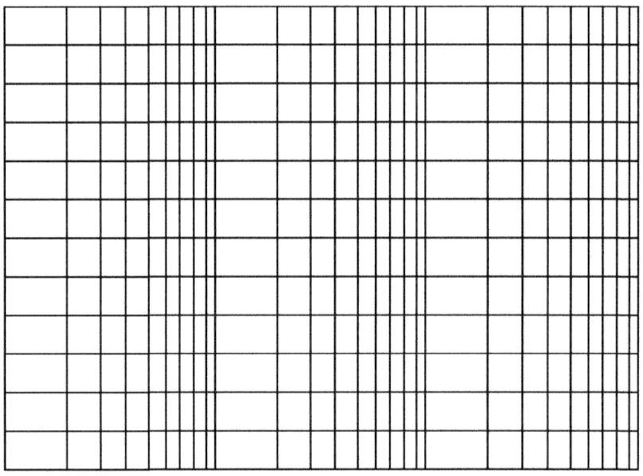

다음 입출력관계를 구하시오.

$\frac{V_{out}}{V_{in}} =$

〈1〉 $f = 1kHz$

〈2〉 $f = 3kHz$

〈3〉 $f = 5kHz$

〈4〉 $f = 10kHz$

실험 15장

RL 필터회로

1. 저주파통과 필터(LPF: Low-Pass Filter)
2. 고주파통과 필터(HPF: High-Pass Filter)

CHAPTER 15

RL 필터회로

실험목적

저항(R)과 인덕터(L)로 구성된 RL 필터를 구현하여 입력신호의 주파수 변화에 따른 출력전압과 위상관계를 이해한다. 이를 바탕으로 Bode 선도를 그려 차단주파수 및 대역폭의 관계를 학습한다.

기초이론

실험 14의 RC 필터회로는 주파수 선택성을 가진다고 학습하였다. 이를 바탕으로 RL회로에 대해 검토하기로 하자. 특정범위의 주파수(f)를 갖는 입력신호는 출력쪽으로 잘 통과시키고, 이를 제외한 나머지 범위의 주파수를 갖는 신호는 통과되지 못하도록 막아주는 회로이다. 즉 특정범위의 주파수를 제외한 나머지 주파수를 갖는 신호는 필터에 의해 걸러져서 출력에 나타나지 않게 된다.

1. 저주파통과 필터(LPF: Low Pass Filter)

낮은 주파수(low frequency)는 통과시키고 높은 주파수(high frequency)는 차단하는 기능을 가진 회로로서 저역통과필터라고도 한다.

1〉 동작원리

RL 직렬회로에서 유도성 리엑턴스(X_L)가 주파수에 따라 그 값이 변하므로 구성에 따라 주파수 선택성을 나타내므로 필터 역할을 한다. 이 회로에서 저항양단전압 v_R을 출력신호 v_{out}으로 취한다. 출력전압(v_{out})의 크기 및 위상각(ϕ)에 대해 알아보자. 먼저 입력신호를 걸러내는 필터의 동작을 이해하기 위해서는 출력신호전압이 입력신호전압의 주파수에 따라 어떻게 변하는지를 알아보아야 한다. 그림 15-1은 회로 동작을 이해할 수 있도록 몇 가지 입력신호의 주파수에 대해 해당 출력을 나타낸 것이다.

그림 (a)에서 입력신호는 직류(dc)이므로 주파수는 $0Hz$이다. 직류는 인덕터를 잘 통과하므로 저항양단의 전압은 입력이 모두 출력된다. 따라서 출력전압은 입력신호의 전압과 동일하다. 그림 (b)에서는 입력전압의 주파수가 $1kHz$로 증가하면, 유도성 리엑턴스 $X_L = 2\pi f L$는 63Ω으로 증가한다. 이로부터 전압분배법칙이나 Ohm법칙을 사용하여 출력전압을 구하면 입력전압의 실효값이 $10\,V_{rms}$일 때, 출력전압은 $v_{out} \simeq 8.47\,V_{rms}$가 된다. 그림

(c)와 같이 입력전압의 주파수가 $10kHz$로 증가하면 $X_L \simeq 628\Omega$로 더욱 증가한다. 따라서 실효값은 $v_{out} \simeq 1.57V_{rms}$가 된다.

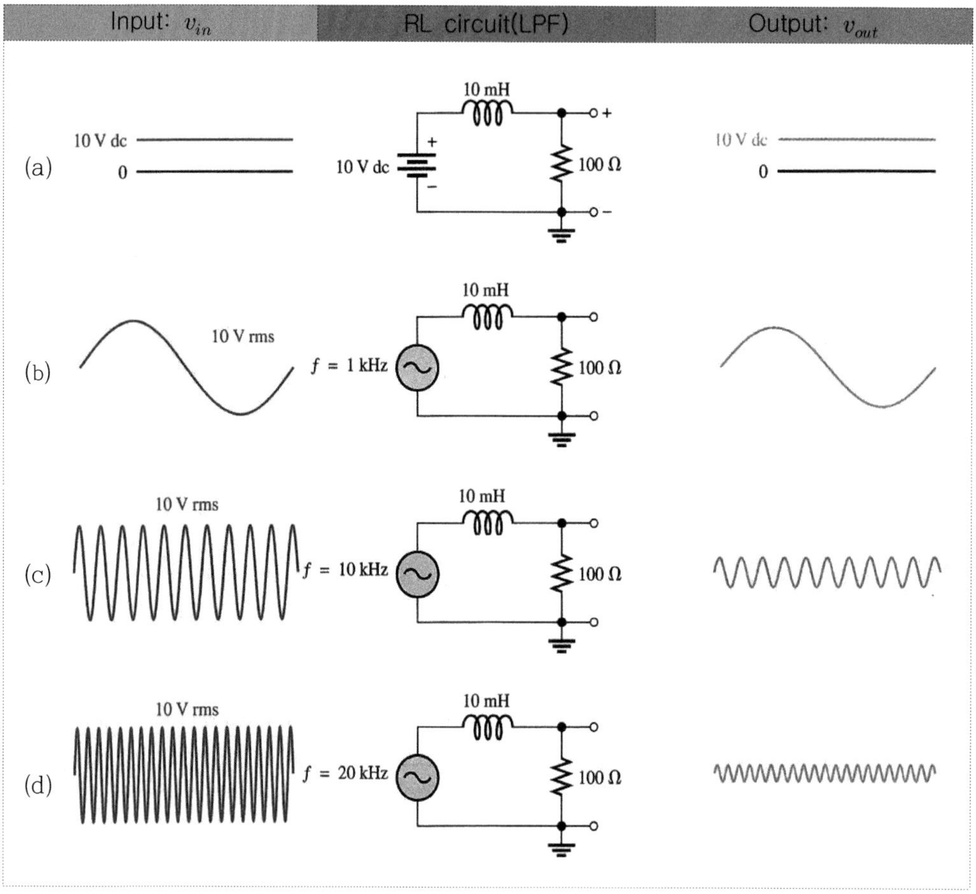

[그림 15-1] RL 저주파통과 필터의 개념

마지막으로 그림 (d)와 같이 $f=20kHz$로 증가시키면 출력전압은 더욱 감소하여 $0.8V_{rms}$를 가진다. 주파수를 더욱 증가시키면 주파수의 증가에 따라 유도성 리액턴스가 증가하므로 출력값은 점점 $0V$에 가까워진다. 즉, 그림 15-1로부터 주파수가 증가함에 따라 출력전압이 감소하는 특성을 가진다.

그림 15-2는 위의 특성을 반대수(semilog) 그래프에 그린 것이다. 출력전압과 주파수의 관계를 x축은 로그단위의 주파수로 하고 y축은 출력전압으로 구성한 그래프로 나타내면 다음과 같다. 주파수의 증가에 따라 출력전압이 감소하는 저역통과 기능을 수행한다는 것을 알 수 있다. 즉 저주파수 신호만 통과시킨다.

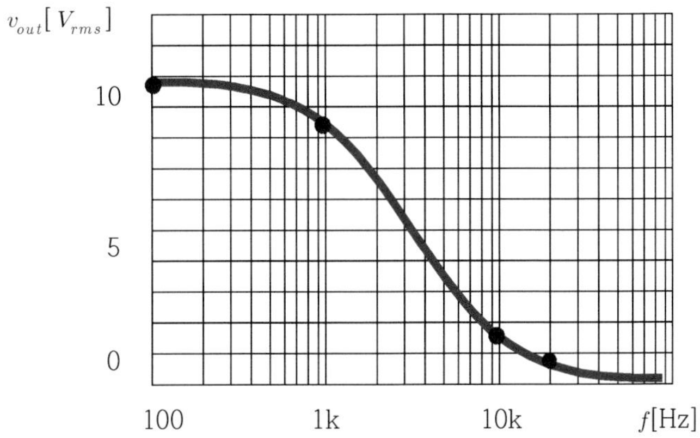

[그림 15-2] RL 저주파통과 필터의 주파수 응답곡선

2〉 회로해석

〈1〉 출력전압(v_{out}) 및 위상각(ϕ)

그림 15-1에 나타낸 RL 직렬회로에 대해 주파수에 따른 출력전압과 위상각 변화를 살펴보자. RL 직렬회로에서 출력전압과 입력전압의 관계를 구하면 전압분배법칙으로부터 다음과 같다.

$$\frac{\dot{V}_{out}}{\dot{V}_{in}} = \frac{R}{R+jX_L} = \frac{R\angle 0^\circ}{\sqrt{R^2+X_L^2}\angle \tan^{-1}(\frac{X_L}{R})}$$

$$= \frac{R}{\sqrt{R^2+X_L^2}}\angle (0^\circ - \tan^{-1}(\frac{X_L}{R}))$$

$$= \frac{R}{\sqrt{R^2+X_L^2}}\angle -\tan^{-1}(\frac{X_L}{R})$$

극좌표에서 크기와 위상각으로 분리하면 각각 다음과 같다.

$$\frac{V_{out}}{V_{in}} = \frac{R}{\sqrt{R^2+X_L^2}} = \frac{R}{\sqrt{(2\pi fL)^2+R^2}} \qquad (15\text{-}1)$$

$$\phi(f) = -\tan^{-1}(\frac{2\pi fL}{R}) \qquad (15\text{-}2)$$

식 (15-1)에서 주파수가 증가함에 따라 크기는 감소함을 나타내고 있으며 위상각(ϕ)은 주파수에 따라 $\tan\theta$의 그래프를 참조하면 그림 15-3과 같은 특성을 가지게 된다. $R=2\pi fL$에서 위상각은 -45°를 나타낸다.

〈2〉 임계주파수(차단주파수) 혹은 $3dB$주파수

우선 이 저역통과 필터(LPF: Low-Pass Filter)는 이론적으로는 다음과 같은 특성곡선을 가진다. 그러나 실제적으로는 이러한 날카로운 특성을 가질 수 없다. 따라서 어떤 주파수의 통과와 차단을 구분하는 경계 주파수를 정하는 것이 필요하며 우리는 이 주파수를 임계주파수(f_c: critical frequency) 또는 차단주파수라 부른다.

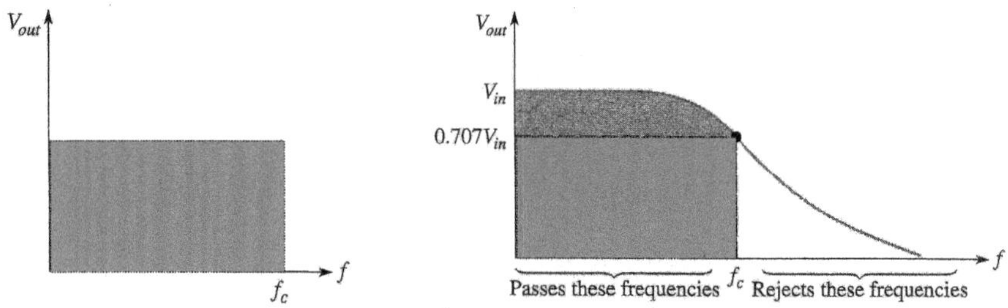

(a) 이상적 필터 (b) 실제적 필터

[그림 15-3] 이상적인 저주파통과 필터와 실제적 응답곡선

입력주파수가 증가함에 따라 X_L는 증가하고 그 결과 출력전압 V_{out}은 $X_L = R$ 이 되는 주파수까지 서서히 전압값이 감소한다. 따라서 임계주파수(또는 차단주파수)는 $2\pi fL = R$로부터 $f_c = R/2\pi L$가 된다. 또한 이 주파수에서 전압비(voltage ratio) 또는 전압이득(voltage gain)은 다음과 같다.

$$\frac{V_{out}}{V_{in}} = \frac{X_L}{\sqrt{R^2 + X_L^2}} = \frac{R}{\sqrt{R^2 + R^2}} = \frac{1}{\sqrt{2}} = 0.707 \qquad (15-3)$$

즉, 최대값의 0.707배가 되는 주파수를 칭한다.

대역폭(BW: bandwidth)이란 필터에서 어떤 주파수가 출력으로 나오는지를 나타내는 주파수폭을 나타내는 것으로서 그림 15-4에서 대역폭을 구하는 것은 쉽게 이해할 수 있다.

$$BW = f_c - 0 = f_c \qquad (15-4)$$

〈3〉 Bode 선도(Bode plot)

Bode 선도는 주파수에 따른 크기(magnitude)와 위상(phase)으로 이루어져 있다. 이 Bode 선도는 x축은 주파수로 하고 y축은 전압비 혹은 전압이득(V_{out}/V_{in})으로 나타내며 최대출력은 $0dB$를 기준으로 한다. 그 이유는 출력이 최대로 되면 $V_{out} = V_{in}$이므로

$20\log(V_{out}/V_{in}) = 20\log(1) = 0dB$ 가 된다.

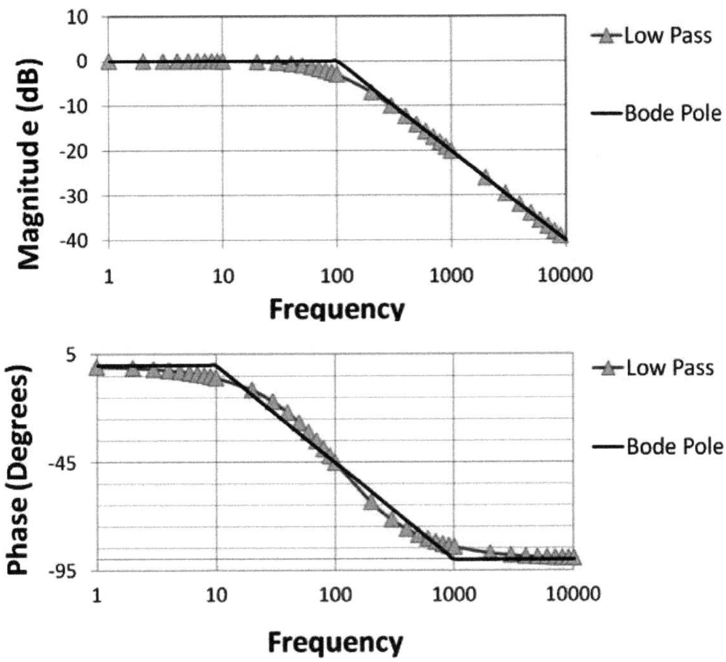

[그림 15-4] 저주파통과 필터의 Bode 선도

임계주파수에서 출력은 $0dB$에서 $-3dB$로 감소하며 이후에는 일정한 비율로 계속하여 감소한다. 이렇게 감소하는 형태를 주파수응답의 roll-off라고 부른다. 실제로 임계주파수(f_c) 이후, 주파수가 10배 증가할 때마다, 출력은 $20dB$씩 감소한다. 이를 증명해 보자.

$$\frac{V_{out}}{V_{in}} = \frac{X_C}{\sqrt{R^2 + X_C^2}} = \frac{X_C}{\sqrt{(10X_C)^2 + X_C^2}}$$

$$= \frac{X_C}{\sqrt{X_C^2(100+1)}} = \frac{1}{\sqrt{101}} \simeq \frac{1}{10} = 0.1$$

$$20\log(\frac{V_{out}}{V_{in}}) = 20\log(0.1) = -20dB \quad (15-5)$$

주파수가 10배로 변하는 것을 decade라 하고 위와 같은 RL 저주파 통과필터는 각 decade 마다 주파수가 증가할 경우에, 출력전압은 $-20dB$만큼 감소한다.

2. 고주파통과 필터(HPF: High-Pass Filter)

높은 주파수는 통과시키고 낮은 주파수는 차단하는 기능을 가진 회로로서 고역통과 필터라고도 한다.

1〉 동작원리

이 회로에서 인덕터 양단전압 v_L을 출력 v_{out}으로 취한다. 출력전압(v_{out})의 크기 및 위상각(ϕ)에 대해 알아보자. 그림 15-5는 회로 동작을 이해할 수 있도록 몇 가지 입력신호의 주파수에 대해 해당 출력을 나타낸 것이다.

그림 (a)에서 입력신호는 직류(dc)이므로 주파수는 $0Hz$이다. 직류는 인덕터를 통과하므로 인덕터 양단의 전압은 $0V$가 된다. 따라서 출력전압은 0이다.

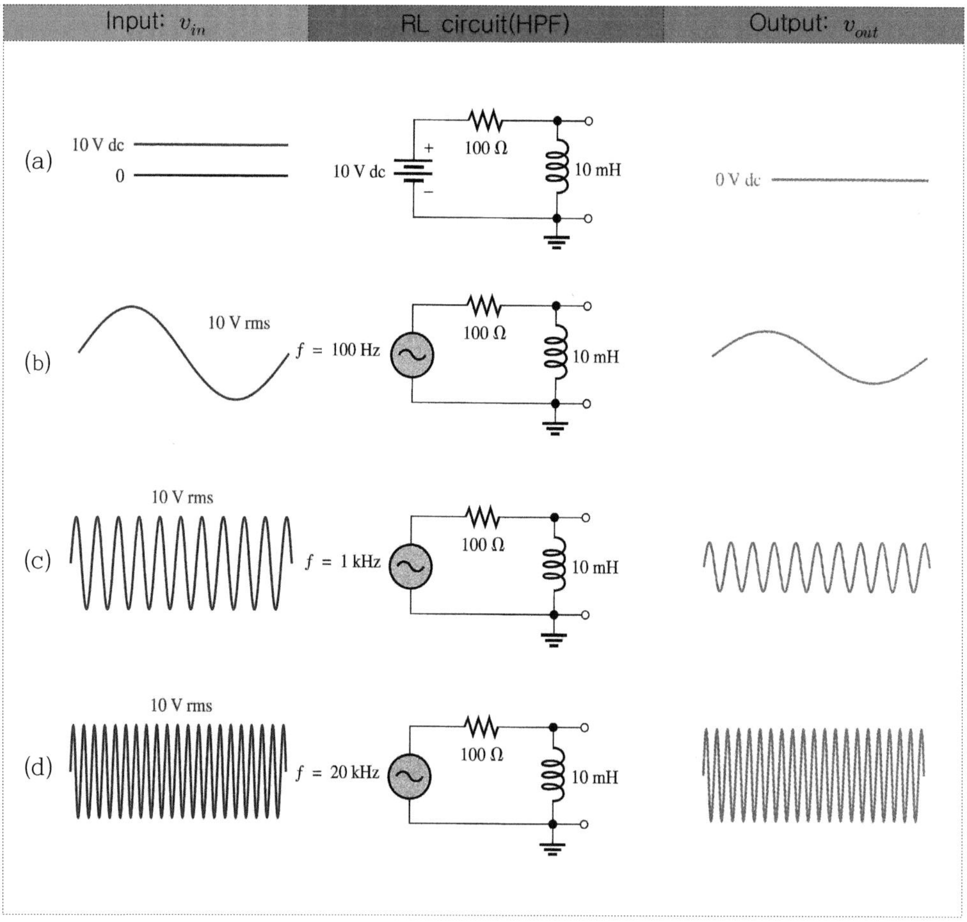

[그림 15-5] RL 고주파통과 필터 개념

그림 (b)에서는 입력전압의 주파수가 100Hz로 증가하면, $X_L = 2\pi fL$는 6.3Ω으로 증가한다. 이로부터 전압분배법칙이나 Ohm 법칙을 사용하여 출력전압을 구하면 입력전압의 실효값이 $10V_{rms}$일 때, 출력전압은 $v_{out} \simeq 0.63V_{rms}$가 된다. 그림 (c)와 같이 입력전압의 주파수가 1kHz로 증가하면 $X_L \simeq 63\Omega$으로 더욱 증가한다. 따라서 실효값은 $v_{out} \simeq 5.33V_{rms}$가 된다. 마지막으로 그림 (d)와 같이 주파수를 더욱 증가시키면 주파수의 증가에 따라 유도성 리액턴스가 증가하므로 인덕터 양단의 전압은 입력전압과 같은 전압값을 가지게 된다.

입력신호의 주파수가 증가함에 따라 출력신호가 그대로 나타난다는 것을 알 수 있다. 이와 같이 고주파수를 통과시키는 시스템회로이므로 우리는 이를 고주파수 통과 필터라고 부른다.

2〉 회로해석

〈1〉 출력전압(v_{out}) 및 위상각

그림 15-5와 같은 RL 직렬회로에 대해 주파수에 따른 출력전압과 위상각 변화를 살펴보자. RL 직렬회로에서 출력전압과 입력전압의 관계를 구하면 다음과 같다. 여기서 출력전압은 인덕터 양단전압으로 한다.

$$\frac{\dot{V}_{out}}{\dot{V}_{in}} = \frac{jX_L}{R+jX_L} = \frac{X_L\angle 90^\circ}{\sqrt{R^2+X_L^2}\angle\tan^{-1}(\frac{X_L}{R})}$$

$$= \frac{X_L}{\sqrt{R^2+X_L^2}}\angle 90^\circ - \tan^{-1}(\frac{X_L}{R})$$

극좌표에서 크기와 위상각으로 분리하면 각각 다음과 같다.

$$\frac{V_{out}}{V_{in}} = \frac{X_L}{\sqrt{R^2+X_L^2}} = \frac{2\pi fL}{\sqrt{(2\pi fL)^2+R^2}} \tag{15-6}$$

$$\phi(f) = 90^\circ - \tan^{-1}(\frac{2\pi fL}{R}) \tag{15-7}$$

그림 15-6은 주파수가 증가함에 따라 출력전압의 크기는 증가함을 나타내고 있다. 통과대역의 아래쪽 끝지점의 주파수를 임계주파수라 한다. 저주파 통과필터에서와 같이 출력이 최댓값의 70.7%가 되는 주파수이다. 또한 위상각은 주파수에 따라 $\tan\theta$ 그래프를 참조하면, 임계주파수 $R = 2\pi fL$에서 위상각은 45°를 나타낸다.

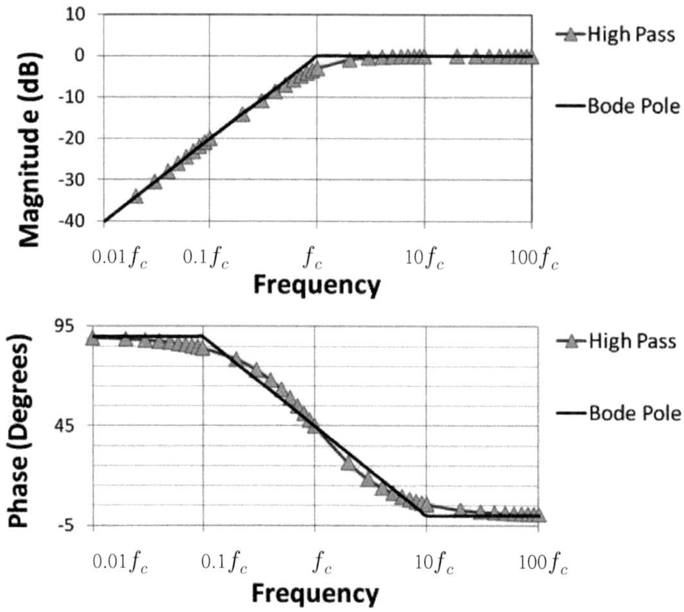

[그림 15-6] 고주파통과 필터의 주파수에 따른 위상각 및 출력전압 변화

〈2〉 Bode 선도

f_c 이하에서 출력전압은 $-20dB/decade$ 의 비율로 감소한다. 그림 15-7은 고주파 통과필터의 실제적 및 이상적인 응답곡선을 나타낸다.

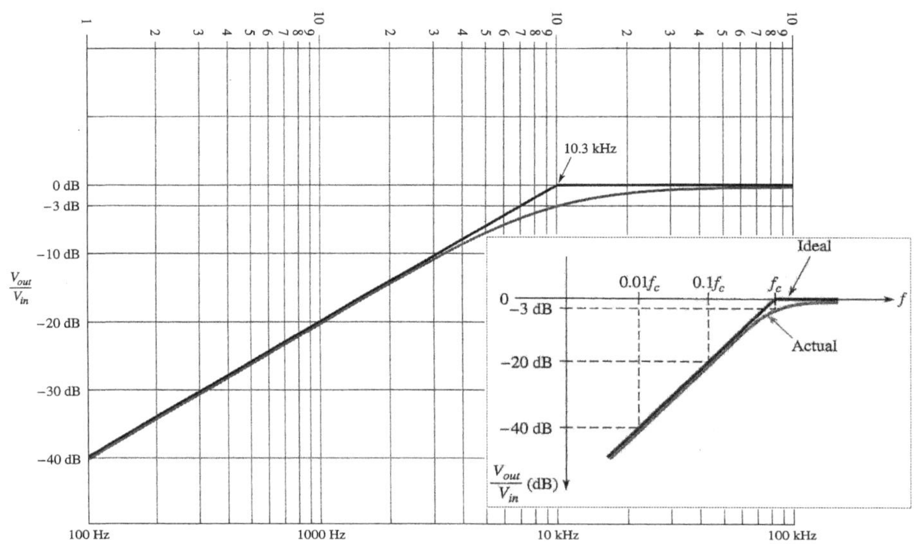

[그림 15-7] 실제적인 RL 고주파통과 필터의 Bode 선도

입력주파수가 임계값을 가질 때, 저주파통과 필터에서처럼 $R = X_L$이고, 출력전압은 $0.707V_{in}$이다. 입력주파수가 f_c 이상으로 증가하면 X_L는 증가하고 출력전압은 증가한다. 고주파통과 필터의 임계주파수는 저주파통과 필터와 같다.

우리는 지금까지 간단한 RL 회로의 전달함수에 대한 Bode 선도를 그려 주파수에 따른 전압이득과 위상변화를 익혀 왔다. 추후 좀 더 복잡한 전달함수를 가지는 회로에 대해서도 도전적인 자세로 학습하길 바란다.

추후 회로적인 분석을 통해 이득여유(gain margin) 및 위상여유(phase margin)를 바탕으로 시스템의 안정도(stability)를 판별한다. 이 시스템 안정도의 문제는 제어공학을 학습하는데 아주 중요한 부분이다.

[실험장비 및 부품]

사용장비	품 목	규 격	소요량
Oscilloscope Breadboard Function generator	Inductor	$40mH$	각 1개
	Resistor	330Ω 470Ω $1k\Omega$	각 1개

[예비보고서]

1. 다음 RL 회로에 대해 전달함수를 구하여 해당값을 구하시오.

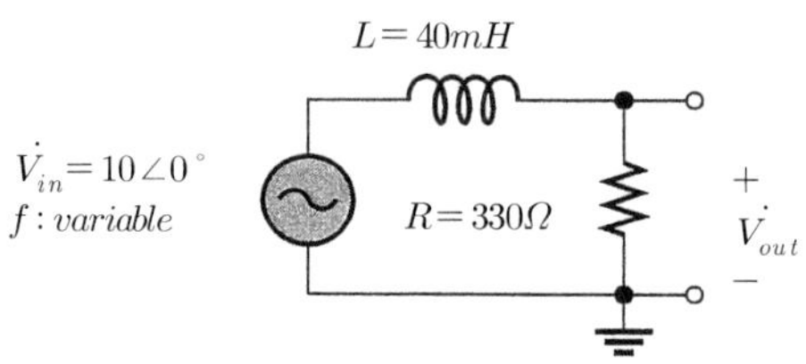

1〉 $f = 100Hz$일 때, V_{out}을 구하시오.

2〉 $f = 1kHz$일 때, V_{out}을 구하시오.

3〉 $f = 10kHz$일 때, V_{out}을 구하시오.

4〉 $f = 30kHz$일 때, V_{out}을 구하시오.

5〉 이 회로로부터 차단주파수($-3dB$)를 구하시오.

6〉 위의 결과로부터 주파수에 따른 출력전압특성을 개략적으로 그리시오.

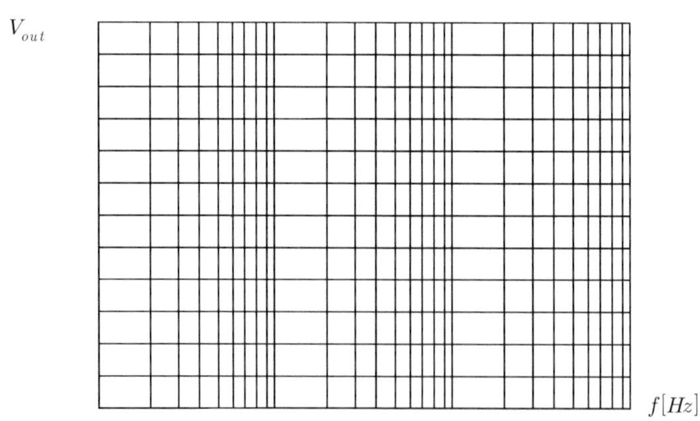

2. 다음 회로에 대해 답하시오.

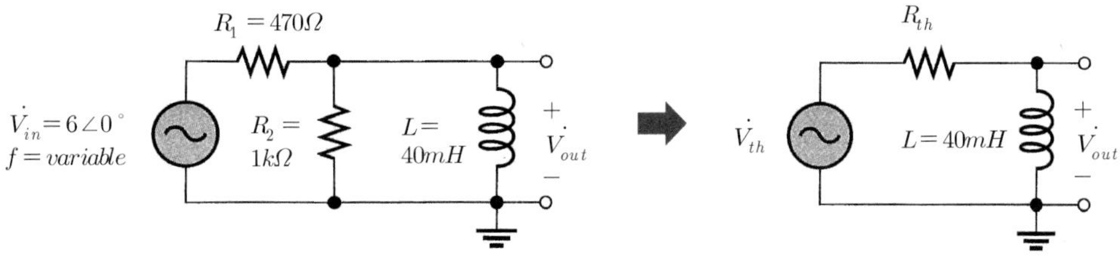

1〉 왼쪽 회로를 오른쪽 회로(등가회로)로 간략화하시오.

〈1〉 $\dot{V}_{th}$

〈2〉 R_{th}

2〉 다음과 같은 주파수에서 물음에 답하시오.

〈1〉 $f = 100Hz$일 때, V_{out}을 구하시오.

〈2〉 $f = 1kHz$일 때, V_{out}을 구하시오.

〈3〉 $f=10kHz$일 때, V_{out}을 구하시오.

〈4〉 $f=30kHz$일 때, V_{out}을 구하시오.

3〉 등가회로로부터 차단주파수($-3dB$)를 구하시오.

4〉 위의 결과로부터 주파수에 따른 출력전압특성을 반대수 그래프에 개략적으로 그리시오.

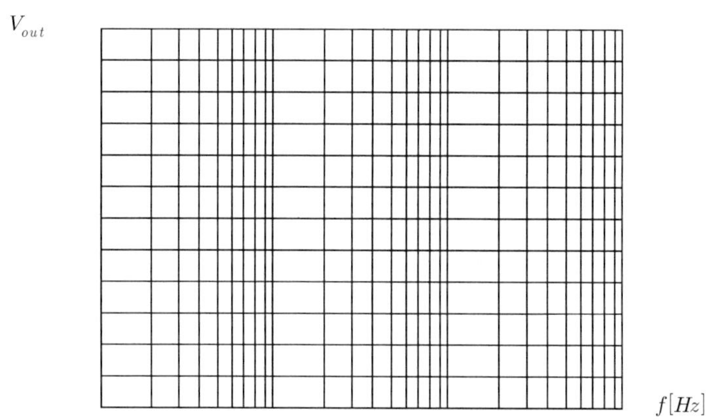

[결과보고서]

실험제목					
실험일자	년 월 일(요일)			담당교수	㉑
성 명		학 번		평 가	

1. 다음 저주파통과 필터회로를 구성하고 물음에 답하시오.

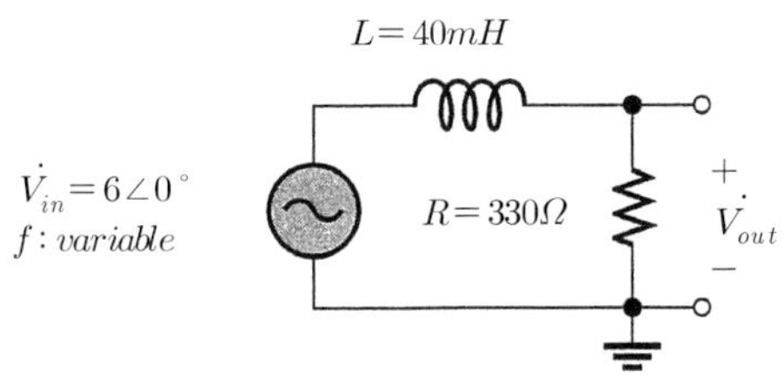

1〉 전원전압(V_{in})을 12 V_{pp}로 하고 함수발생기의 주파수를 100Hz~30kHz까지 변화시키면서 출력전압인 저항 양단의 전압을 측정하여 표 15-1에 기록한다.

[표 15-1] 주파수변화에 따른 출력전압

주파수(f)	전압	주파수(f)	전압	주파수(f)	전압
100Hz		800Hz		6kHz	
200Hz		900Hz		7kHz	
300Hz		1kHz		8kHz	
400Hz		2kHz		9kHz	
500Hz		3kHz		10kHz	
600Hz		4kHz		20kHz	
700Hz		5kHz		30kHz	

2〉 함수발생기를 정확히 조절하여 주파수변화에 따른 출력전압이 최댓값의 $1/\sqrt{2}$ 이 되는 주파수를 구하시오.

[표 15-2] 최대 출력전압 및 차단주파수

	이론치	측정치	오차(%)
$V_{out}=V_{\max}/\sqrt{2}$			
f_c[Hz]			

3〉 표 15-1을 이용하여 각 주파수에 따른 저항 양단의 전압 그래프를 그리시오. 반대수 그래프(semilog)에 x축(log)은 주파수, y축은 출력전압으로 하시오.

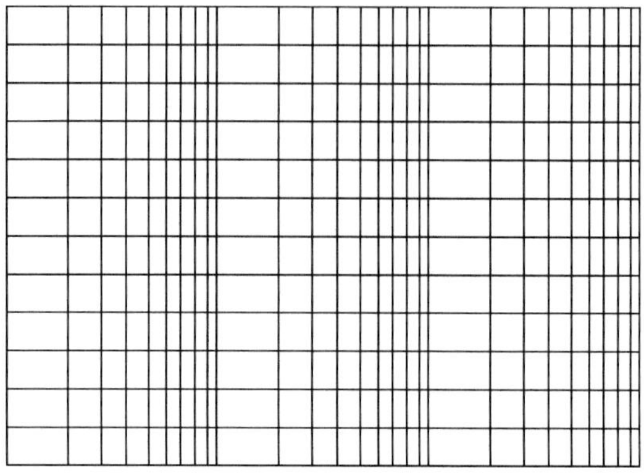

4〉 위 그래프로부터 다음 값을 구하시오.

[표 15-3] 반전력 주파수 및 대역폭 측정

변수	반전력 주파수(f_c)		대역폭(bandwidth)		비고
	이론치	측정치	이론치	측정치	

2. 고주파통과 필터

다음 회로를 구성하고 순차적으로 실험을 수행하시오.

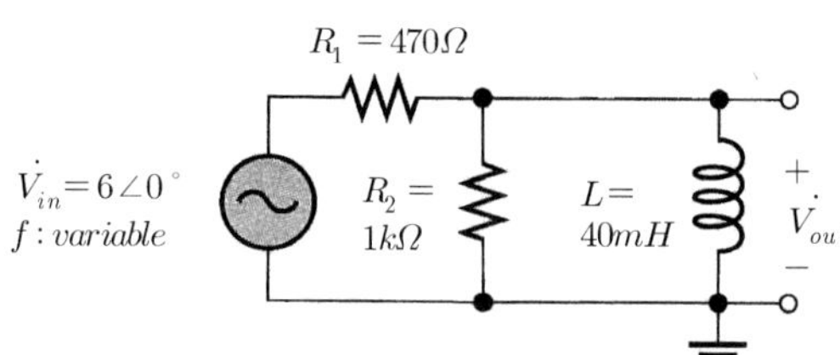

1〉 함수발생기의 주파수를 아래범위로 변화시키면서 출력전압(V_{out})인 인덕터 양단전압을 측정하고 해당값을 표 15-4에 기록한다.

[표 15-4] 주파수변화에 따른 출력전압

주파수(f)	전압	주파수(f)	전압	주파수(f)	전압
100Hz		800Hz		6kHz	
200Hz		900Hz		7kHz	
300Hz		1kHz		8kHz	
400Hz		2kHz		9kHz	
500Hz		3kHz		10kHz	
600Hz		4kHz		20kHz	
700Hz		5kHz		30kHz	

2〉 함수발생기를 정확히 조절하여 주파수변화에 따른 출력전압이 최댓값의 $1/\sqrt{2}$ 이 되는 주파수를 구하시오.

[표 15-5] 최대 출력전압 및 차단주파수

	이론치	측정치	오차(%)
$V_{out} = V_{\max}/\sqrt{2}$			
f_c[Hz]			

3〉 표 15-4를 이용하여 각 주파수에 따른 V_{out} 그래프를 그리시오.

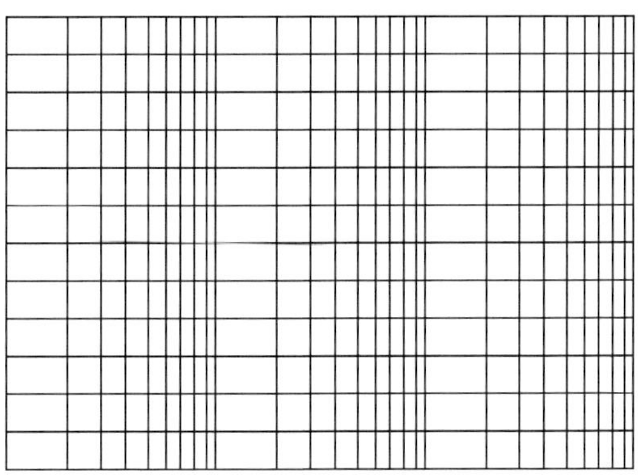

4〉 위 그래프로부터 다음 값을 구하시오.

[표 15-6] 반전력 주파수 및 대역폭

변수	반전력 주파수(f_c)		대역폭(bandwidth)		비고
	이론치	측정치	이론치	측정치	

[토의 및 심화학습]

1. 다음 회로에 대해 물음에 답하시오.

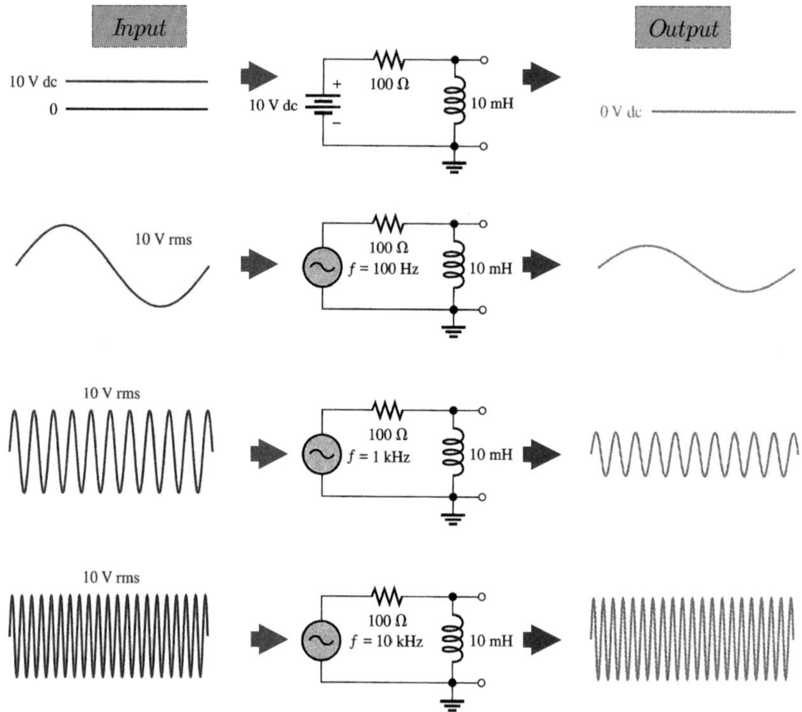

1〉 위 자료를 바탕으로 주파수에 따른 출력전압 그래프를 그리시오.

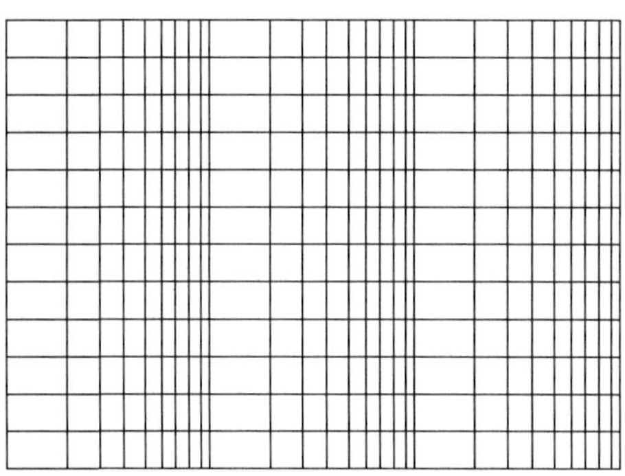

2〉 위 회로에서 차단주파수($-3dB$주파수)와 대역폭(BW: bandwidth)은?

3〉 위 회로는 (저역통과, 고역통과, 대역통과, 대역차단) 필터이다.

2. 다음 RC 회로에 대해 물음에 답하시오.

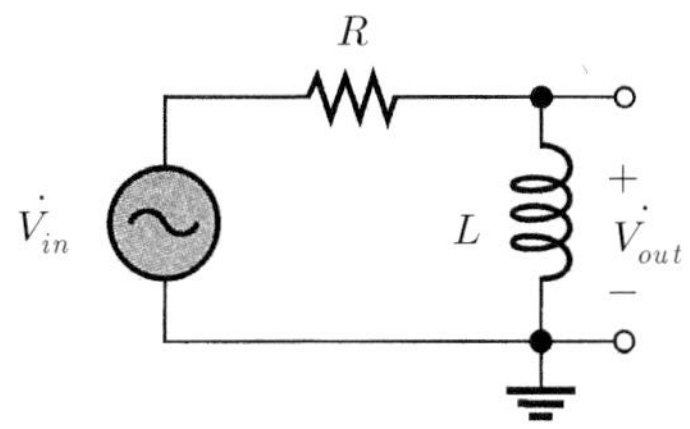

1〉 차단주파수($-3dB$ 주파수)와 대역폭(BW: bandwidth)을 구하시오. 답: $f_{3dB} = R/2\pi L$

2〉 페이저도(벡터도)를 참고하여 차단주파수에서 위상각을 구하시오. 답: $\theta_{3dB} = 45^{\circ}$

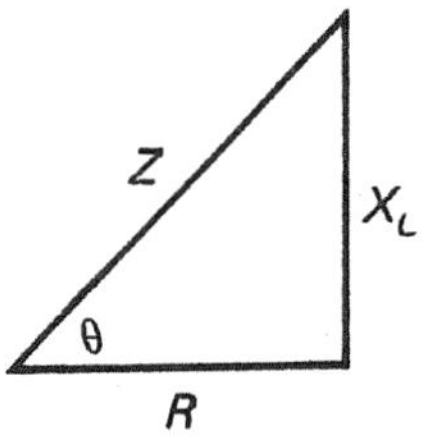

3〉 Bode plot에서 해당 값들을 그래프에 표시하시오.

〈1〉 주파수에 대한 이득을 dB로 나타내시오.

〈2〉 주파수에 대한 위상각을 구하시오

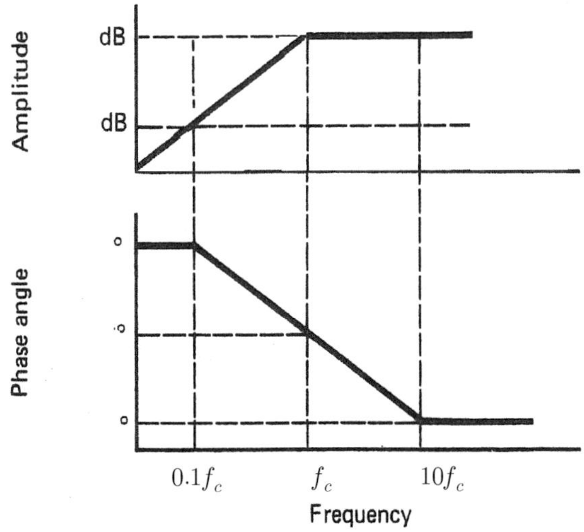

실험 16장

RLC 직렬회로

1. 직렬회로의 임피던스
2. 회로해석
3. 직렬 공진회로(series resonant circuit)
4. 선택도(Q)와 대역폭(BW)

CHAPTER

16

RLC 직렬회로

실험목적

저항(R), 인덕터(L) 및 커패시터(C)로 구성된 RLC 직렬회로에서 주파수 변화에 따른 임피던스 변화를 익히고, 교류신호에 대한 전류 및 전압의 위상관계를 이해한다. 또한 공진이 일어나는 조건을 찾아 선택도인자 및 대역폭의 관계를 이해한다.

기초이론

RLC회로는 저항, 인덕터 및 커패시터를 모두 가지고 있다. 교류신호에 대해 유도성 리액턴스 $X_L = 2\pi f L[\Omega]$, 용량성 리액턴스 $X_C = 1/2\pi f C[\Omega]$ 및 저항 R을 가진다. 유도성 리액턴스와 용량성 리액턴스는 위상이 서로 정반대로 작용한다.

1. 직렬회로의 임피던스

우리는 지금까지 RC 및 RL회로에 대해 살펴보았다. 이 장에서 RLC 직렬회로에는 저항기, 인덕터, 커패시터가 모두 포함되어있다. 앞에서 살펴보았듯이, 유도성 리액턴스(X_L)는 전류가 인가전압보다 뒤진다. 반대로, 용량성 리액턴스(X_C)는 전류가 인가전압보다 앞선다. 즉, X_L과 X_C는 서로 반대되는 성질을 갖고 있으므로 X_L과 X_C가 함께 존재하는 경우에는 서로 상대편의 성질을 상쇄하는 특성을 갖는다.

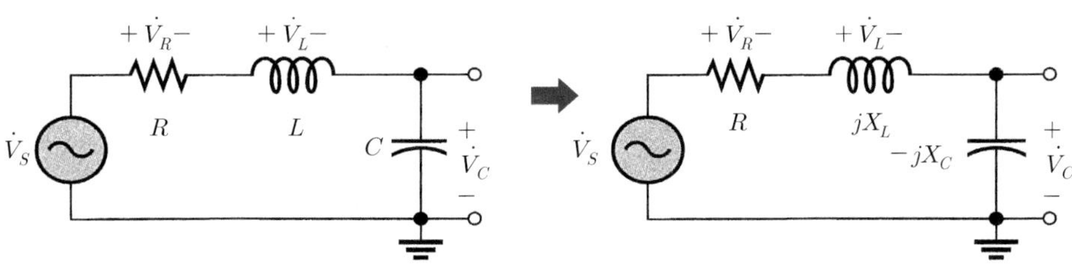

[그림 16-1] RLC 직렬회로

RLC 직렬회로의 총 임피던스를 직각좌표형식과 극좌표형식을 써서 나타내면 각각 식 (16-1), 식 (16-2)와 같다.

$$\dot{Z} = R + jX_L - jX_C = R + j(X_L - X_C) \tag{16-1}$$

$$\dot{Z} = \sqrt{R^2 + (X_L - X_C)^2} \angle \tan^{-1}\left(\frac{X_L - X_C}{R}\right) \tag{16-2}$$

식 (16-2)에서 임피던스의 크기는 $\sqrt{R^2+(X_L-X_C)^2}$ 이고, 전류와 인가전압 사이의 위상각은 $\tan^{-1}(\frac{X_L-X_C}{R})$이 된다. 직렬회로에서 총 리액턴스의 값은 다음과 같다.

$$X = X_L - X_C \tag{16-3}$$

만약 X_L과 X_C의 크기가 서로 같으면, 이 두 값은 서로 상쇄되어 총 리액턴스가 0이 된다.

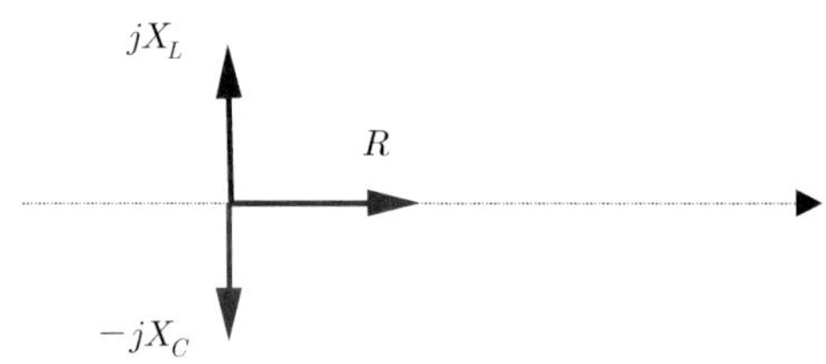

[그림 16-2] RLC 직렬회로의 리엑턴스 상쇄

그림 16-3은 일반적인 RLC 직렬회로에서 총 리액턴스의 값이 주파수에 따라 어떻게 변하는가를 보여준다. $X_L > X_C$인 경우, 회로에서 유도성 리액턴스가 더 큰 값을 가지므로 이 회로도 유도성 리액턴스의 성질이 우세한 유도성(inductive) 회로가 되며, $X_L < X_C$ 인 경우, 반대로 용량성 리액턴스의 성질이 우세한 용량성(capacitive) 회로가 된다.

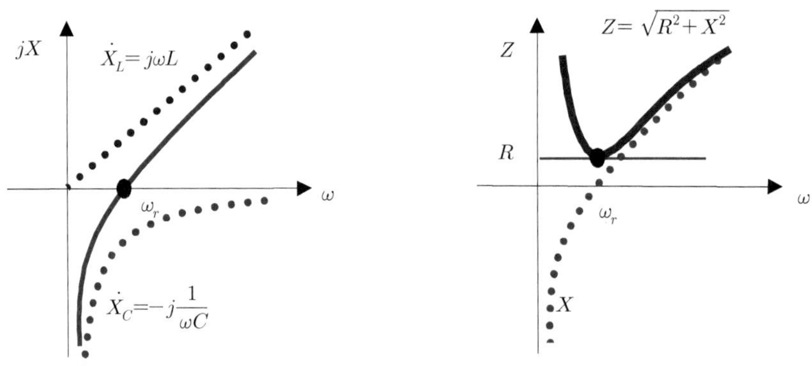

(a) 리엑턴스 (b) 임피던스

[그림 16-3] RLC 직렬회로의 주파수에 따른 임피던스도

2. 회로해석

RLC 직렬회로에서, 커패시터 양단의 전압과 인덕터 양단의 전압 사이의 위상차는 항상

180°이다. 직렬회로에서는 전류가 같으므로 이를 페이저로 표현하면 다음과 같다.

Kirchhoff 전압법칙으로 표현하면 다음과 같다.

$$\dot{V}_S = \dot{V}_L + \dot{V}_C + \dot{V}_R \tag{16-4}$$

$$= V_R + jV_L - jV_C = V_R + j(V_L - V_C)$$

여기서 $\dot{V}_L = \dot{X}_L \cdot \dot{I} = jX_L\dot{I}$, $\dot{V}_C = \dot{X}_C \cdot \dot{I} = -jX_C\dot{I}$, $\dot{V}_R = R\dot{I}$ 이다.

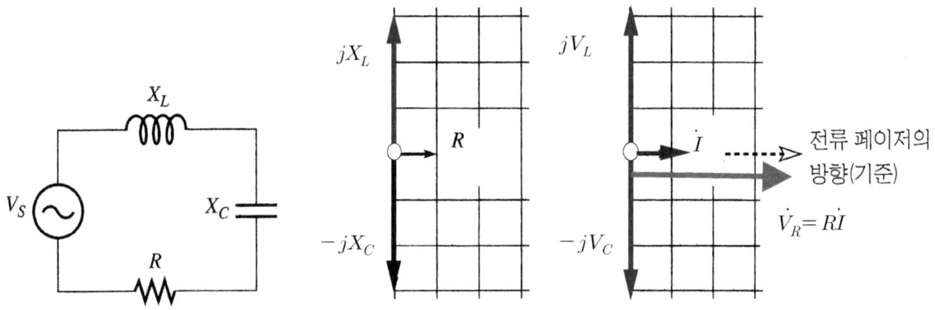

[그림 16-4] RLC 직렬회로의 전압 페이저도

3. 직렬 공진회로(series resonant circuit)

RLC 직렬회로에서, 용량성 리액턴스와 유도성 리액턴스의 값이 같아질 때 공진이 일어난다. 먼저, 주파수가 아주 낮은 영역에서 X_C 값은 크고, X_L 값은 작으므로, 회로는 용량성이 된다. 반면 주파수가 점점 증가하면, X_C의 값은 점점 감소하고, X_L의 값은 계속 증가한다. 이 때, 두 리액턴스 값이 같아지는 점, 즉 $X_L = X_C$ 가 되는 주파수에서는 두 리액턴스가 서로 상쇄되어 총 리액턴스의 값은 0[Ω]이 되므로, 회로는 순수한 저항성 회로가 된다. 바로 이 상태를 직렬공진(series resonance)이라고 한다.

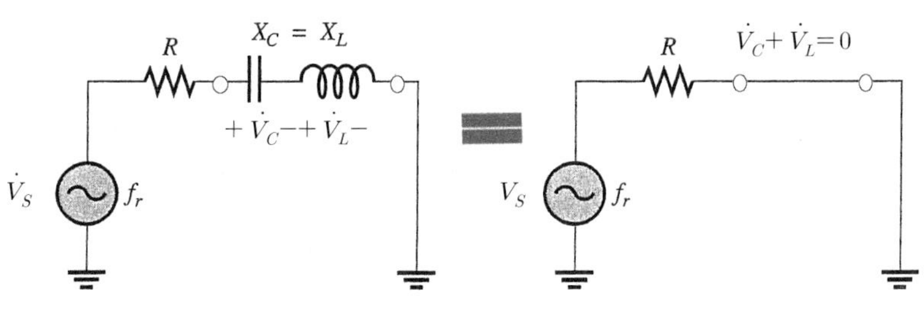

(a) 공진조건

(b) 공진시 등가회로

[그림 16-5] 공진시 RLC 직렬회로에서 등가회로

직렬공진 주파수에서 C와 L의 양단전압은, 리액턴스가 같고 두 소자는 직렬연결이므로 동일한 전류가 흐르기 때문에 크기가 같다($\dot{I}\dot{X}_L = \dot{I}\dot{X}_C$). 또한 $\dot{X}_L$과 $\dot{X}_C$ 사이의 위상차는 항상 180°가 된다.

1) 공진이 일어날 때의 등가회로 및 임피던스

그림 16-5(a)에 나타나 있듯이, $\dot{V}_C$ 와 $\dot{V}_L$ 의 극성은 항상 반대가 된다. 즉, C와 L양단의 전압은 크기가 같고 부호가 서로 반대가 되므로, 그림에 그려진 것처럼 두 전압을 더하여 구하는 $v_L(t)+v_C(t)$ 전압은 항상 0V가 된다. 점 A에서 점 B로 전류가 흐르는 상태에서 점 A와 B 사이의 전압이 0V가 되려면, 그림 (b)와 같이 이 두 점 사이의 총 리액턴스가 0Ω이 되어야만 한다.

공진이 일어날 때, 두 리액턴스는 상쇄되어 0이 되므로, 회로의 임피던스는 저항성분만을 갖게 된다. 회로에서 총 임피던스는 다음 식과 같다.

$$\dot{Z} = R + jX_L - jX_C = R + j(X_L - X_C) \qquad (16-5)$$

공진 상태에서 $X_L = X_C$ 이므로 허수부는 0이 된다. 따라서 임피던스는 저항만으로 표시된다. 회로의 공진상태를 식으로 표시하면 다음과 같다.

$$\dot{Z}_r = R \qquad (16-6)$$

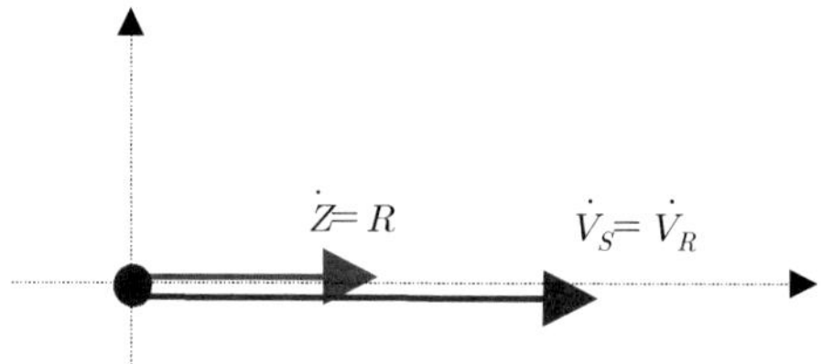

[그림 16-6] RLC 직렬회로의 공진시 페이저도

2) 직렬 공진주파수(series resonant frequency)

RLC 직렬 회로에서, 공진은 오직 한 주파수(즉, 공진주파수)에 대해서만 일어난다. 이 공진주파수(f_r)는 식 (16-5)로부터 구할 수 있다. 즉,

$$X_L = X_C \qquad (16-7)$$

L과 C에 대한 리액턴스 공식을 대입하면,

$$2\pi f_r L = \frac{1}{2\pi f_r C} \tag{16-8}$$

이 식을 f_r에 대해 풀면,

$$f_r^2 = \frac{1}{4\pi^2 LC} \tag{16-9}$$

이 식의 양변에 제곱근($\sqrt{\ }$)을 취하면 공진주파수는 다음 식과 같이 된다.

$$f_r[Hz] = \frac{1}{2\pi\sqrt{LC}} \tag{16-10}$$

4. 선택도(Q)와 대역폭(BW)

먼저 RC 직렬회로에 대해 익혀 보자. 용량성 리엑턴스 $X_C = 1/2\pi fC$에서 주파수가 증가함에 따라 커패시터 양단전압(V_c)은 감소한다. 결과적으로 저항양단전압은 그림과 같이 주파수의 증가에 따라 증가한다. 수식적으로 전압분배법칙을 사용하여도 결과는 같다.

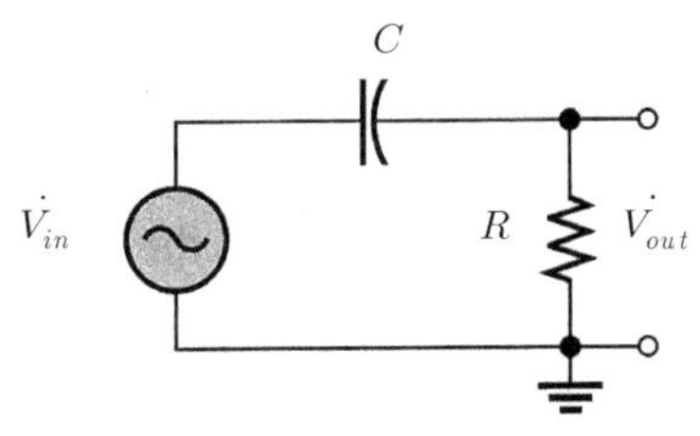

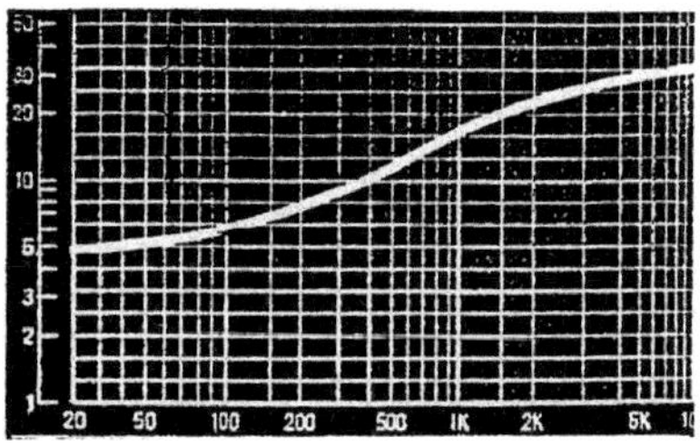

[그림 16-7] RC 회로에서 주파수에 따른 저항양단전압의 변화

다음은 RL 직렬회로에 대해 익혀 보자. 유도성 리엑턴스 $X_L = 2\pi fL[\Omega]$에서 주파수가 증가함에 따라 인덕터 양단전압(V_c)은 증가한다. 결과적으로 저항양단전압은 그림과 같이 주파수의 증가에 따라 감소한다. 수식적으로 전압분배법칙을 사용하여도 같은 결과를 얻는다.

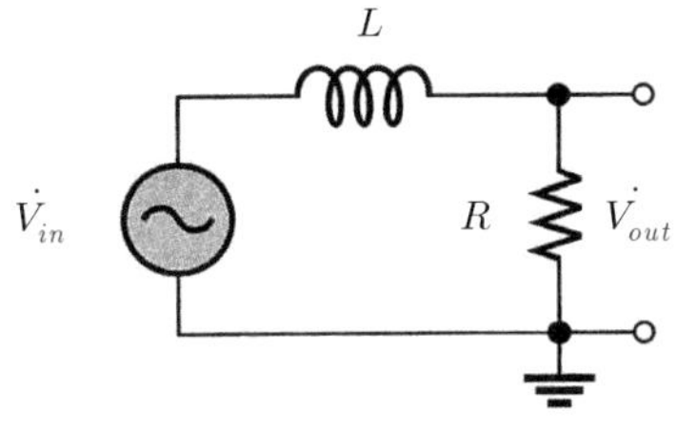

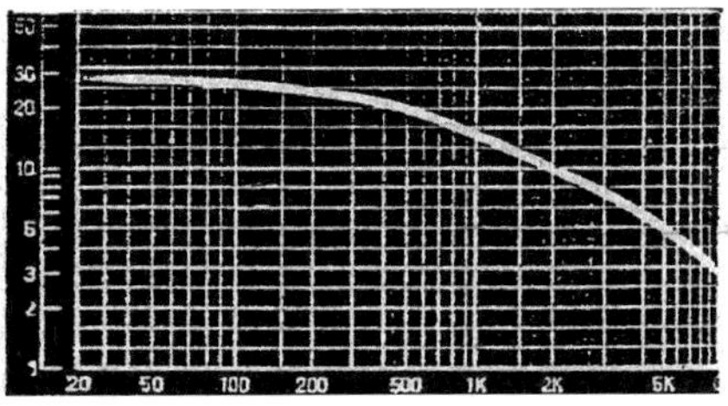

[그림 16-8] RL 회로에서 주파수에 따른 저항양단전압의 변화

이상의 결과를 바탕으로 RLC 직렬회로를 검토해 보자. RLC 직렬회로에 흐르는 전류는 공진주파수($f_r[Hz]$)에서 최대가 되며, 주파수가 공진주파수에서 양쪽으로 멀어짐에 따라 감소한다. 즉, 그림 16-9와 같이 출력전압을 저항양단전압(V_R)으로 한다면 공진주파수에서 최댓값을 나타낸다.

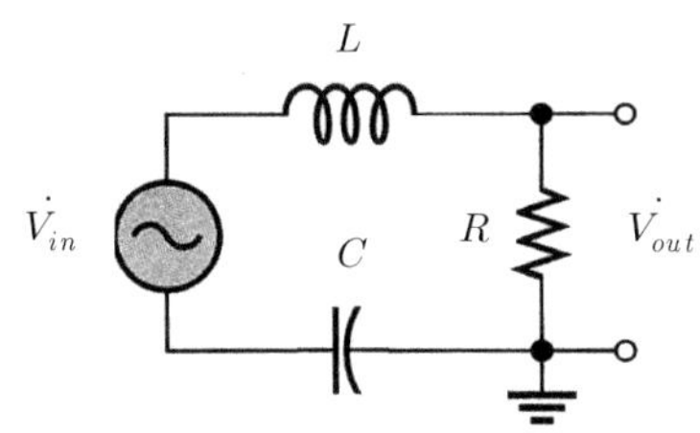

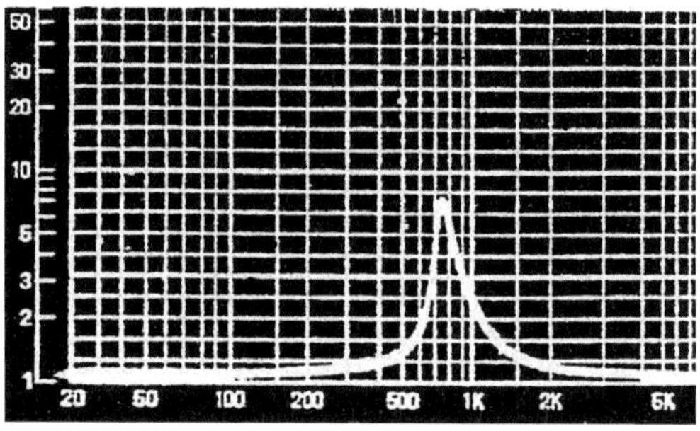

[그림 16-9] 주파수에 따른 RLC 직렬회로 출력전압특성

1〉 차단주파수(cutoff frequency) 및 대역폭(bandwidth)

대역폭은 공진회로의 특성을 표시하는 중요한 항목으로, 약자 BW로 표기한다. 대역폭은 최대전류 크기(즉, 공진주파수일 때의 전류)의 70.7% 이상이 되는 전류가 흐르는 주파수의 범위로서 정의한다.

그림 16-10을 살펴보면, RLC 직렬회로의 주파수응답 곡선 위에 대역폭이 표시되어 있다. 여기서 대역폭을 결정하는 두 주파수 f_1, f_2에 대해 알아본다. 주파수 응답곡선은 그림 16-3의 임피던스곡선(Z)과 같은 의미를 지닌다.

f_1과 f_2는 각각 전류의 크기가 $0.707I_{\max}$가 되는 주파수로 차단주파수(cutoff frequency)라고 불린다. 공진주파수 f_r보다 작은 값을 갖는 f_1은 저주파 차단주파수(lower cutoff frequency), 반대로 큰 값을 갖는 f_2는 고주파 차단주파수(upper cutoff frequency)라고 한다.

두 개의 차단주파수들 f_1, f_2는 $-3dB$ 주파수, 임계주파수(critical frequency), 반전력주파수(half-power frequency) 등으로도 불린다.

두 차단주파수들을 반전력 주파수라고도 한다. 이것은 차단주파수에서의 전력이 공진주파수에서의 전력의 1/2이 되므로 붙여진 이름이다.

직렬 공진회로에 대해서, 이를 증명해 보면 다음과 같다. 공진이 일어날 때 전력은 $P_{\max} = I_{\max}^2 R$ 이고 주파수 f_1, f_2에서의 전력은 다음과 같다.

$$P_{f1} = I_{f1}^2 R = (0.707 I_{\max})^2 R$$
$$= (0.707)^2 I_{\max}^2 R = 0.5 I_{\max}^2 R = 0.5 P_{\max} \tag{16-11}$$

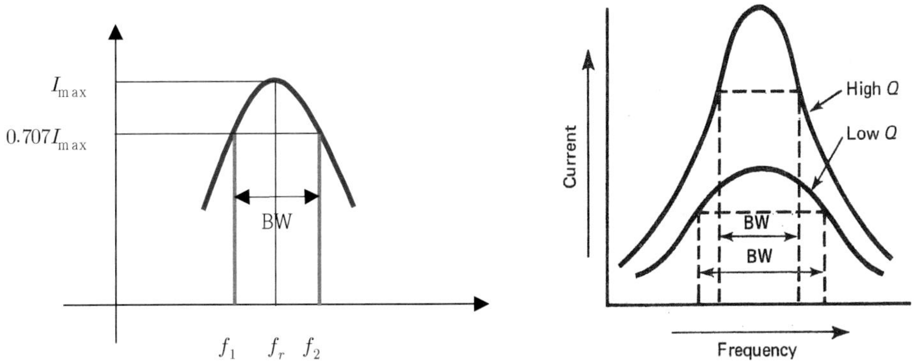

[그림 16-10] 주파수에 따른 대역폭 및 선택도 관계

직렬 또는 병렬회로의 대역폭은 회로의 I 또는 Z에 대한 주파수 응답곡선에서 최댓값의 0.707(=1/$\sqrt{2}$)배가 되는 두 차단주파수들 사이의 주파수대역으로 정의된다. 따라서 대역폭은 f_2와 f_1사이의 주파수 차가 되므로

$$BW = f_2 - f_1 \tag{16-12}$$

2〉 선택도(Q : Selectivity, Quality Factor)

공진회로에서의 선택도는 회로가 갖고 있는 주파수 선택성의 정도 즉, 회로가 어느 정도로(얼마나 잘) 특정 주파수에 대해서 응답하고 그 밖의 주파수에 대해서는 응답하지 않는가를 표시한다. 따라서 대역폭 BW이 작을수록 선택도 Q는 커진다고 할 수 있다. 선택도는 다음과 같이 Q=무효전력/유효전력으로 정의한다. 직렬회로에서는 각 소자에 같은 전류가 흐른다.

$$Q = \frac{무효전력}{유효전력} = \frac{I^2 X}{I^2 R} = \frac{X_L(\text{or } X_C)}{R} \tag{16-13}$$

RLC 직렬회로에서 실험적으로 선택도를 구해보자.

$$\dot{V}_R = R\dot{I} \tag{16-14}$$

$$\dot{V}_L = \dot{X}_L \cdot \dot{I} = jX_L \dot{I} = jX_L \frac{\dot{V}_R}{R} = jQ\dot{V}_R \tag{16-15}$$

$$\dot{V}_C = \dot{X}_C \dot{I} = -jX_C\dot{I} = -jX_C\frac{\dot{V}_R}{R} = -jQ\dot{V}_R \tag{16-16}$$

즉, 저항전압과 인덕터 혹은 커패시터전압의 관계를 이용하여 쉽게 선택도 Q를 구할 수 있다. 회로의 Q가 클수록 대역폭은 작아진다. 반대로 Q값이 작을수록 대역폭은 커진다. 공진주파수, 선택도 및 대역폭에 대해 다음과 같이 관계를 가진다.

$$BW = f_2 - f_1 = \frac{R}{2\pi L} = \frac{f_r}{Q} \tag{16-17}$$

이 식은 실제적으로 단지 근사이지만 회로특성을 예견하는 데 충분히 정확하다. 만약 선택도가 10이상이면 오차는 1%도 안된다.

3) 어드미턴스 및 대역폭

RLC 직렬회로에 대해 어드미턴스를 구하고 이를 바탕으로 공진주파수, 선택도를 구하는 방법을 학습해 보자. 회로의 입력은 전압이고 응답은 전류라고 하자. 위 회로에서 입력전압 페이저 $\dot{V}_S$와 출력전류 페이저 $\dot{I}$의 비를 구하고 이를 극좌표로 나타내면 다음과 같다.

$$\dot{Y} = \frac{\dot{I}}{\dot{V}_S} = \frac{1}{\dot{Z}} = \frac{1}{R + j\omega L - j1/\omega C} = \frac{1}{R + j(\omega L - 1/\omega C)} \tag{16-18}$$

$$= Y\angle -\tan\theta^\circ \quad = Y\angle -\tan((\omega L - 1/\omega C)/R)$$

리엑턴스 성분이 다음과 같을 경우 즉 $\omega L = 1/\omega C$ 에 0이 된다. 이 조건을 만족하는 주파수가 공진주파수이다.

$$f_r = \frac{1}{2\pi\sqrt{LC}} \tag{16-19}$$

$f = f_r$일 때 $\dot{Y} = 1/R$이다. f가 f_r보다 증가하거나 감소하면 어드미턴스는 감소한다. 식 (16-18)을 다음과 같은 형태로 변환해 보자.

$$\dot{Y} = \frac{k}{1 + jQ(\frac{\omega}{\omega_r} - \frac{\omega_r}{\omega})} = \frac{k}{1 + jQ(\frac{f}{f_r} - \frac{f_r}{f})} \tag{16-20}$$

여기서 f_r은 공진주파수, k는 공진시 어드미턴스의 최대값이고 Q는 선택도이다.
식 (16-18)을 식 (16-20)과 같이 정리하면 다음과 같다.

$$\dot{Y}=\frac{\frac{1}{R}}{1+j\frac{1}{R}\sqrt{\frac{L}{C}}(\frac{f}{f_r}-\frac{f_r}{f})} \tag{16-21}$$

비교하면 각 값은 $k=1/R$, $Q=\frac{1}{R}\sqrt{\frac{L}{C}}$ 및 $f_r=\frac{1}{2\pi\sqrt{LC}}$ 이다.

대역폭은 정의와 같이 최대값의 $1/\sqrt{2}$ 배가 되는 두 개의 주파수 간격이다. 위의 식에서 이 두 값들을 구해 보자.

$$\frac{k}{\sqrt{2}}=\frac{k}{\sqrt{1+Q^2(\frac{f}{f_r}-\frac{f_r}{f})^2}}$$

정리하면 $\sqrt{2}=\sqrt{1+Q^2(\frac{f}{f_r}-\frac{f_r}{f})^2}$ 이고 양변을 제곱하면 $1=Q^2(\frac{f}{f_r}-\frac{f_r}{f})^2$ 이므로 제곱근을 취하면 $\pm 1=Q(\frac{f}{f_r}-\frac{f_r}{f})$ 이고 정리하면 다음과 같은 2차식을 구한다.

$$f^2\pm\frac{f_r}{Q}f-f_r^2=0 \tag{16-22}$$

주파수는 양(+)이므로 두 양수의 주파수들을 구하면 다음과 같다.

$$f_1=-\frac{f_r}{2Q}+\sqrt{(\frac{f_r}{2Q})^2+f_r^2},\quad f_2=\frac{f_r}{2Q}+\sqrt{(\frac{f_r}{2Q})^2+f_r^2} \tag{16-23}$$

따라서 대역폭의 정의에 따라 계산하면 다음과 같다.

$$BW=f_2-f_1=\frac{f_r}{Q} \tag{16-24}$$

이로부터 선택도 Q값이 커지면 주파수응답 그래프가 뾰족하게 되어 그림 16-10과 같이 대역폭이 점점 좁아지는 것을 알 수 있다.

[실험장비 및 부품]

사용장비	품 목	규 격	소요량
Oscilloscope Breadboard Function generator	Capacitor	0.01 μF	1개
	Resistor	470 Ω	1개
	Inductor	10 mH	1개

[예비보고서]

1. 다음 회로에 대해 각 값을 구하시오.

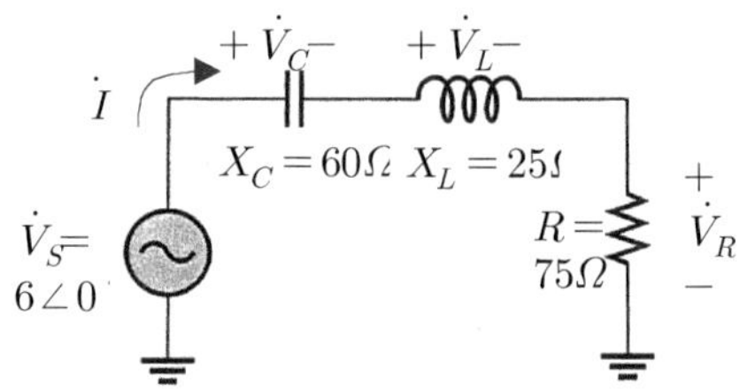

1〉 임피던스 $\dot{Z}$의 직각좌표와 극좌표를 구하시오. 이는 용량성인가 유도성인가?

2〉 전류 $\dot{I}$를 구하시오.

3〉 $\dot{V}_C$, $\dot{V}_L$ 및 $\dot{V}_R$을 구하시오.

〈1〉 $\dot{V}_C=$ 〈2〉 $\dot{V}_L=$ 〈3〉 $\dot{V}_R=$

4〉 각 전압의 페이저도를 그리시오.

(전원전압 $\dot{V}_S$를 기준으로)

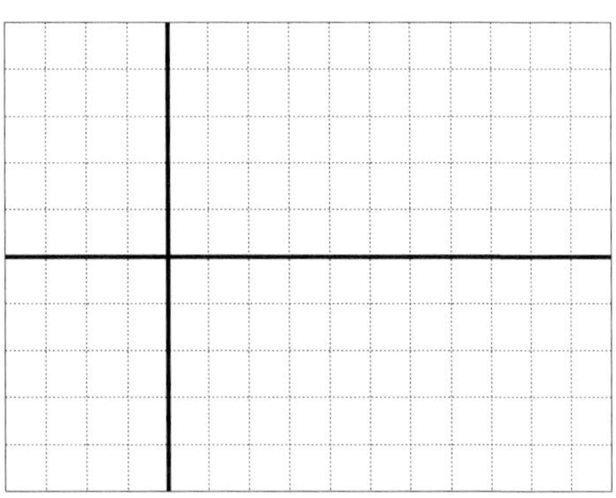

5〉 페이저도를 바탕으로 역률과 유효전력을 구하시오.

〈1〉 역률

〈2〉 유효전력

2. 다음 회로에 대해 각 주파수에 따라 물음에 답하시오.

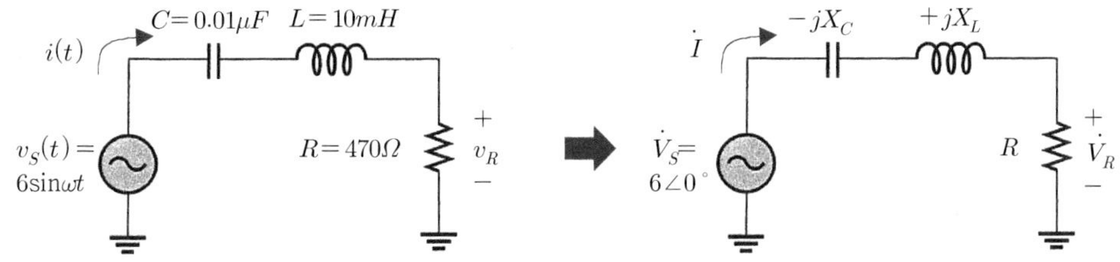

1) 공진주파수(f_r)를 구하고 이 주파수에서 $\dot{Z}$, $\dot{V}_C$, $\dot{V}_L$ 및 $\dot{V}_R$를 구하시오.

〈1〉 $f_r=$

〈2〉 $X_C=$

〈3〉 $X_L=$

〈4〉 $\dot{Z}=$

〈5〉 $\dot{I}=$

〈6〉 $\dot{V}_R=$

〈7〉 $\dot{V}_C=$

〈8〉 $\dot{V}_L=$

〈9〉 공진주파수 f_r에서 이 회로의 선택도 Q를 구하시오.

2) 두 주파수 $f=f_r-1$KHz, $f=f_r+1$KHz에서 각각 $\dot{Z}$, $\dot{I}$ 및 $\dot{V}_R$를 구하시오.

〈1〉 $f=f_r-1$KHz

〈2〉 $f=f_r+1$KHz

3〉 주파수에 따른 출력특성을 구하고자 한다.

〈1〉 앞의 자료로부터 주파수에 따른 V_R의 그래프를 그리시오.

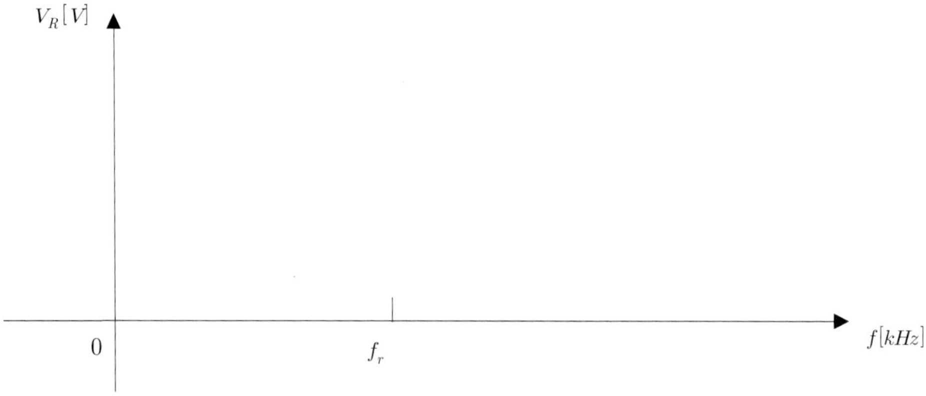

〈2〉 만약 주파수 $f = 0Hz$ 이면 출력전압은 구하고 위 그래프에 나타내시오.

〈3〉 만약 주파수가 아주 높으면 출력전압은 구하고 위 그래프에 나타내시오.

〈4〉 위 그래프는 (저역통과, 고역통과, 대역통과, 대역저지) 필터이다.

3. 식 (16-17)의 관계식을 유도하시오.

[결과보고서]

실험제목					
실험일자	년 월 일(요일)			담당교수	㉧
성 명		학 번		평 가	

1. 공진주파수(f_r) 측정

다음회로를 구성하시오. 각 소자값으로 R은 470Ω, L은 $10mH$, C는 $0.01\mu F$이다.

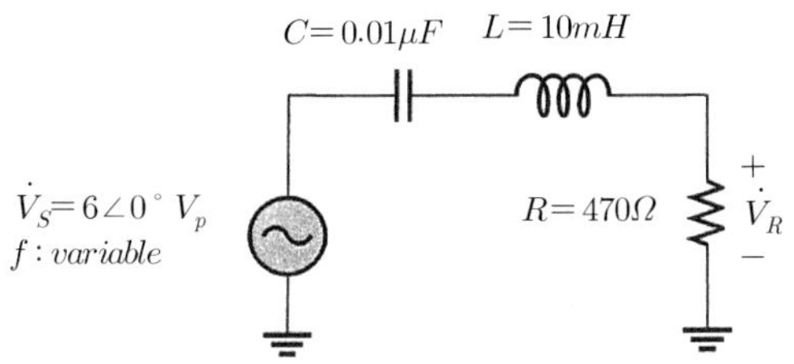

1〉 전원전압 V_S를 오실로스코프의 $CH1$에 연결하고, 저항양단전압 V_R을 오실로스코프 $CH2$에 연결한다. 함수발생기의 주파수를 1KHz~300KHz의 범위까지 변화시키면서 저항양단의 전압(V_R)을 측정하여 표 16-1에 기록한다.

[표 16-1] 주파수변화에 따른 저항양단의 출력전압

f	V_R	f	V_R	f	V_R
1kHz		2kHz		3kHz	
4kHz		5kHz		6kHz	
7kHz		8kHz		9kHz	
10kHz		20kHz		30kHz	
40kHz		50kHz		60kHz	
70kHz		80kHz		90kHz	
100kHz		200kHz		300kHz	

2〉 위의 그래프는 대략적인 그래프이다. 공진주파수를 구하기 위해 최댓값이 되는 지점부근에서 함수발생기를 정확히 조절하여 주파수변화에 따른 저항양단전압의 최댓값을 기록한다. 이 주파수가 공진주파수 f_r이다.

[표 16-2] 최대 출력전압 및 공진주파수

	이론치	측정치	오차(%)
$V_R(\max)[V]$			
$f_r[\mathrm{Hz}]$			

3〉 다음 두 주파수에서 전원전압(V_S)파형 및 저항양단전압(V_R)파형의 그래프를 서로 다른 색상으로 나타내고 위상차을 구하시오.

〈1〉 $f=5\mathrm{kHz}$에서 $v_S(t)$와 $v_R(t)$

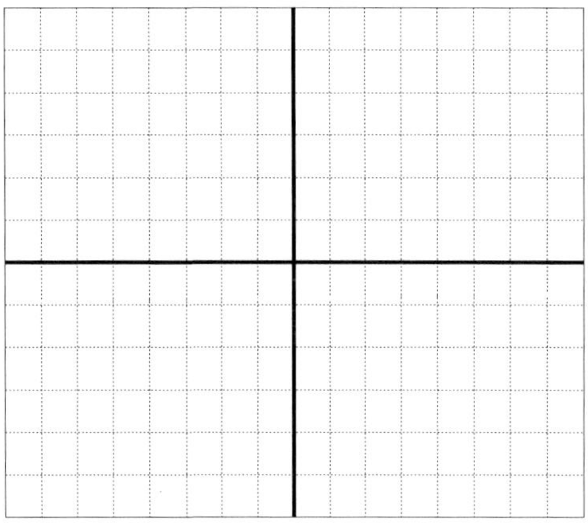

위상차: ______________

〈2〉 $f=f_r$에서 $v_S(t)$와 $v_R(t)$

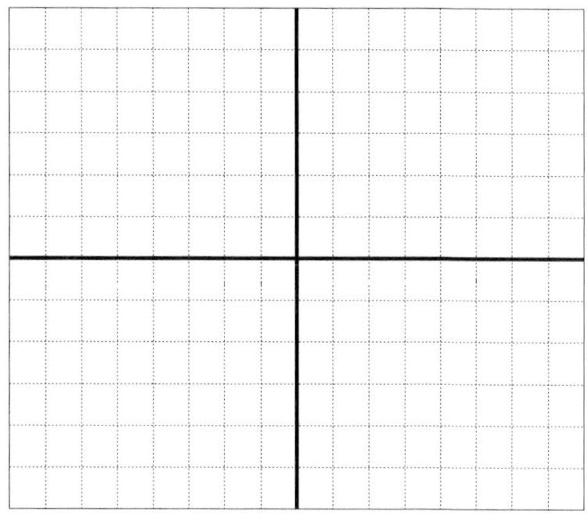

위상차: ______________

4〉 위 자료를 이용하여 각 주파수에 따른 저항양단전압 V_R 그래프를 그리시오.
다음 반대수 그래프(semilog)에 x축(log)은 주파수, y축은 V_R로 하시오.

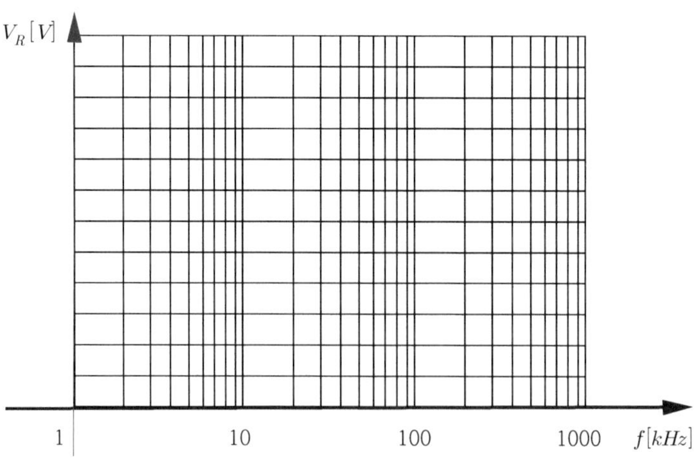

2. 선택도 인자(Q) 구하기

1〉 주파수를 변화시키면서 V_C 및 V_L을 측정하고 특히 앞에서 구한 공진주파수에서 해당값을 기록한다.

[표 16-3] 주파수변화에 따른 전압 측정

f	V_C	V_L	f	V_C	V_L	f	V_C	V_L
1kHz			2kHz			3kHz		
4kHz			5kHz			6kHz		
7kHz			8kHz			9kHz		
10kHz			20kHz			30kHz		
40kHz			50kHz			60kHz		
70kHz			80kHz			90kHz		
100kHz			200kHz			300kHz		

2〉 표 16-2를 이용하여 각 주파수에 따른 V_C 및 V_L의 그래프를 그리시오. 전압값은 서로 다른 색상을 사용하시오.

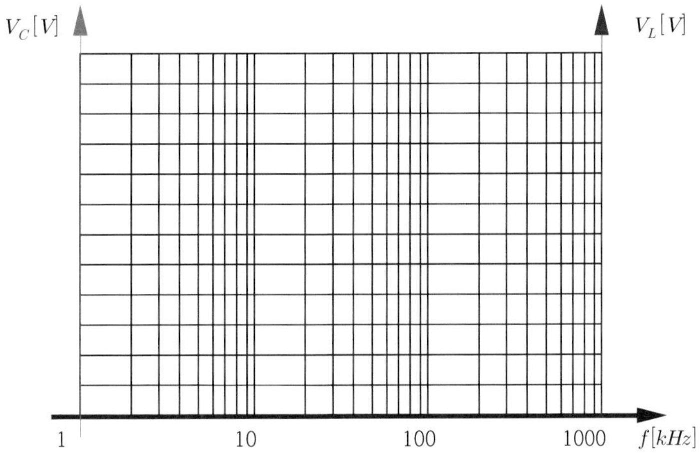

3〉 위 자료를 바탕으로 공진주파수에서 선택도 인자를 측정하고자 한다.

[표 16-4] 선택도

변수	V_R		V_C		Q		비고
	이론치	측정치	이론치	측정치	이론치	측정치	
값							$V_C = QV_R$

4〉 공진주파수 f_r에서 $v_C(t)$와 $v_L(t)$ 파형을 측정하시오.

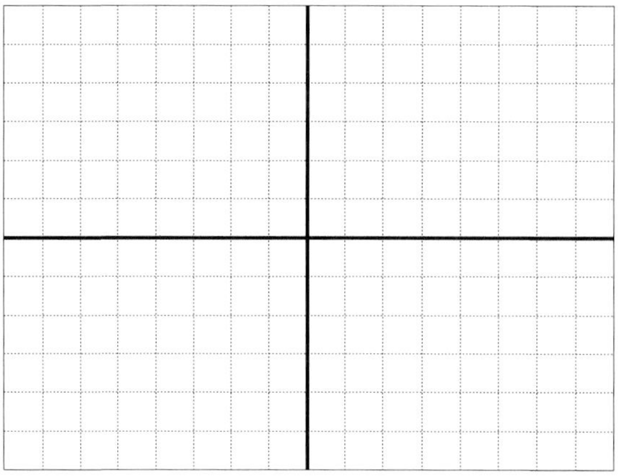

———— : $v_C(t)$
volt/div: ______

•••••• : $v_L(t)$
volt/div: ______

위상차는 (　　)이다

3. 대역폭(BW: bandwidth) 측정

실험1의 자료인 반대수(semilog) 그래프를 바탕으로 대역폭을 구하고자 한다. 이 반대수 그래프에서 알 수 있듯이 RLC 직렬회로는 대역통과 특성을 가지고 있다. 함수발생기의 주파수를 조절하여 이것의 상한주파수 및 하한주파수를 측정한다.

1〉 공진주파수 f_r에서 V_R은 최댓값을 갖는다.

최댓값 $V_R(\mathrm{max})$:______________________

2〉 이 값의 70.7%인 0.707 $V_R(\mathrm{max})$가 되는 하한 주파수(f_1)를 찾는다.

0.707 $V_R(\mathrm{max})$:______________________

3〉 이 값의 70.7%인 0.707 $V_R(\mathrm{max})$가 되는 상한 주파수(f_2)를 찾는다.

0.707 $V_R(\mathrm{max})$:______________________

[표 16-5] 반전력 주파수 및 대역폭

변수	반전력 주파수(f_1,f_2)	대역폭(bandwidth)		참고
	측정치	이론치	측정치	
측정값	f_1 = f_2 =		 	$BW = \frac{f_r}{Q}$ [Hz]

[토의 및 심화학습]

1. RLC 직렬회로에서 공진이 일어날 경우, 임피던스 삼각도를 그리시오.

2. RLC 직렬회로에서 선택도 인자(Q: quality factor, selectivity factor)란 무엇이며 어떻게 구하는가?

1〉 정의:

2〉 대역폭(BW: bandwidth)과의 관계는?

3. 다음 RLC 회로에 대해 답하시오.

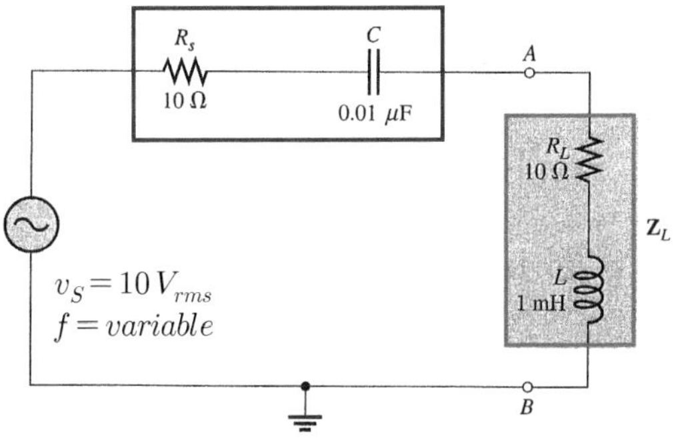

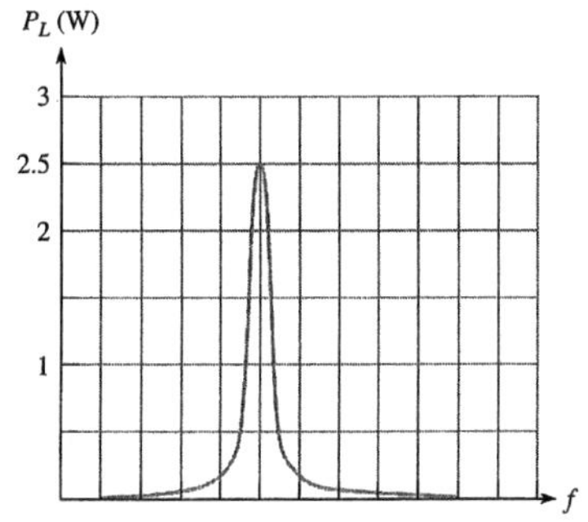

1〉 출력특성으로부터 공진 주파수 f_r를 구하고 그래프에 나타내시오.

2〉 공진주파수에서 부하 Z_L을 흐르는 전류값을 구하시오.

3〉 그래프에서 전달된 부하전력은 $2.5\,W$이다. 이를 증명하시오.

4. 다음은 어떤 교류 RLC 직렬회로에 대한 실험이다. 물음에 답하시오.

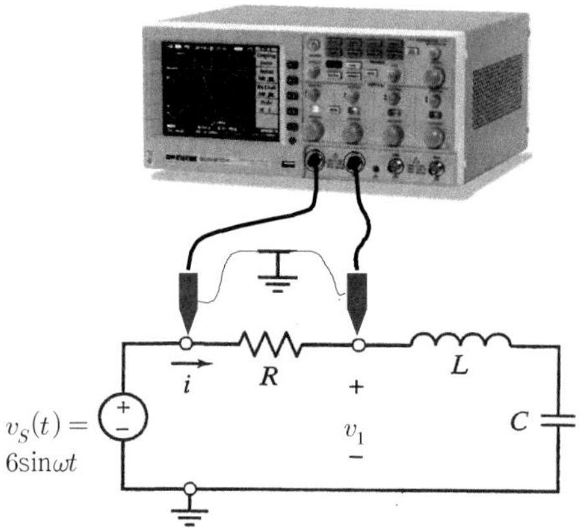

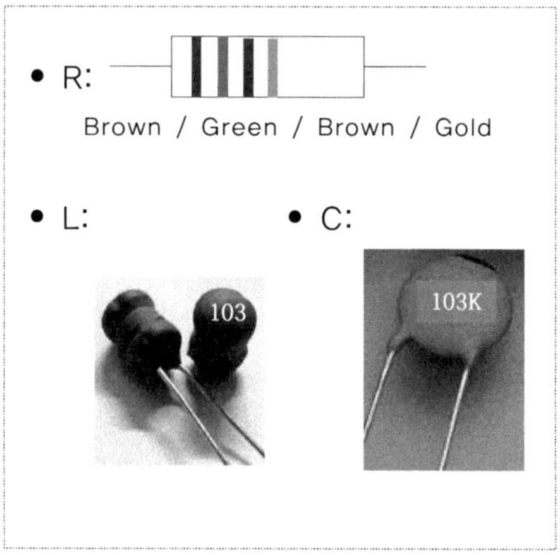

1) 교류정현파인 $\dot{V}_S = A\angle 0°$, $\dot{V}_1 = B\angle\theta$ 이면 흐르는 전류 $\dot{I}$ 를 직각좌표로 나타내시오.

2) 공진이 일어날 때 $\dot{V}_1 = B\angle\theta$의 값과 이 회로를 흐르는 전류를 구하시오.

3) 위 실험에서 공진주파수 f_r을 구하고 이를 찾는 방법을 설명하시오.

4) 대역폭을 측정하는 방법을 설명하시오. 저항 R의 변화에 따라 대역폭(BW)은 어떻게 되는가를 결과보고서의 자료와 비교하여 답하시오.

5. **교류 RLC 직렬회로에서 $R=10\Omega$, $L=200\mu H$, $C=47pF$이다. 물음에 답하시오.**

1〉 회로를 그리시오.

2〉 공진주파수 f_r을 구하시오. 답: 1.64$[MHz]$

3〉 선택도 Q를 구하시오. 답: 206

4〉 대역폭(BW)을 구하고 대략적인 주파수특성 그래프를 그리시오. 답: 7.96$[kHz]$

6. **RLC 소자로 구성된 어떤 교류 Thevenin 등가회로가 있다. 그림과 같이 각 소자를 부하로 사용할 때 각 부하전압의 크기(절대값)를 나타낸다.**

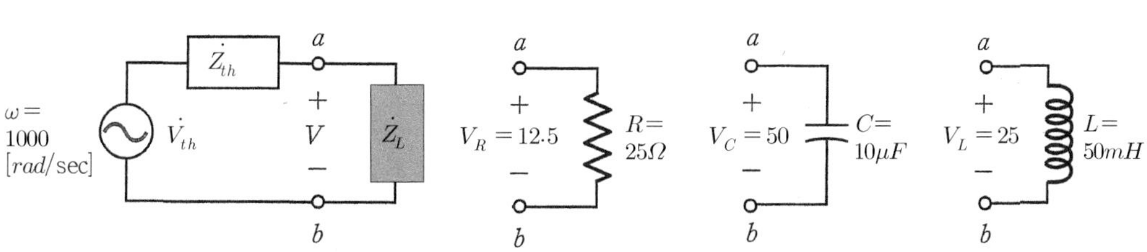

1〉 등가회로에서 $\dot{V}_{th}$와 $\dot{Z}_{th}$를 구하시오. 답: $\dot{V}_{th}=57.6[V]$, $\dot{Z}_{th}=87.5+j25[\Omega]$

2〉 최대전력이 부하에 전달되려면 부하 $\dot{Z}_L$의 구성부품을 나타내고 소자 값을 구하시오.

답: 저항과 커패시터, $\dot{Z}_L=87.5-j25[\Omega]$

실험 17 장

RLC 병렬회로

1. RLC 병렬회로
2. 실제적인 RLC 공진회로 해석
3. 공진회로의 응용

CHAPTER 17

RLC 병렬회로

실험목적

저항(R), 인덕터(L) 및 커패시터로 구성된 RLC 병렬회로에서 주파수 변화에 따른 임피던스 변화를 익히고, 교류신호에 대한 전류 및 전압의 위상관계를 이해하여 통신분야에 적용한다.

기초이론

1. RLC 병렬회로

다음과 같은 병렬회로에 대한 기본적인 해석을 위해 컨덕턴스, 서셉턴스, 어드미턴스의 개념으로 회로에 대한 수식을 페이저로 다시 한 번 써보면 다음과 같다.

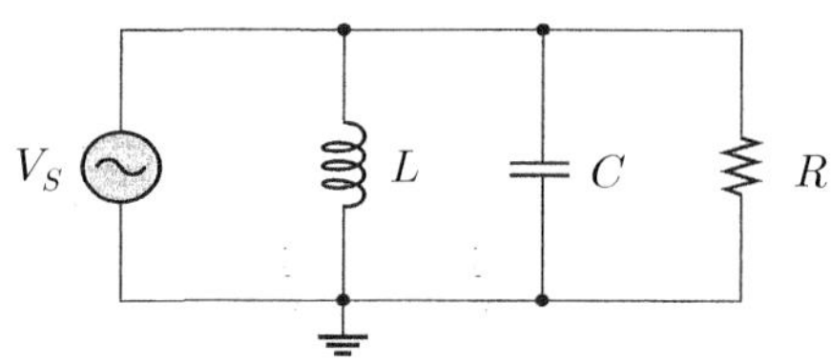

[그림 17-1] 기본적인 RLC 병렬회로

병렬이므로 다음과 같이 쓸 수 있다.

어드미턴스(admittance): $$\frac{1}{\dot{Z}}=\frac{1}{R\angle 0^\circ}+\frac{1}{X_L\angle 90^\circ}+\frac{1}{X_C\angle -90^\circ} \quad (17\text{-}1)$$

컨덕턴스(conductance): $$\dot{G}=\frac{1}{R\angle 0^\circ}=G\angle 0^\circ \quad (17\text{-}2)$$

서셉턴스(suceptance): $$\dot{B}_C=\frac{1}{X_C\angle -90^\circ}=B_C\angle 90^\circ=jB_C \quad (17\text{-}3)$$

$$\dot{B}_L=\frac{1}{X_L\angle 90^\circ}=B_L\angle -90^\circ=-jB_L \quad (17\text{-}4)$$

$$\dot{Y}=\frac{1}{Z\angle \pm\theta}=Y\angle \mp\theta=G+jB_C-jB_L \quad (17\text{-}5)$$

1) 병렬전류

용량성 리액턴스(X_C)는 주파수에 반비례하고, 유도성 리액턴스(X_L)는 주파수에 비례한다. 낮은 주파수 영역에서는 RLC 병렬회로의 유도성 리액턴스 X_L의 값이 용량성 리액턴스 X_C보다 작다. 따라서 회로는 유도성(inductive)이 된다. 주파수가 증가하면 X_L은 증가하고 X_C는 감소한다. 이 때, $X_L = X_C$가 되는 주파수에서 병렬 공진이 발생한다. 주파수가 이 값에서 더욱 증가하면 X_C는 X_L보다 작아지므로 회로는 용량성(capacitive)이 된다.

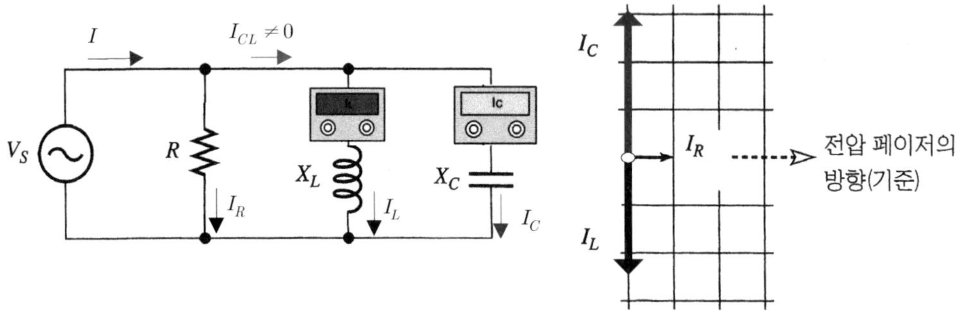

(a) 회로 및 페이저도

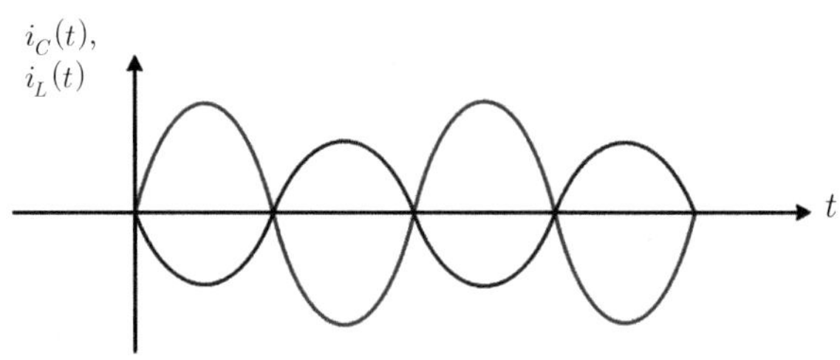

(b) 전류파형의 크기는 다르고 위상차는 180도이다.

[그림 17-2] RLC 병렬회로에서 $i_C(t)$와 $i_L(t)$

RLC 병렬회로에서, 커패시터를 통해 흐르는 전류와 인덕터를 통해 흐르는 전류 사이에는 180°의 위상차가 발생한다. (코일의 권선저항은 0Ω으로 가정) 따라서 I_L과 I_C의 부호는 반대가 되므로, 이 두 전류를 더하여 얻는 총 리액턴스 전류(I_{CL})는 전류 I_L, I_C 중에서 큰 전류보다 작은 값이 된다. 물론 저항을 통해 흐르는 전류(I_R)와 각 리액턴스 소자를 통해 흐르는 전류(I_L, I_C) 사이에는 그림 17-2(a)의 페이저도와 같이 90°의 위상차가 있다. 위 그림으로부터 총 전류는 다음 식으로 표시된다.

$$\dot{I} = \dot{I}_R + I_L \angle -90^\circ + I_C \angle 90^\circ = I_R + (-j) I_L + (j) I_C$$

$$= I_R + j(I_C - I_L) \tag{17-6}$$

$$I = \sqrt{I_R^2 + (I_C - I_L)^2} \angle \tan^{-1} \frac{(I_C - I_L)}{I_R} \tag{17-7}$$

2〉 병렬공진

이상적인 경우(인덕터 L의 권선저항이 0Ω)의 병렬공진은 $X_C = X_L$이 될 때 일어난다. 병렬 공진이 발생하는 주파수를 직렬공진의 경우와 마찬가지로 공진주파수라고 한다. $X_C = X_L$일 때, C와 L을 통해 흐르는 전류 I_C와 I_L은 서로 크기가 같고, 위상차는 180°가 된다. 따라서 그림 17-4와 같이 두 전류는 서로 상쇄되어 전체 전류 $I_{CL} = 0$이 된다.

병렬공진에서, 전류 $I_{CL} = 0$이 되므로, LC 병렬회로의 임피던스는 무한대(∞)가 된다. 이와 같은 이상적인 병렬 공진조건을 정리해 보면 다음과 같다.

$$X_L = X_C \tag{17-8}$$

$$Z_r = \infty \tag{17-9}$$

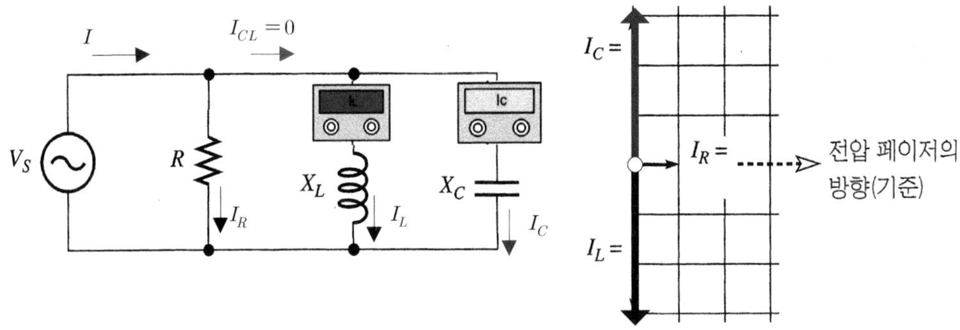

(a) 회로도 및 전류 페이저

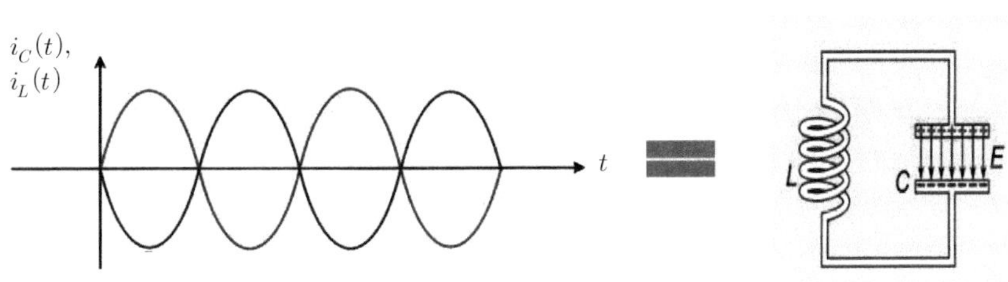

(b) 전류파형의 크기는 같고 위상차는 180도이다.

[그림 17-4] 공진이 일어날 때, $i_C(t) = -\, i_L(t)$ 이다.

[공진조건]

저항이 없는 이상적인 병렬 공진회로에서, 공진이 일어나는 공진주파수는 직렬 공진회로의 경우와 동일한 식으로 구한다. 즉, 병렬 공진주파수는

$$f_r = \frac{1}{2\pi\sqrt{LC}} \tag{17-10}$$

[공진시 전류와 위상각]

탱크(tank)회로는 병렬공진회로의 또 다른 이름이다. 코일에서는 자기장을 커패시터에서는 전기장의 형태로 에너지를 저장하기 때문에 위와 같이 이름지어졌다. 이상적인 탱크회로에서, 공진시 회로의 임피던스는 무한대(∞)이므로 전원으로부터 공급되는 전체 전류가 0[A]가 된다. 그러나 실제의 탱크 회로에서는 공진 주파수(f_r)에서도 전체 전류가 약간 흐른다.

$$\dot{I}=I_R\angle 0^\circ \qquad (17-11)$$

공진시 병렬 공진회로의 임피던스($\dot{Z}$)는 리액턴스성분($\dot{X}$)은 서로 상쇄되고 단지 저항(R) 성분만을 가지므로, 위상각은 0°가 된다.

2. 실제적인 RLC 공진회로 해석

1〉 공진회로 및 등가회로

실제로 코일(인덕터)에서는 약간의 저항성분이 존재한다. 이것을 고려하여 회로를 다시 그리면 다음과 같다. 회로해석을 할 때, 이 회로를 변형하여 각 성분을 병렬로 처리한 등가회로를 활용하면 명확한 의미와 활용상에 이점을 가진다. 먼저 기본회로를 변형시켜 보자.

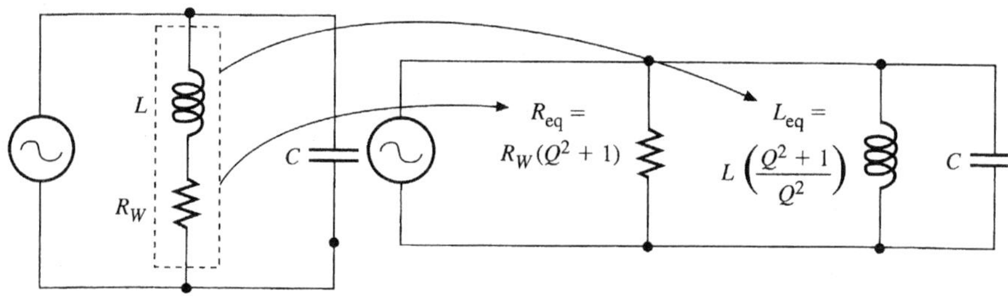

(a) 원회로　　(b) 등가변환회로

[그림 17-5] 실제적인 LC 탱크회로

위의 그림 17-5으로부터

$$\frac{1}{\dot{Z}}=\frac{1}{R_w+jX_L}+\frac{1}{-jX_C}=\frac{R_w-jX_L}{(R_w+jX_L)(R_w-jX_L)}+j(\frac{1}{X_C})=\frac{R_w-jX_L}{(R_w^2+X_L^2)}+j(\frac{1}{X_C})$$

$$=\frac{R_w}{(R_w^2+X_L^2)}+\frac{-jX_L}{(R_w^2+X_L^2)}+j(\frac{1}{X_C})$$

$$=\frac{R_w}{(R_w^2+X_L^2)}+j(\frac{-X_L}{(R_w^2+X_L^2)}+\frac{1}{X_C}) \qquad (17-12)$$

만약 공진이 일어난다면 허수부분이 0이므로 쉽게 공진주파수를 구할 수 있다.

$$\frac{X_L}{(R_w^2+X_L^2)}=\frac{1}{X_C}$$

$$f_r=\frac{1}{2\pi\sqrt{LC}}\sqrt{(1-R_w^2\cdot C/L)} \tag{17-13}$$

위 식으로부터 $R_w=0$이라면 이미 학습한 공진 조건식 (17-10)과 같다.

또한 우리는 등가회로를 구하는 것이 목적이므로 계속하여 변화시켜 보자.

그림 17-5(b)로부터 어드미턴스는 다음과 같다.

$$\frac{1}{\dot{Z}}=\frac{1}{R_{eq}}+\frac{1}{jX_{eq}}+\frac{1}{-jX_C}=\frac{1}{R_{eq}}-j\frac{1}{X_{eq}}+j\frac{1}{X_C} \tag{17-14}$$

원래 저항과 인덕터는 직렬이었으므로 선택도를 Q로 정의했다.

$$Q=\frac{X_L}{R_w}$$

이를 이용하여 변형하면 R_{eq}와 $X_{eq}=\omega L_{eq}$는 각각 다음과 같다.

$$\frac{1}{R_{eq}}=\frac{1}{R_w(1+Q^2)},\qquad \frac{1}{L_{eq}}=\frac{1}{L(1+1/Q^2)} \tag{17-15}$$

더욱 편의를 위해 선택도(Q)가 10이상이면 식 (17-14)를 간략화할 수 있다.

$$R_{eq}=R_w(1+Q^2)\simeq R_wQ^2 \tag{17-16}$$

$$L_{eq}=L(1+1/Q^2)\simeq L \tag{17-17}$$

2) 선택도(Q)와 대역폭(BW)

공진주파수에서 RLC 직렬회로의 리액턴스는 서로 상쇄되어 0이 되므로 회로에 흐르는 전류의 크기는 최대가 된다. 반대로 RLC 병렬회로에서는 커패시터와 인덕터를 통해 흐르는 전류가 서로 상쇄되어 0이 되므로 회로에 흐르는 전류는 최소가 된다. 즉 임피던스(Z)가 최대로 된다.

먼저 선택도(quality factor)를 구해보자. Q는 다음과 같이 정의된다. 병렬회로에서 전압의 크기가 동일하므로 다음과 같다.

$$Q\equiv\frac{\text{무효전력}}{\text{유효전력}}=\frac{V^2/X}{V^2/R}=\frac{R}{X} \tag{17-18}$$

임피던스 곡선에서 Z가 최대가 되는 주파수는 공진주파수 f_r이다. $Z=0.707Z_{max}$가 되는 두 주파수는 저주파 차단주파수 f_1과 고주파 차단주파수 f_2이다. 다음 그림17-6에 표시된 것처럼 대역폭(bandwidth)은 f_1과 f_2사이의 주파수 영역이 된다.

즉, $BW=f_2-f_1$가 된다.

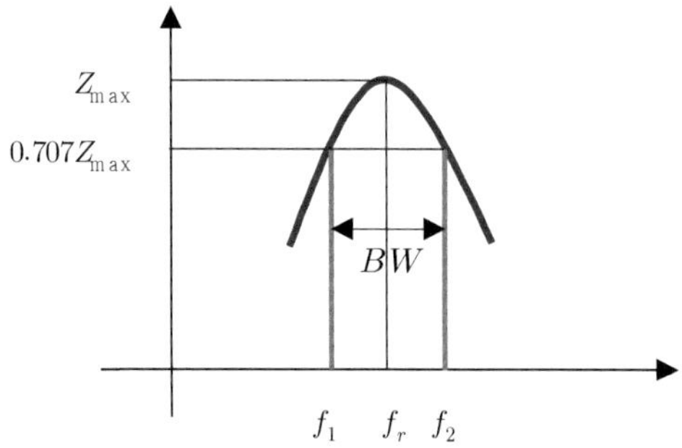

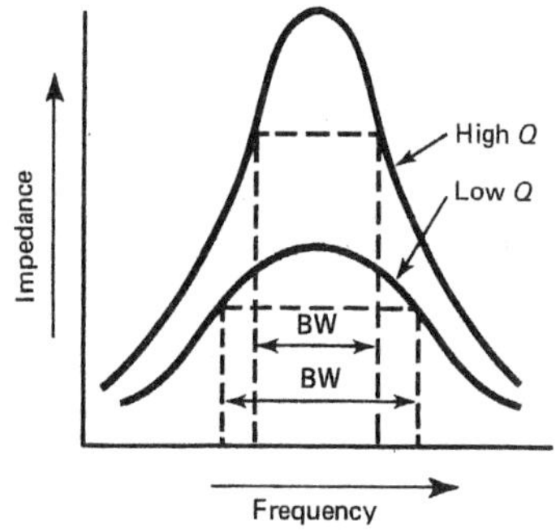

[그림 17-6] 병렬공진회로의 응답에 따른 대역폭 및 선택도 관계

선택도가 높은 회로는 더 좁은 대역폭을 가진다는 것을 나타내므로 특정한 주파수를 얻고자 한다면 높은 선택도를 가지는 회로를 구현해야 한다.

3〉 변수들의 상호관계 해석

병렬회로는 그림 17-7과 같이 임피던스를 분석으로 시작한다. 다음과 같은 RLC 병렬회로에 대해 임피던스를 구하고 이를 바탕으로 공진주파수, 선택도 및 대역폭을 구하는 방법을 학습해 보자. 회로입력은 전류이고 출력은 전압이므로 전달함수는 임피던스가 된다.

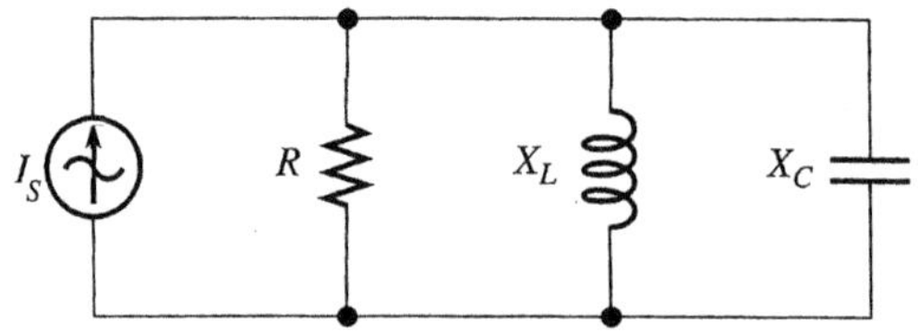

[그림 17-7] RLC 병렬회로

〈1〉 임피던스(Z: *impedance*)

위 회로에서 입력전류 페이저와 출력전압 페이저의 비를 구하고 이를 극좌표로 나타내면 임피던스는 다음과 같다.

$$\dot{Z}=\frac{\dot{V}}{\dot{I}_s}=\frac{1}{\dot{Y}}=\frac{1}{\frac{1}{R}+j\omega C-j1/\omega L}=\frac{1}{\frac{1}{R}+j(\omega C-1/\omega L)} \qquad (17-19)$$

$$=Z\angle -\tan\theta^{\circ} \quad =Z\angle -\tan(R(\omega C-1/\omega L))$$

리엑턴스 성분이 다음과 같을 경우 즉 $\omega C=1/\omega L$ 에 0이 된다. 이 조건을 만족하는 주파수가 공진주파수이다.

$$f_r=\frac{1}{2\pi\sqrt{LC}}$$

$f=f_r$일 때 $\dot{Z}=R$이다. f가 f_r보다 증가하거나 감소하면 임피던스는 감소한다. 식 (17-19)를 다음과 같은 형태로 변환해 보자.

$$=\frac{k}{1+jQ(\frac{\omega}{\omega_r}-\frac{\omega_r}{\omega})} \quad =\frac{k}{1+jQ(\frac{f}{f_r}-\frac{f_r}{f})} \qquad (17-20)$$

여기서 f_r은 공진주파수, k는 공진시 임피던스의 최댓값이고 Q는 선택도이다. 식 (17-19)를 주파수항을 중심으로 정리하면 다음과 같다.

$$=\frac{1}{\frac{1}{R}+j\sqrt{\frac{C}{L}}(\omega/\frac{1}{\sqrt{LC}}-\frac{1}{\sqrt{LC}}/\omega)} \quad =\frac{1}{\frac{1}{R}+j\sqrt{\frac{C}{L}}(\frac{\omega}{\omega_r}-\frac{\omega_r}{\omega})}$$

$$=\frac{R}{1+jR\sqrt{\frac{C}{L}}(\frac{f}{f_r}-\frac{f_r}{f})} \qquad (17-21)$$

두 식들을 비교하면 각 값은 $k=R$, $Q=R\sqrt{\frac{C}{L}}$ 및 $f_r=\frac{1}{2\pi\sqrt{LC}}$ 이다.

〈2〉 대역폭(BW: $bandwidth$)

대역폭은 정의와 같이 최댓값의 $1/\sqrt{2}$ 배가 되는 두 개의 주파수 간격이다. 위의 식에서 이 두 값들을 구해 보자.

$$\frac{k}{\sqrt{2}}=\frac{k}{\sqrt{1+Q^2(\frac{f}{f_r}-\frac{f_r}{f})^2}} \qquad (17-22)$$

정리하면 $\sqrt{2}=\sqrt{1+Q^2(\frac{f}{f_r}-\frac{f_r}{f})^2}$ 이고 양변을 제곱하면 $1=Q^2(\frac{f}{f_r}-\frac{f_r}{f})^2$ 이므로 제곱근을 취하면 $\pm 1=Q(\frac{f}{f_r}-\frac{f_r}{f})$ 이고 정리하면 다음과 같은 2차식을 구한다.

$$f^2 \pm \frac{f_r}{Q}f - f_r^2 = 0 \tag{17-23}$$

주파수는 양(+)이므로 두 양수의 주파수들을 구하면 다음과 같다.

$$f_1 = -\frac{f_r}{2Q}+\sqrt{(\frac{f_r}{2Q})^2+f_r^2}, \quad f_2=\frac{f_r}{2Q}+\sqrt{(\frac{f_r}{2Q})^2+f_r^2} \tag{17-24}$$

따라서 대역폭의 정의에 따라 계산하면 다음과 같다.

$$BW = f_2 - f_1 = \frac{f_r}{Q} \tag{17-25}$$

이로부터 선택도 Q 값이 커지면 주파수응답 그래프가 뾰족하게 되어 그림 17-6과 같이 대역폭이 점점 좁아지는 것을 알 수 있다.

3. 공진회로의 응용

공진회로는 많은 다양한 응용분야에 특히 통신시스템에서 더욱 활용된다. 공진회로의 중요성을 설명하기 위해 몇 가지 사례를 익혀보자.

1〉 수퍼헤테로다인(superheterodyne) 수신기

AM(amplitude modulation) 수신기에서 널리 쓰이고 있는 공진회로의 응용 예로서 수퍼헤테로다인 수신기가 있다. AM 방송의 주파수 대역은 535㎑~1605㎑이다. 각 AM 방송국마다 이 방송주파수 대역 내의 특정 대역폭이 할당되어 있다.

이 시스템의 앞단에는 병렬공진을 이용한 세 개의 대역통과필터가 놓여있다. 여러 방송국의 송신 신호 중에서 중심 주파수가 600㎑인 방송국의 신호만을 수신하는 경우를 생각해 본다. 첫 번째 필터의 공진주파수 f_r을 600㎑로 조정하면, 안테나로부터 들어오는 여러 주파수 신호 중에서 600㎑ 대역의 신호만이 첫 번째 필터를 통과하여 RF(radio frequency) 증폭기에 가해진다. 600㎑ 신호는 혼합기(mixer)라고 불리는 회로에 인가된다. 국부 발진기(local oscillator: LO)는 항상 선택된 신호(여기서는 600㎑)보다 455㎑ 만큼 높은 주파수(여기서는, 600㎑ + 455㎑ = 1055㎑)로 조정된다.

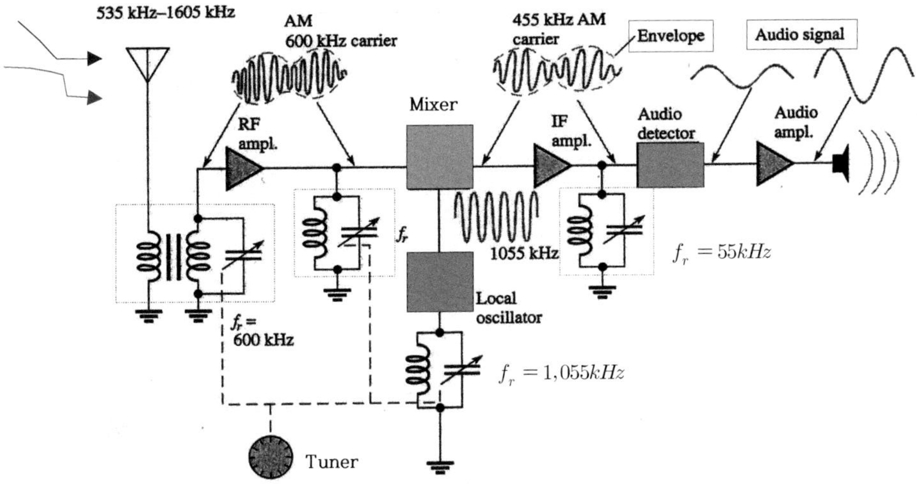

[그림 17-8] 수퍼헤테로다인 AM 라디오 수신기

600㎑의 AM 신호는 혼합기 회로에서 1055㎑의 국부발진기 신호와 혼합되어 이 두 신호의 차인 455㎑(1055㎑ - 600㎑ = 455㎑)의 신호로 변환된다. 이 변환과정을 수퍼헤테로다인 과정이라고 한다.

AM 방식에서 600㎑의 반송파(carrier)의 진폭은 음성신호의 진폭에 비례하여 변하므로, 반송파 신호의 전체적인 모양은 음성신호의 형태를 따라가게 된다. 여기서, 음성신호에 따라 변하는 반송파의 진폭을 포락선(envelope)이라고 하는데, 바로 이 포락선이 실제의 음성신호이다. 그림에 나타낸 AM 반송파 신호 파형에서 점선으로 표시된 것이 전달정보가 포함된 포락선(envelope)이다.

이 455㎑가 표준 AM 수신기의 중간 주파수(IF)이다. 어떤 AM 방송국의 신호가 동조 회로에서 선택되더라도 선택된 신호는 혼합기에 의해 언제나 455㎑로 바뀐다. 다음으로 음성 검파기(audio detector)는 진폭 변조된 IF신호 중에서 IF신호(455㎑)만을 제거하여, 실제 음성신호인 포락선만을 통과시킨다. 이 음성신호는 증폭기에서 증폭된 다음 스피커에 전달된다.

그림 17-9는 일반적인 안테나 수신부의 회로로서 안테나에서 수신된 신호를 변압기를 거쳐 수신기까지 전달해 주는 역할을 하고 있다. 송신기에서 발생된 무선 신호는 전자기파의 형태로 공간을 전파(진행)한다. 이 전자기파가 수신 안테나에 도달하면 안테나에 작은 크기의 유도 전압이 발생한다. 이 때, 안테나는 어떤 주파수를 갖는 전자기파라도 수신할 수 있으므로, 아주 넓은 주파수 범위 중에서 원하는 특정 주파수 대역의 신호만을 선택할 수 있어야 한다. 변압기의 2차측에 병렬로 연결된 가변 커패시터는 2차 코일과 함께 병렬

공진회로를 구성하고 있다.

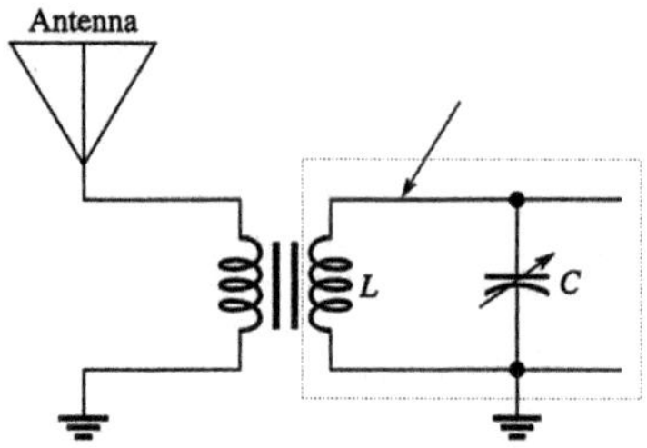

[그림 17-9] 일반적인 안테나 수신부의 회로

동조증폭기(tuned amplifier)는 특정 주파수 대역의 신호만을 증폭시키는 회로이다. 일반적으로 동조 증폭기는 병렬 공진회로와 증폭기로 구성되어 있으므로 주파수 선택성을 갖는다. 공진회로는 증폭된 신호 중에서 상대적으로 좁은 범위의 주파수를 갖는 신호만을 통과시킨다. 변조된 신호는 반송파 주파수를 중심으로 통과대역을 가진 LC 대역통과회로로 동조시킨다. 회로의 선택도는 원하는 신호만을 통과시키고, 반면에 다른 신호들은 차단히기나 제거시킨다. 동조된 후, 매우 미약한 신호는 증폭기로 보내져 보다 큰 전압레벨로 키운다. 그 후, 송신기에서 반송파로 변조된 정보신호를 검파한다.

2〉 RFID 시스템

RFID(radio frequency identification)란 고주파를 이용한 전자기장의 무선 인식시스템으로서 다수의 사용자들이 오고 가는 공간에서 개인을 인식하는 목적으로 널리 활용되고 있다. 소포와 같은 배송을 추적하는 일부터 손님이 마트에서 산 물품들에 대한 소비가격처리에 이르기까지 다양하게 자동적으로 활용된다. 휴대가 가능한 트랜시버(transmitter+receiver)를 활용하여 두 개 이상의 RFID 태그에서 정보를 읽어낼 수 있다. 어떤 태그들은 일련번호에만 반응하고 또 다른 종류의 태그들은 여러 가지 센서들을 부착하여 다양하게 응용된다. 바코드(bar code)와는 달리 태그는 리더기(reader)가 보이는 선상에 있을 필요가 없으며 추적하려는 물체에 내장될 수도 있다. 이와 같이 RFID는 자동인식 및 자동자료획득(AIDC: Automatic Identification and Data Capture)을 위한 한 방법이다. 자동차 조립라인에서 부착된 RFID 태그는 진행정도를 알 수 있고 가축이나 애완동물 안에 마이크로칩을 주입하여 여러 가지 식별에 활용될 수 있다.

RFID가 성공하게 된 것은 배터리가 필요하지 않다는 것이다. 트랜시버가 태그 부근에 있으면, 트랜시버가 전송하는 고주파 전력이 RFID 태그를 활성화시킬 수 있다. RFID 태그는 이러한 전력을 받아들이고 트랜시버에 다시 전송할 수 있는 RLC 회로를 구현한다.

RFID 태그는 두 인덕터들이 자기장의 방향으로 정합될 때만 트랜시버와 결합된다.

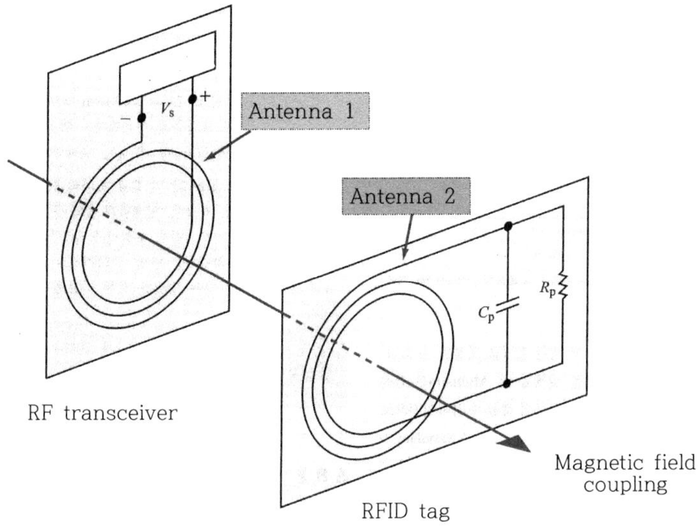

[그림 17-10] RFID 태그와 트랜시버를 포함한 RFID 개념

RFID 트랜스미터에서 전파신호를 안테나로부터 전송한다. 어떤 거리 내에서 RFID 태그의 안테나가 이 전파신호를 받는다. RLC 병렬회로에서 유도전류가 흐르고 이 유도전류가 RFID 태그의 전력원으로 동작한다.

[실험장비 및 부품]

사용장비	품 목	규 격	소요량
Oscilloscope Function generator Breadboard	Capacitor	$0.47\mu F$	1개
	Resistor	33Ω, $4.7k\Omega$	각 1개
	Inductor	$40mH$	1개

[예비보고서]

1. 다음 회로에서 각 소자에 흐르는 전류를 구하시오.

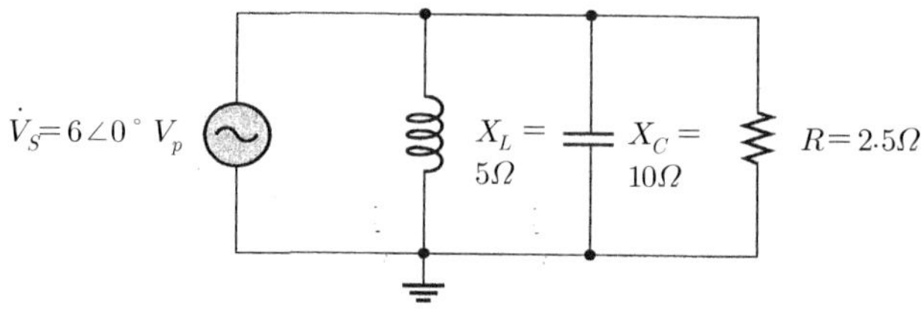

1〉 $\dot{I}_R =$

2〉 $\dot{I}_L =$

3〉 $\dot{I}_C =$

4〉 전원을 흐르는 총전류 $\dot{I}$를 직각좌표와 극좌표로 구하시오.

5〉 각 전류의 페이저도를 그리시오. 이 회로는 용량성인가 유도성인가?

2. 다음은 우리가 수행할 실험회로이다. 실제 전기소자로서 코일(인덕터)은 작은 저항성분을 가지고 있다. 이 값을 $R_w = 33\Omega$이라 하자. 아래 물음에 답하시오.

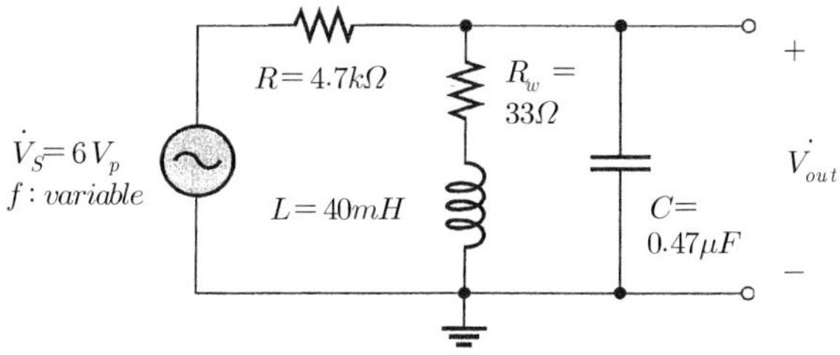

1〉 식 (17−12)를 유도하시오.

2〉 위 회로의 공진주파수(f_r)를 구하시오.

3〉 다음 값들을 구하고 등가 RLC 병렬회로로 고쳐 그리시오.

〈1〉 값 구하기

$Q=$ $R_{eq} =$ $L_{eq} =$

〈2〉 병렬 등가회로

4〉 등가회로에서 $\dot{I}_L$과 $\dot{I}_C$를 구하고 커패시터 양단(V_C)에 걸리는 전압은?

5〉 위의 회로에서 대역폭(BW)을 구하시오.

6〉 위의 데이터를 바탕으로 반대수 그래프에 주파수 특성곡선을 그리시오.

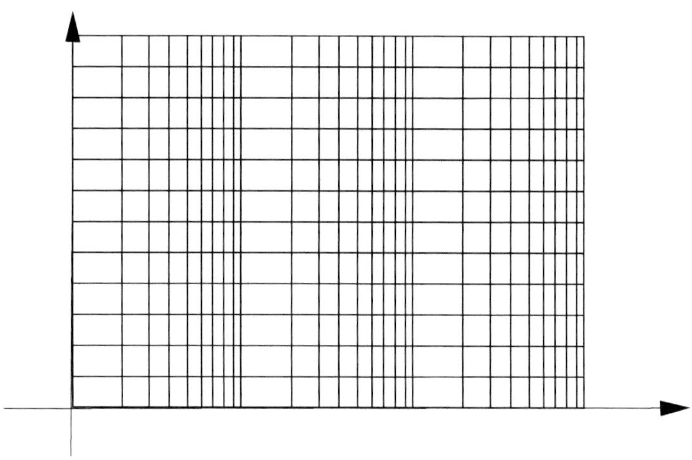

7〉 위의 그래프로부터 실험회로는 어떤 특성을 가지는가?

㉮ 저주파 통과　　㉯ 고주파 통과

㉰ 중간주파 통과　　㉱ 중간주파 저지

[결과보고서]

실험제목					
실험일자	년 월 일(요일)			담당교수	㊞
성 명		학 번		평 가	

1. 공진주파수(f_r) 측정

다음 회로를 구성하시오. 각 값으로 R_w은 33Ω, L은 $40mH$ 그리고 C는 $0.47\mu F$이다.

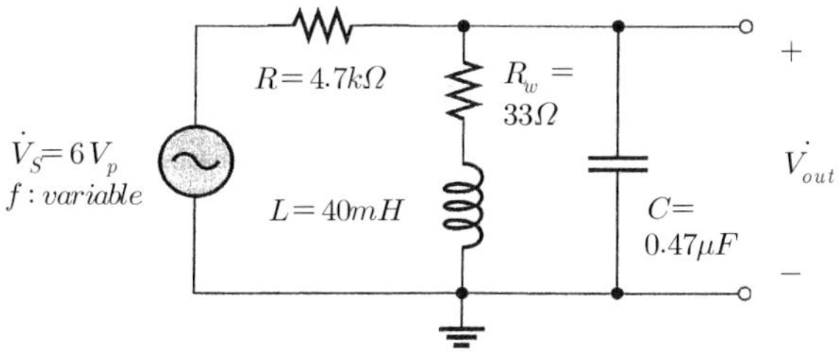

1〉 오실로스코프의 CH1과 CH2를 사용하여 함수발생기의 주파수를 $100Hz$~$6kHz$의 범위에서 변화시키면서 전압을 측정하여 표 17-1에 기록한다.

[표 17-1] 주파수변화에 따른 커패시터양단의 전압 측정

주파수(f)	전압(V_C)	주파수(f)	전압(V_C)	주파수(f)	전압(V_C)
100Hz		200Hz		300Hz	
400Hz		500Hz		600Hz	
700Hz		800Hz		900Hz	
1kHz		2kHz		3kHz	
4kHz		5kHz		6kHz	

2〉 최댓값이 되는 지점부근에서 함수발생기를 정확히 조절하여 주파수변화에 따른 커패시터양단전압(V_C)의 최댓값을 기록하고, 그 때의 주파수를 기록한다.

[표 16-2] 최대 출력전압 및 공진주파수

	이론치	측정치	오차(%)
$V_C(\max)[V_{pp}]$			
$f_r[Hz]$			

3〉 표 17-1을 이용하여 각 주파수에 따른 커패시터양단전압 그래프를 그리시오. 반대수 그래프에 x축(log)은 주파수, y축은 커패시터양단전압으로 하시오.

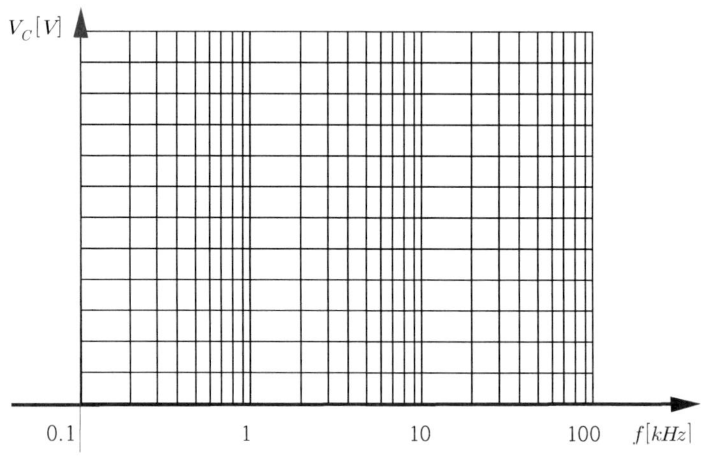

4〉 공진(resonance)이 일어나는 주파수(f_r)에서 전원전압파형 및 커패시터양단전압파형의 그래프를 그려 위상차을 비교하고 전압은 서로 다른 색상을 사용하시오.

〈1〉 $f=3$㎑에서 $v_S(t)$와 $v_C(t)$

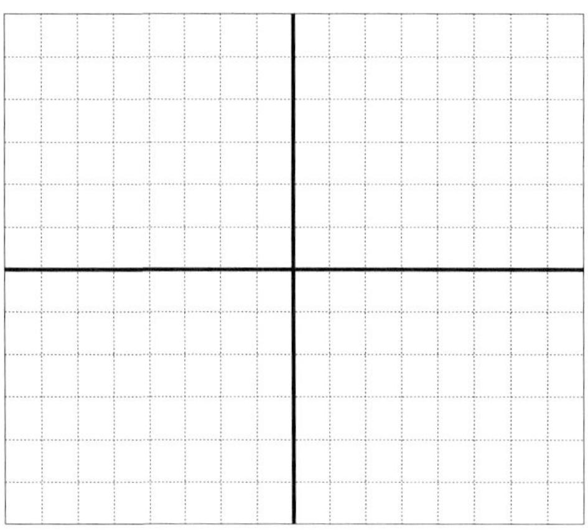

위상차: ____________

〈2〉 $f=f_r$에서 $v_S(t)$와 $v_C(t)$

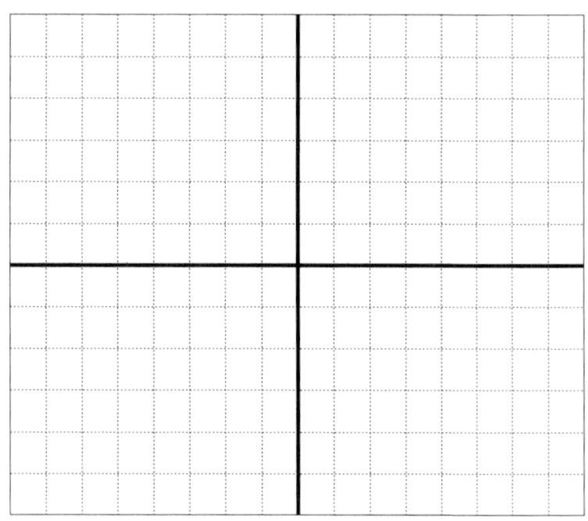

위상차: ____________

2. 선택도 인자(Q) 측정

1〉 전원전압(v_S)을 $6\,V_p$로 하여 공진주파수에서 전원을 흐르는 전류 및 인덕터를 흐르는 전류(i_L)를 각각 구한다. 등가회로에서 공진주파수에서 $i_L = i_C$이고 위상이 180° 이므로 이 두 전류의 합은 $\dot{I}_L + \dot{I}_C = 0[A]$이다. 즉 탱크회로(병렬 LC회로)의 합성임피던스는

아주 크다(∞). 등가회로에서 다음 식을 유도할 수 있다.

$$I_C=\frac{V_C}{X_C}=(V_S\frac{R_P}{R+R_P})/X_C=I\frac{R_P}{X_C}=QI,$$

$$I_L=\frac{V_L}{X_L}=(V_S\frac{R_P}{R+R_P})/X_L=I\frac{R_P}{X_L}=QI$$

여기서 전원을 흐르는 전류 $I=\frac{V_S}{R+R_P}$이다. 즉, 해당 전류값을 측정하면 선택도 Q를 구할 수 있다. 실제회로에서 I 및 I_L을 측정하는 방법을 설명하시오.

2) 공진주파수(f_r)에서 I과 I_L을 활용하여 다음 표를 완성하시오.

[표 16-3] 선택도 Q

변수	I		I_L		Q		비고
	이론치	측정치	이론치	측정치	이론치	측정치	
값							$I_L=QI$

3. 대역폭(BW: bandwidth) 측정

실험1의 자료인 반대수 그래프를 바탕으로 반전력 주파수를 구한다. 이를 바탕으로 대역폭을 구한다.

1) $0.707\,V_C(\max)$가 되는 하한 주파수(f_1): $0.707\,V_C(\max)$:________________

2) $0.707\,V_C(\max)$가 되는 상한 주파수(f_2): $0.707\,V_C(\max)$:________________

[표 16-4] 반전력 주파수 및 대역폭

변수	반전력 주파수(f_1,f_2)	대역폭(bandwidth)		참고
	측정치	이론치	측정치	
값	$f_1=$ $f_2=$		 	$BW=\frac{f_r}{Q}$[Hz]

[토의 및 심화학습]

1. RLC 병렬회로에서

1〉 선택도 Q를 정의하고, 이 값을 회로에서 측정하는 방법은?

2〉 LC 병렬회로에서 실제적인 인덕터부품은 권선저항(R_w)을 가지고 있다. 이 직렬 권선저항을 등가의 병렬값으로 바꾸면 어떤 값을 가지는가?

3〉 RLC 병렬회로에서 공진주파수(f_r)를 구하는 방법을 설명하시오.

4〉 공진(resonance)이 일어날 때, 역률(power factor)은 어떤 값을 가지는가?

2. AM신호를 수신하는 Superheterodyne 수신기의 동작을 설명하고 그림17-8에서 각 LC병렬회로의 작용에 대해 설명하시오.

3. 그림 17-5(a)와 같은 교류 RLC 병렬회로에서 $R=100\Omega$, $L=10mH$, $C=0.0047\mu F$이다. 물음에 답하시오.

1〉 회로를 그리시오.

2〉 공진주파수 f_r을 구하시오. 답: $23.2[kHz]$

3〉 선택도 Q를 구하시오. 답: 14.6

4〉 대역폭(BW)을 구하고 대략적인 주파수특성 그래프를 그리시오. 답: $1.59[kHz]$

4. 우리나라에서 세 방송국들인 KBS, MBC, CBS에서 각각 $711[kHz]$, $900[kHz]$ 및 $837[kHz]$로 방송을 하며 이들 세 방송국들이 송출하는 신호들은 안테나를 통해 감지되며 다음과 같다고 하자.

$$v_i(t) = \cos(2\pi \times 711000 + 135°) + \cos(2\pi \times 900000) + \cos(2\pi \times 837000 + 30°)$$

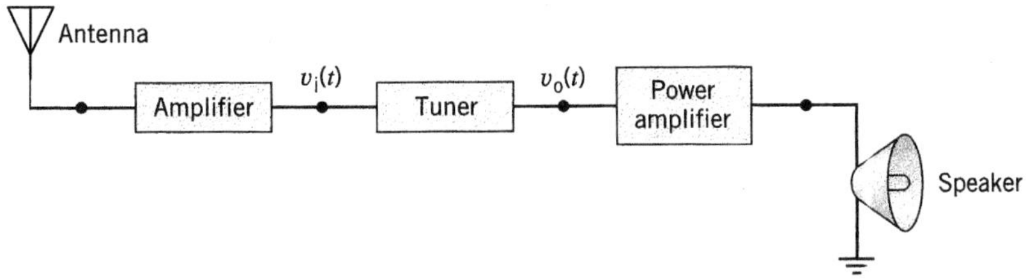

한편, 어떤 청취자가 MBC 방송을 듣고자 한다. 이를 구현하기 위한 RLC 병렬회로로 된 동조기(tuner)를 설계하시오. 따라서 출력은 MBC 신호만 선택하므로 다음과 같은 $v_o(t) = A\cos(2\pi \times 900000 + \theta)$ 형태이다. 물음에 답하시오.

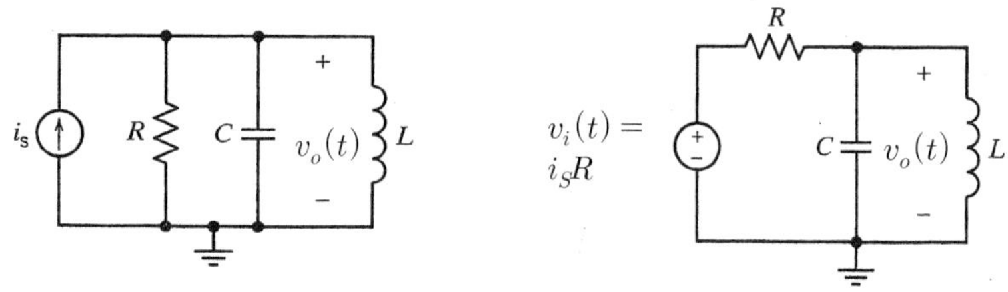

1〉 해당 출력을 얻기 위한 공진주파수(f_r)를 구하시오. 답: $f_r = 900kHz$

2〉 커패시터는 $C = 1nF$으로 한다면 조건을 만족하는 인덕턴스 L을 구하시오.

답: $L = 31.27\mu H$

3〉 선택도는 통상적인 $Q = 15$로 할 때, 저항값 R을 구하시오. 답: $R \simeq 2,653\Omega$

INDEX

INDEX

한글색인

영 문 색 인

[S]

[T]

[V]

[W]

[Z]

부록

보고서 형식 및 작성법

1. 보고서를 쓰는 목적
2. 실험보고서의 내용
3. 주의사항
4. 실험소감

2000학년도 1학기 또는 2학기

교과목명

제1장 실험명 결과보고서

학 과 명: ○○○학과
이 름: 홍 길 동
학 번: 20000000
제 출 일: 2000. 00. 00
담당교수:
평 가:

실험보고서 작성법

1. 보고서를 쓰는 목적

실험보고서는 자료를 읽는 사람이 해당 실험과 관련된 기술정보를 잘 이해할 수 있도록 전달하는데 있다. 즉 실험보고서는 실험의 과정 및 성과를 기록하는 것이라고 할 수 있다. 비록 실험에 실패하였다할지라도, 실패한 요인을 함께 기록하는 것도 중요하다. 어떤 실험에 대한 실험보고서를 작성할 때 가장 중요하게 생각해야 할 점은 비록 나중에라도 그 실험을 동일하게 구현할 수 있도록 정확하고 자세하게 기록해야 한다.

- 각 실험수업마다 작성한 실험보고서를 지정한 기한과 장소를 지켜 제출한다.
- 실험보고서는 실험조별로 작성하는 것이 아니라 각자 작성한다.
- 실험보고서는 자필로 작성하는 것이 원칙이다. 단, 데이터 처리 결과는 예외로 한다. 이는 실험자가 직접 보고서를 써 봄으로써 경험 및 과정 등을 훈련하는 것이다.

2. 실험보고서의 내용

실험보고서에는 실험날짜, 실험참여자를 기록하고, 실험에 사용된 방식과 진행과정, 실험결과 등을 기록한다. 주로 다음과 같이 구성한다.

1〉 실험 제목

보고서는 새로운 페이지에서 시작하며, 실험제목 아래에는 앞에 제시된 보고서 표지형태와 같이 제출자와 관련된 사항들을 반드시 적어야 한다.

2〉 목적

실험의 목적을 간략히 적는다.

3〉 배경이론

실험결과를 분석하고 논의하는데 사용된 이론을 적는다. 내용의 출처는 참고자료에 표시한다.

4〉 실험 과정

실험에 사용한 도구와 실험절차에 대해 간략히 서술한다.

5〉 실험 결과 및 분석

실험에서 얻은 값들에 대해 각 값들의 오차를 적는다. 데이터가 많을 때는 그래프 등 간략하게 보여줄 수 있는 방법을 택하면 된다. 어떤 데이터에 특이사항이 발생하거나 의견이 필요한 경우 이곳에 남긴다.

배경이론에 적은 내용을 토대로 데이터를 분석하여 얻어낸 값들과 이미 알려진 값이나 기존이론을 통해 얻어낸 값을 함께 적고 실험값과 비교한다. 분석 결과를 짧은 시간 안에 효과적으로 전달할 수 있는 그래프나 표를 이용하는 것이 좋다.

이미 알려져 있는 값이나 이론을 통해 구한 값이 분석을 통해 얻어낸 값의 오차범위 바깥에 있을 때, 그 원인을 분석한다. 보정이 가능하다면 보정한 결과를 나타내고 결과가 얼마나 개선되었는지를 서술한다.

- 경우에 따라 본 교재에 있는 결과, 토의 및 심화과정을 포함할 수도 있다.(해당부분을 절취하여 첨부)
- 공간이 모자라면 해석하고자 하는 해당부분을 별도로 작성하여 첨부한다.

6〉 결론 및 요약

실험 전체를 간략하게 서술하며 분석한 결과를 토대로 실험목적을 달성할 수 있었는지를 평가한다. 또한, 관찰한 현상이 어떤 것이었는지 서술한다. 감상이나 실험이 잘 되었다든지 하는 주관적 평가는 서술하지 않는다. 즉 실험에서 알게 된 중요한 점이나 결과를 간추려 적는다.

7〉 참고자료

전문서적이나 인터넷의 공인된 자료를 참고했을 때, 어디에 있는 무엇을 참고했는지를 밝힌다. 아래의 예문에서 { }안은 해당하는 자료의 정보를 찾아 넣는 공간을 나타내는 것이며 { }는 표기하지 않는다.

- 전문서적: {저자}, {번역자}역, "{책이름}", {출판사}, {판수}, {출판연도}, {쪽수–쪽수}
- 인터넷 자료: {기관 및 단체}, "{문서의 이름}", {URL}, {엑세스 일자}

3. 주의사항

좋은 보고서를 작성하려면 위에서 언급한 여러 부분을 미리 정리하여 초안을 잘 잡아 구성해야 한다. 특히 측정값을 바탕으로 데이터를 처리하여 필요한 정보를 나타내어 해당 실험에 부합되는 결과를 추출해야 한다.

1) 데이터의 표현 및 표

표를 이용하면 데이터를 효과적으로 표현할 수 있다. 계산을 수행하기 전에 데이터들은 적절한 단위환산과 유효숫자 계산을 맞추어야 한다. 단위가 없으면 그 크기를 알 수 없으므로 반드시 표기해야 한다. 숫자표현에서 근사치로 측정된 값은 정확한 정도를 표현하기 위해 유효숫자를 사용한다. 숫자 1.23은 유효숫자의 개수가 3으로서 유효숫자의 개수가 2인 숫자 1.2보다는 더 정확한 것이다.

실험데이터들은 하나로 묶어서 보여주는 것이 좋다. 가령, 피사의 사탑에서 쇠공과 나무공을 떨어뜨리고 매 단위시간마다 위치를 관측하는 실험을 했다면, 쇠공과 나무공을 따로따로 그래프로 표현하기 보다는 한꺼번에 묶어서 하나의 그래프로 보여주는 것이 효과적이다.

2) 그림 및 그래프

가로축, 세로축, 보조축(사용할 경우)에는 항상 그 축이 무엇을 나타내는지를 단위와 함께 표시해야 한다. 어떤 축이 대수(log)축 혹은 반대수(semilog)일 경우 그리드(격자)도 함께 표시한다. 여러 데이터가 함께 있는 그래프의 경우에는 범례(legend)를 함께 표시해야 한다. 가능한 데이터는 데이터 포인트로 표시하는 것을 권장하며, 여의치 않을 경우에는 실선보다는 점선으로 표시하는 것이 좋고, Fitting을 수행하였을 경우에는 Fit선을 실선으로 표시해 준다.

3) 참고자료

인터넷의 공인된 자료라 함은 학술단체 및 학술저널, 국가, 공공기관, 협회 혹은 국가의 공인문서를 말한다. 블로그(blog)나 위키피디아(wikipedia) 등은 참고자료로 적절하지 않으며, 특히 위키피디아는 해당 문서가 아닌 참고하는 해당 문단의 출처를 참고자료로 사용한다.

4. 실험소감

실험과정 중에 이론부문 또는 실험부문에서 이해하지 어려웠던 부분을 언급한다. 또한 요청사항도 나타낼 수 있다. 이는 실험자와 평가자 간의 의견소통과정을 위한 공간을 마련하는 것이다. 이를 바탕으로 더 나은 수업운영을 수행할 수 있다.

저자 소개

◉ 김준수

- 부경대학교 제어계측공학과 공학박사
- (現)한국폴리텍대학 전자과 교수

◉ 오상광

- 경북대학교 전자공학과 공학박사
- 경남대학교 전자공학과 교수
- 대호아이앤티 기술고문

도서출판
그린

실험으로 원리를 익히는
기초회로실험[제2판]

저자와의
협의하에
인지생략

초 판 발행일 ▶ 2018년 1월 30일
제2판 발행일 ▶ 2018년 11월 30일
저 자 ▶ 김준수, 오상광
발 행 처 ▶ 도서출판 **그린**
발 행 인 ▶ 윤덕우
출판등록 ▶ 제8-161호(1995. 5. 3.)
주 소 ▶ 서울시 서대문구 연희5길 50 (우) 03716
전 화 ▶ 02)333-2574, 2575
Fax ▶ 02)333-2561
E-mail ▶ greenpress@greenpress.co.kr
Homepage ▶ http://www.greenpress.co.kr

정가 : 19,000원

ISBN : 978-89-5727-285-5